DIGITAL LOGIC CIRCUIT EXPERIMENT

기초부터 단계별로 따라하는

디지털 논리회로 설계실습

이종극 · 김화선 지음

HS 도서출판 한산

머리말

제4차 산업혁명시대의 기본을 이루는 요소는 고속의 컴퓨터와 IoT 기술과 거기에 탑제된 소프트웨어 컨텐츠이다. 그리고 이들 요소들을 연결하는 수단이 바로 통신망이다. 요즘 한창 화두가 되고 있는 5G가 차세대에서 만물을 서로 연결할 도구이다. AI 역시 소프트웨어의 대표적인 발전분야이다. 디지털시스템 분야에서 논리회로는 임베디드시스템과 함께 거의 모든 분야에서 기본 기술로 사용되고 있으며 특히 제어시스템과 네트워크, IoT 등 다양한 시스템에서도 기초가 된다.

먼저 회로에 대한 이해를 돕기 위해 전자소자에 대한 기본적인 설명과 함께 논리회로 설계에 필요한 디지털회로에 대한 이론적인 배경을 다루고 있다. 특히 회로에 대한 설명을 추가함으로서 학생들이 실습을 따라 가는데 도움을 줄 수 있게 구성되었다. 그리고 최대한 내용을 쉽게 학생 및 실무자들에게 설명하고자 노력하였다.

이 책의 구성은 전체 5장으로 되어 있으며 각 장에서는 다음 내용을 다루고 있다. 제1장에서는 디지털 실습을 하는데 필요한 회로에 대한 기초적인 설명과 전자소자에 대한 역할과 기능을 설명하고 있다. 제2장에서는 논리회로에 대한 기초이론 편으로 수의 표현방법, 디지털 소자에 대한 설명을 하고 있으며 디지털 논리 게이트의 이론을 소개하고 있다. 제3장에서는 각각의 소자에 대한 실습과 기능을 알아보고 간단한 디지털회로를 구성하여 실습한다. 함수설계와 가감산기, 멀티플렉서 등 간단한 조합회로를 배운다. 다음으로 순서회로에서 플립플롭의 계수와 카운터를 설계하고 끝으로 PLD와 PAL를 사용하여 설계하는 것을 다룬다. 실습을 통해서 습득된 지식을 이용하여 자신의 설계 프로젝트를 함으로서 디지털회로의 설계 능력을 키운다. 마지막으로 제4장에서는 실습에 필요한 장비와 제5장에 디지털회로 소자의 데이터 시트를 추가하였다.

이 책은 전자회로이론이 다소 부족한 학생들이 이 책을 통해서 이론적인 배경을 배우고 바로 실습에 접목하여 적용해 봄으로서 디지털회로에 대한 실무와 설계능력을 키울 수 있게 한다. 대학 또는 전문대학에서 전산학 또는 전기전자 컴퓨터관련 학문을 전공하는 학생들을 위해서 출판하게 되었으며, 실습을 통해 실무설계능력을 배양하는데 목적을 두고 있다.

2019년 2월

지은이 이 종 극

목차

제 1 장

전자소자

1. 수동소자: 저항(R), 커패시터(C), 인덕터(L)

1) 저항(Resistor)

(1) 저항의 색코드(Color Code)

전자 회로에 사용되는 대부분의 저항은 탄소 저항이다. 저항의 단위는 옴(Ohm)이며, 기호 Ω(그리스문자 오메가)로 표시한다. 저항값은 저항의 몸체에 그림 1-1과 같이 색띠(Color Bands)로 표시된 색코드로 나타낸다. [표 1-1]은 색코드에 사용되는 색과 해당 값을 나타내고 있다. 이 코드는 1/8W, 1/4W, 1/2W, 2W, 3W의 저항의 전력허용 용량을 나타낸다.

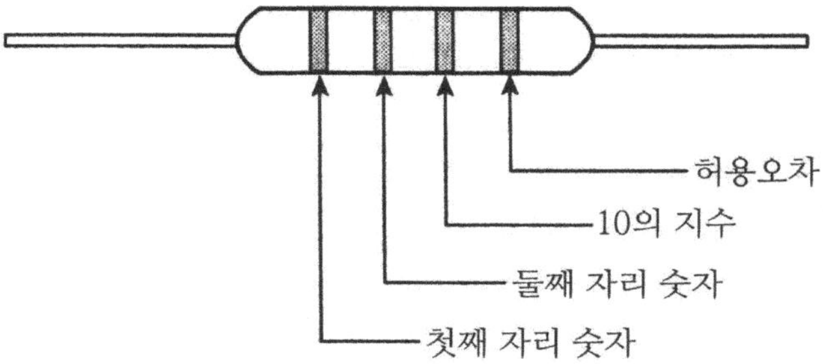

[그림 1-1] 기본적인 저항

[표 1-1] 저항값의 색코드

색(Color)	첫째 띠 (첫 숫자)	둘째 띠 (둘째 숫자)	셋째 띠 (10의 지수)	넷째 띠 (오차)
흑색 Black	0	0	1	
갈색 Brown	1	1	10	
적색 Red	2	2	100	
등색 Orange	3	3	1,000	
황색 Yellow	4	4	10,000	
녹색 Green	5	5	100,000	
청색 Blue	6	6	1,000,000	
자색 Violet	7	7	10,000,000	
회색 Gray	8	8	100,000,000	
백색 White	9	9	1,000,000,000	
금색 Gold			0.1	±5%
은색 Silver			0.01	±10%
무색 None				±20%

(2) 기본 저항

기본적인 저항은 [그림 1-1]과 같다. 표준 색코드는 저항 몸체의 둘레에 표시되는 4개의 색띠로 구성된다.

첫 번째 띠는 저항값의 첫째자리 숫자를 나타내며, 두 번째 띠는 둘째 자리 숫자를 나타낸다. 세 번째 띠는 앞의 두 숫자 뒤에 붙는 0의 개수(즉, 10의 지수)를 나타낸다. 세 번째 띠가 금색 또는 은색이면 10Ω 이하의 저항값을 나타낸다. 즉, 10Ω 이하의 저항에 대해서 세 번째 띠는 다음과 같은 의미를 갖는다.

- 금색 띠 : 앞의 두 숫자가 나타내는 값의 1/10을 의미한다.
- 은색 띠 : 앞의 두 숫자가 나타내는 값의 1/100을 의미한다.

네 번째 띠는 저항값의 퍼센트 허용오차를 나타낸다. 퍼센트 허용오차는 실제의 저항값과 색 코드로 표시된 값 사이의 오차를 의미하며, 이는 저항이 대량 생산되므로 재료나 제조공정상의 변화에 의해 실제 저항값이 표시된 값과 다를 수 있음을 고려한 것이다. 그러나, 대부분의 회로는 저항값이 정밀하지 않더라도 설계 목적에 맞게 정상 동작된다. 일반적으로, 허용오차는 색코드로 표시된 값으로부터의 +또는 -로 주어진다.

(3) 고정밀 저항

고정밀 저항은 5개의 띠를 갖는다. 처음 세 개의 띠는 저항값의 처음 세자리 수자를 나타내고, 네 번째 띠는 앞의 세 숫자 뒤에 붙은 지수(10^x)로 X에 해당하는 숫자를 나타내며, 다섯 번째 띠는 허용오차를 나타낸다. 이 경우에 퍼센트 허용오차는 0.1~20%의 범위를 갖는다.

큰 저항값의 경우에 0을 모두 표시하기 곤란하므로, 미터법의 약자를 사용하여, 1,000을K(Kilo)로 1,000,000을 M(Mega)으로 표시한다.

- 33.000Ω은 33kΩ으로 표시하고, 33킬로옴으로 읽는다.
- 1,200,000은 1.2MΩ으로 표시하고, 1.2 메가옴으로 읽는다.

(4) 가변 저항

고정 저항값 저항 외에 가변 저항도 회로구성에 폭넓게 사용된다. 가변 저항은 가감 저항(Rheostat)과 분압기(Potentiometer)등 두 가지로 구분된다. 라디오의 음량조절, TV 수상기의 휘도 조정 등이 분압기를 사용하는 대표적인 예이다.

2단자 소자인 가감저항의 회로 기호는 [그림 1-2]와 같으며, 그림에서 A점과 B점이 회로에 연결되는 단자이다. 가감 저항은 0Ω의 최소 저항값과 제조회사에서 지정된 최대 저항값을 갖는다. 그림 1-2에서 화살표는 가감 저항의 저항값을 조정하는 기계적인 수단을 나타낸 것이며, 이에 의해 A점과 B점 사이의 저항값이 조정된다.

[그림 1-2] 가감저항의 기호

분압기는 [그림 1-3]의 회로 기호에서 보는 바와 같이 3단자 소자이다. A점과 B점 사이의 저항은 고정되어 있으며, C점은 분압기의 가변 단자이다. 가변 단자는 저항체의 표면을 이동하는 금속 접속체이다. 가변 단자의 접촉점과 한쪽 단자 사이의 저항 물질의 양에 의해 두 점 사이의 저항값이 결정된다. A점과 C점 사이의 길이가 길수록 두점 사이의 저항값은 커진다. 즉, A점과 C점 사이의 저항값은 두점 사이의 저항체의 길이에 의해 결정된다. B점과 C점 사이도 동일하다.

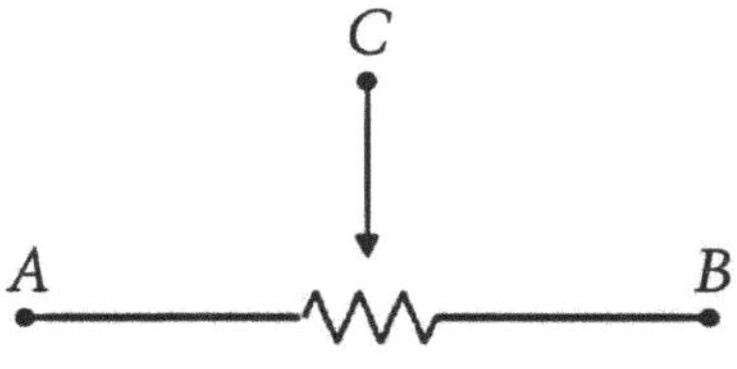

[그림 1-3] 가변저항의 기호

A점에서 C점까지의 저항 R_{AC}와 C점에서 B점까지의 R_{CB}를 합하면 분압기의 고정 저항 R_{AB}가 된다. 분압기의 가변 단자를 움직임에 따라 C점과 한쪽 단자 사이의 저항은 증가하며, 반대로 C점과 다른 한쪽 단자 사이의 저항값은 감소한다. 이 때, R_{AC}와 R_{CB}의 합은 변하지 않는다.

분압기의 가변 단자를 한쪽 단자(A점)에 연결하고 다른 한쪽 단자(B점을 원래대로 사용하면 가감 저항으로 사용할 수 있다. 이 때 B점과 C점은 가감 저항의 두 단자로 이용된다.

2) 커패시터(Capacitor: 콘덴서)

커패시터(축전기, 콘덴서)는 양쪽 도선판의 중간에 절연물질(종이, 마이카, 세라믹, 산화막, 산화탄탈륨 등)을 넣은 형태로서 양쪽에 전극이 밖으로 나와 있으며, 극간 거리가 짧고, 극판의 면적이 넓고 절연 물질의 비유전율이 커야 큰 전정용량의 커패시터가 된다. 커패시터는 전기를 저장하는 기능, 직류는 통과하지 못하고 교류만 통과시키는 기능을 한다. 정전용량이나 정격전압은 숫자와 알파벳을 조합해서 기호로 표시한다. [그림 1-4]에서 표시(A)는 정전용량으로 3개의 숫자 중 앞의 두자는 정수, 세 번째 숫자는 10의 배수(10의 누승)를 나타내며, 단위는 [pF] 이다 ($1pF= 1F \times 10^{-12}$). 정전용량의 크기는 다음 예와 같이 읽는다. (국제단위계에서 사용하는 10의 거듭제곱을 나타내는 접두어와 표준 기호를 표1-2를 참조)

예)

101 = 10×10 = 100 [pF]

103 = 10×10^3 = 10,000 [pF] = 0.01 [μF]

213 = 21×10^3 = 21,000 [pF] = 0.021 [μF]

463 = 46×10^3 = 46000 [pF] = 0.046 [μF]

164 = 16×10^4 = 0.16 [μF]

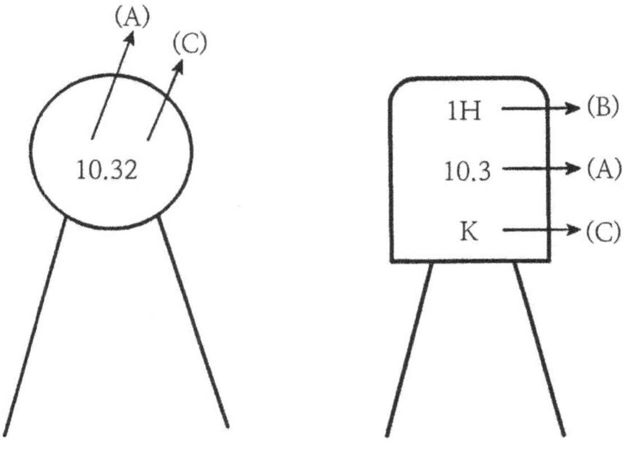

[그림 1-4] 커패시터의 용량 표시법

[그림 1-4]에서 표시 (B)는 정격전압을 의미하며, 숫자와 알파벳을 [표 1-2]의 기준에 따라 조합하며, 단위는 V이다. 또한 커패시터의 정격전압 표시가 없는 것은 통상 50V 임을 의미한다.

예)
1A = 10V, 2H = 500V, 3K = 8,000V

[표 1-2] 정격전압 표시 기준

정격전압	A	B	C	D	E	F	G	H	I	J
0	1	1.25	1.6	2.0	2.5	3.15	4.0	5.0	6.3	8.0
1	10	12.5	16	20	25	31.5	40	50	63	80
2	100	125	160	200	250	315	400	500	630	800
3	1,000	1,250	1,600	2,000	2,500	3,1500	4,000	5,000	6,300	8,000

[그림 1-4]에서 (C)의 의미는 허용오차로서 알파벳 한글자로 [표 1-3]의 기준에 따라 나타내고, 10pF 이상의 커패시터는 %로 표시하고, 10pF 이하의 커패시터에는 크기단위는 pF로 나타낸다.

예) K = ±10% C = 0.25%

[표 1-3] 허용오차 표시 기준

	B	C	D	F	G	J	K	M	N	V	X	Z	P
허용오차(%)	±0.1	0.25	0.5	±1	±2	±5	±10	±20	±30	+20-10	+40-20	+80-20	+100-0
허용오차(pF)	±0.1	0.5	0.5	±1	±2								

(1) 커패시터의 종류

커패시터의 분류는 2장의 전극 사이에 유전체를 둔 구조로 유전체에 따라서 종류를 분류하면, ① 무기질 커패시터, ② 필름(박막) 커패시터, ③ 전해 커패시터와 ④ 가변 커패시터로 크게 나눈다. 무기질 유전체는 유리, 마이카(운모), 고유전율 세라믹, 적층 세라믹, 반도체 세라믹, 온도 보상용 세라믹

등이며, 필름 유전체는 종이, 금속화지, 폴리에틸렌 필름 혹은 폴리프로필렌 필름 등이다. 전해 유전체는 고체의 산화 알루미늄, 산화 탄탈에 액체의 전해질 혹은 고체의 전해질이 함침된 것이다. 가변 유전체는 공기, 가변 세라믹, 가변 유리와 가변 폴리머 등이며, 이런 유전체를 사용한 가변 바리콘이 있다.

주로 사용하는 대표적인 커패시터에는 세라믹 커패시터, 마이카(운모) 커패시터, 종이 커패시터, 전해 커패시터, 바리콘 등의 비교적 외관 크기가 큰 커패시터와 크기가 극히 작은 초고집적회로(IC)에 사용하는 모스(MOS : Metal Oxide Semiconductor) 커패시터와 하이브리드 용으로 단자간 면적이 넓게 절연층을 100층 이상의 구조로 하여 세라믹을 넣어서 크기가 작으면서 용량을 증가시킨 칩 커패시터 등이 있다.

① 전해커패시터

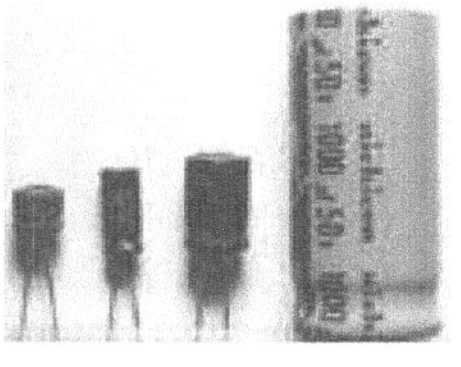

전해커패시터 또는 케미콘(chemical condenser)이라고도 불린다.

이 커패시터는 유전체로 얇은 산화막을 사용하고,전극으로는 알루미늄을 사용하고 있다. 또한 유전체를 매우 얇게 할 수 있으므로 커패시터의 체적에 비해 큰 용량을 얻을 수 있다.

② 고체 탄탈 전해커패시터

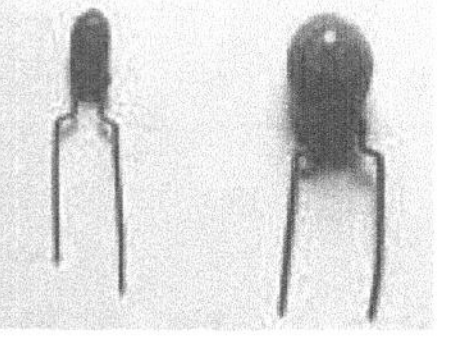

탄탈 커패시터 (tantalum capacitor)라고도 부르며, 전극에 탄탈륨이라는 재료를 사용하고 있는 전해커패시터이다. 알루미늄 전해커패시터와 마찬가지로, 비교적 큰 용량을 얻을 수 있다.

그리고 온도 특성(온도의 변화에 따라 용량이 변화하는 것을 말하며 용량이 변화하지 않을수록 특성이 좋다고 말함.) 주파수 특성 모두 전해커패시터 보다 우수하다.

③ 세라믹 커패시터(Ceramic Capacitor)

전해커패시터나 탄탈커패시터와 같이 전극의 극성은 없다. 세라믹은 강유전체의 물질로 아날로그 신호계 회로에 사용하면 신호에 일그러짐이 나오므로 이와 같은 회로에는 사용할 수 없다.

④ 폴리프로필렌 커패시터

용량 표시 다음의 기호가 오차를 나타내고 있으며, 이 커패시터도 전극의 극성은 없다.
폴리에스테르 커패시터 보다 높은 정밀도가 요구되는 경우에 사용하며, 유전체 재료는 폴리프로필렌(polypropylene) 필름을 사용한다. 100kHz 이하의 주파수에서 사용하면 거의 용량의 변화가 없다.

2. 능동소자: 다이오드, 트랜지스터

1) 다이오드

(1)다이오드의 동작

① 반도체

순수 반도체의 중요한 원소들은 4족에 있으며, 대표적인 원소는 실리콘(Si)과 게르마늄(Ge)이며 산업에서는 주로 실리콘을 주로 사용하고 있다. n 형 반도체는 도핑에 의해 반도체의 전도성을 증가시키는데 도핑이란 자유전자와 정공의 수를 증가시키기 위해서 4족인 Si, Ge 에는 5족의 원소 즉 (인, 비소, 안티몬) 등의 불순물 원자를 첨가시키는 것을 말한다. 이물질은 4족의 원소와 공유결합을 할때 전자 하나가 과잉으로 남게 되며 따라서 과잉전자는 실리콘 결정에 전자를 공급함으로 도너 불순물이라고 한다. 이때 5가의 원자의 불순물로 도핑된 실리콘 n 형 실리콘 반도체라한다. p 형반도체는 실리콘인 경우 3가의 원자인 붕소, 알루미늄, 갈륨을 순수한 반도체에 결정에 도핑하여 한 개의 정공(hole)이 남게 되며 이것을 억셉터(acceptor) 원자라 한다. 그러므로 남는 정공이 전자의 흐름을 유지한다.

② pn 접합다이오드

접합다이오드 n형과 p형의 반도체 물질을 접합하면 접합된 영역에서 서로 전자와 정공이 확산되어 중간영역에서 p형의 반도체 쪽에서는 마이너스 극성을 띠고 n 형반도체 쪽은 플러스 극성을 가지는 공핍영역이 형성된다. 이 공핍영역 양단은 전위차를 가지게 되며 이를 전위장벽이라고 한다.

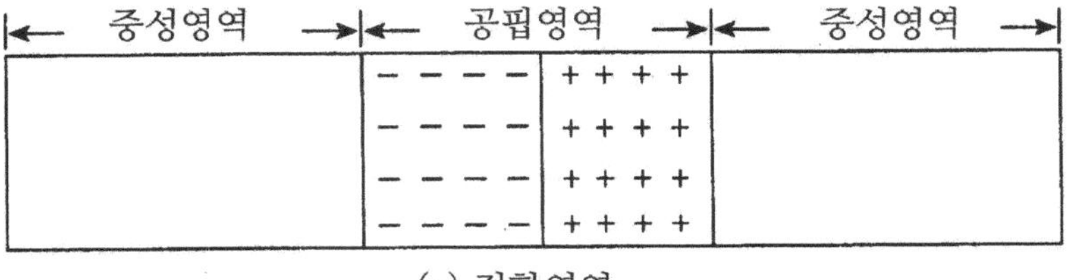

(a) 접합영역

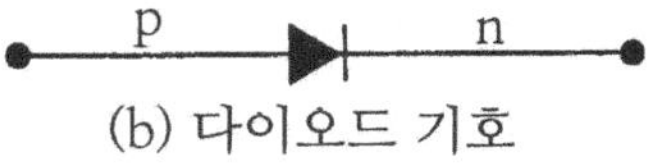

(b) 다이오드 기호

[그림 1-5] pn 접합다이오드

이 공핍영역의 전위차는 실리콘의 경우는 0.7V, 게르마늄 경우는 0.3V 정도이다.

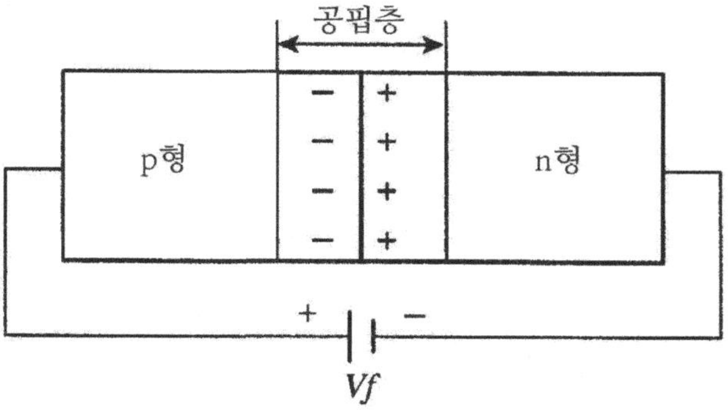

(a) 순방향 바이어스의 pn 접합 다이오드

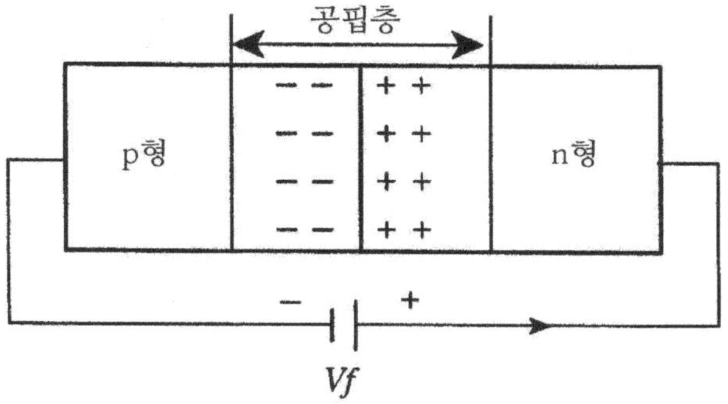

(b) 역방향 바이어스의 pn 접합 다이오드

[그림 1-6] 바이어스 전압을 인가한 경우

pn 접합 다이오드의 경우 순방향은 공핍영역을 넘을수 있도록 전위장벽보다 큰 전압(p형 반도체에 양의 전압, n형 반도체에는 음의 전압)을 인가하면 전류가 흐르게 된다. 이렇게 인가한 전압을 순방향바이어스 라고 하며 반대방향으로 인가한 경우를 역방향 바이어스라고 한다. 역방향 전압을 인가한 경우는 공핍층의 영역이 오히려 넓어져 다수의 캐리어가 접합영역을 통과할 수 없고 소수의 캐리어만이 공핍층 전장에 끌려 미량의 포화전류를 형성한다. 그러나 높은 전압을 역방향으로 인가하며 갑자기 큰 전류가 흐르게 되어 다이오드의 역할이 파괴되는 현상이 일어난다. 이를 항복(breakdown)현상이라 한다. 저농도의 접합일 경우는 눈사태(zener breakdown) 현상이 일어난다.

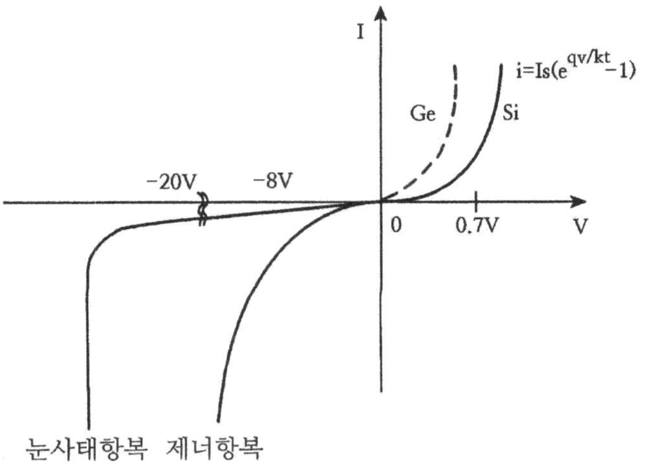

[그림 1-7] 다이오드의 전류-전압 특성

③ 다이오드의 전기적인 특성

[그림1-7]은 실리콘 접합다이오드의 전류-전압 특성곡선이다. pn 접합다이오드에 순방향전압을 0V부터 서서히 증가시키면 처음에는 전위장벽 때문에 전류가 흐르지 못하다가 일정한 전압 이상이 되면 [그림 1-7]에서 보는 것과 같이 전류가 급격히 증가하게 된다. 이 전압을 임계전압이라고 하며 동일한 반도체에서는 농도가 높을수록 임계전압이 높다. 실리콘 접합이 게르마늄접합 다이오드보다 임계전압이 높다. 역방향인 경우는 매우 작은 역 포화전류가 흐르며 이 역방향 전압을 증가시키면 항복전압에 이르고 갑자기 역방향으로 많은 전류가 흐르게 된다. 실제 사용 시는 이 현상을 이용(zener diode)하는 경우도 있다.

2) 트랜지스터

(1) 바이폴라 트랜지스터

4가의 게르마늄(Ge)과 규소(실리콘, Si)에 불순물로서 매우 소량의 3가의 인듐(In)이나 붕소(B)를 혼합하거나, 5k인 안티몬(Sb)이나, 비소(As)등을 혼합시키면, P형 반도체나 N형 반도체가 된다. 이 P형이나 N형 반도체를 PNP

형과 NPN형의 샌드위치로 구조한 것이 [그림 1-8]의 접합형 트랜지스터이다.

이것은 다이오드를 2개 연결한 것으로 생각하면 된다. 단, 다이오드에서는 전압을 가하면, 방향에 따라서 전류가 흐르므로 트랜지스터는 증폭이나 발진 등으로 에너지를 다른 곳에 공급할 수가 있다. 이 외에 점접촉형 트랜지스터가 있으나 현재는 별로 사용되지 않는다.

[그림 1-8]의 PNP형에서는 중간 N형을 베이스(B)라고 한다. 이 베이스의 두께는 정공(hole)이 통과하기 쉬운 것과 같이 수십 μm(1μM = $\frac{1}{1,000}$mm) 정도로 얇게 되어 있다. 베이스의 좌측 P형이 에미터(E)이며, 베이스로 캐리어를 이송하는 전극이란 뜻이다. 우측의 P형은 콜렉터(C)라고 하여 캐리어를 집합하는 전극이라는 뜻이다. 이 PNP형 트랜지스터의 그림 기호는 [그림 1-10]과 같이 표시한다.

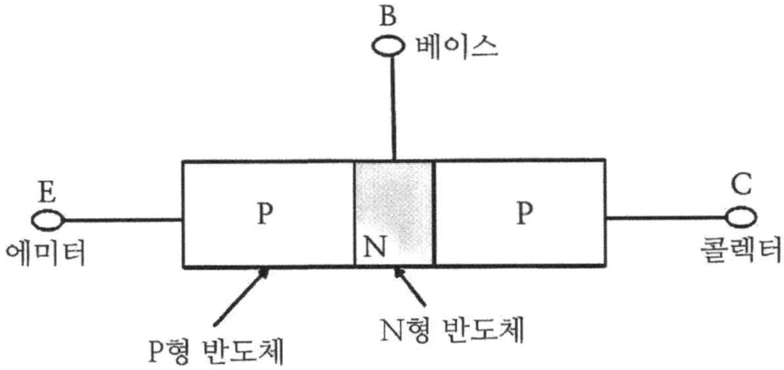

[그림 1-8] PNP 접합형 트랜지스터

동일하게 NPN형도 [그림 1-9]와 같은 구조이며, 기호는 [그림 1-11]과 같이 좌에서 에미터(E), 베이스(B), 콜렉터(C)로 표시한다. 단, 두 그림의 차이는 에미터의 화살 방향에 다르기 때문에 실제 사용할 경우 PNP형과 NPN형의 다른 점은 에미터에 대하여 콜렉터에 가하는 전압을 플러스로 할 것인가, 마이너스로 할 것인가의 차이만 있다. 즉, 그림 기호의 화살방향으로 전류가 흐르도록 전원에 연결하면 된다.

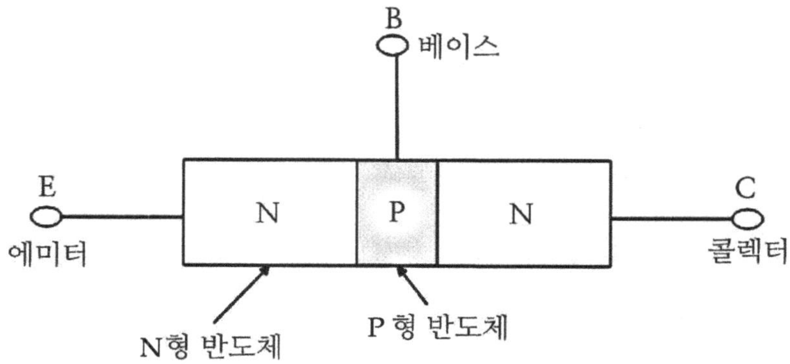

[그림 1-9] NPN 접합형 트랜지스터

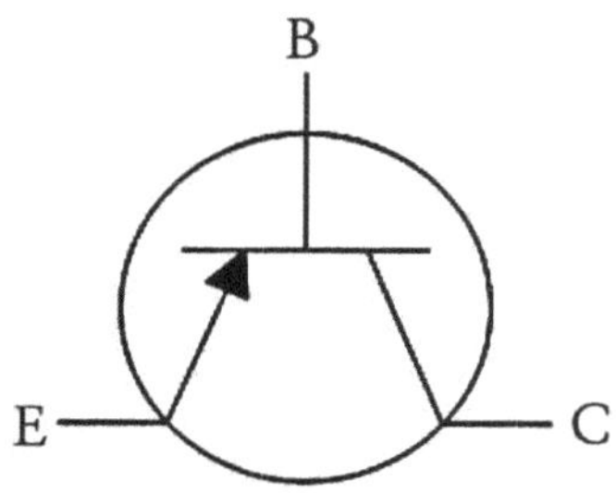

[그림 1-10] PNP형 트랜지스터 기호

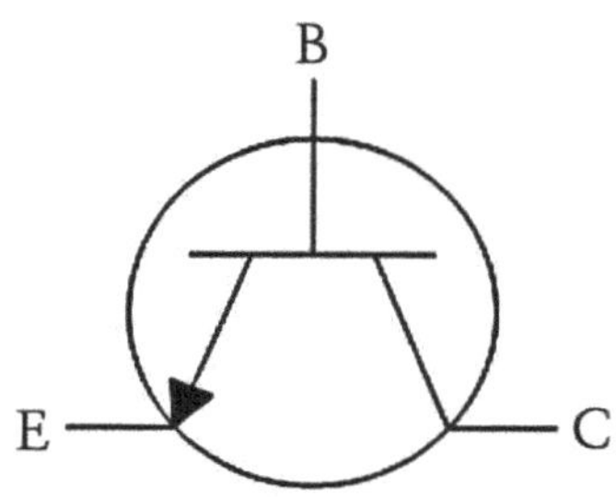

[그림 1-11] NPN형 트랜지스터 기호

① 에미터의 작용

에미터에는 (+)전위를, 베이스에서는 (-)전위를 공급하면 P형에서 N형에 전류가 흐른다. 이 전류는 P형의 정공(正孔)이 움직인 것과는 반대로 P형의 에미터에 자유전자가 이동하는 것으로 인하여 생기게 된다. 그러나 에미터에는 다수의 정공이 있으며, 베이스 측의 자유전자의 수는 적어도 약 $\frac{1}{1,000}$정도 수의 비가 된다. 따라서 에미터에서 베이스에 흐르는 전류의 대부분은 정공의 이동에 따라서 생긴다. 여기에서 트랜지스터를 작동시킬 때, 바이어스 전류를 호르게 하고 음성 등의 신호를 중복시킨다. 이렇게 하면 음성신호의 대소에 따라서 에미터에서 베이스로 주입되는 정공의 수가 변화한다. 이때 에미터에서 베이스에 유입되는 전류는 대체적으로 정공의 이동에 따라 생기고 있는 것이 증폭 등의 작용을 하는 조건이 된다.

② 콜렉터의 작용

베이스와 콜렉터간에 역방향의 전압을 가하면 전원의 플러스에 베이스의 자유전자는 흡인되고 콜렉터 안의 정공은 전원의 마이너스에 흡인되며, 높은 저항을 지시하여 전류는 흐르지 않는다. 그러나 베이스측에서도 정공이 콜렉터에 흡인된다. 즉, 베이스에 들어오는 정공을 콜렉터에서 흡입하는 작용을 하여 그 정도의 전류가 콜렉터 전류로 흐르게 된다.

③ 베이스 작용

에미터에서 주입된 정공은 베이스안의 자유전자와 결합하여 베이스 전류가 되어 유출되나, 정공의 대부분(95~99%)은 베이스를 통과하여 콜렉터에 도달하고 콜렉터 전류가 된다. 이러한 생각은 NPN형에서도 동일하여 정공에 대하여 N형의 자유전자의 작용이라고 생각하여도 좋다.

입력신호전압의 변화에 따라서 에미터 전류가 △IE 변화하였다고 하면 그 값과 대략 동량의 콜렉터 전류 △IC 가 흐른다. 이 경우 전류 증폭율 $\frac{\triangle I_C}{\triangle I_E}$는 1보다 적고, 전류증폭은 없다. 그러나 콜렉터측은 반대 바이어스되어 내부 저항이 매우 크므로 출력전압을 인출하기 위하여 외부 저항기를 연결하여도, 회로로서는 무시할 수가 있으므로 R×△IC 의 큰 전압변화로서 인출할 수 있다. 즉 이 경우 전압증폭이 되는 것이다.

(2) MOS FET

반도체 실리콘은 넓은 의미의 집적회로를 구성하는 가장 기본적인 재료가 된다. MOS(Metal Oxide Semiconductor)트랜지스터는 도체, 절연체, 그리고 트랜지스터를 구성하는 물질들을 샌드위치와 같이 층층이 쌓아놓은 형태를 가진다. 이와 같은 구조는 실리콘의 산화(oxidation), 실리콘이 전도성을 갖게 하기 위한 이온주입(ion implantation) 및 불순물의 확산(diffusion), 그리고 인쇄회로기판(printed circuit board ; PCB)의 연결선과 같은 역할을 하기 위한 알루미늄과 같은 금속의 침전(deposition) 및 식각(etching) 등과 같은 일련의 화학적인 공정들을 거쳐서 만들어진다. 이와 같은 제조 공정은 단결정실리콘(single crystal silicon)으로 만들어진 직경 15cm 내외의 얇은 원판 모양의 웨이퍼(wafer) 상에서 이루어진다. CMOS는 n-형(nMOS) 트랜지스터와 p-형(pMOS) 트랜지스터의 두 가지 트랜지스터로 구성된다. 이 두 가지의 트랜지스터는 차례로 실리콘이 전자(election)를 많이 포함하거나 정공(hole)을 많이 포함하도록 불순물을 확산시켜서 만들어진다. 이와 같은 제조 공정을 거친 전형적인 MOS 구조는 확산층(diffusion layer), 상호연결을 위한 다결정실리콘(polycrystalline silicon)인 폴리 실리콘층(poly-silicon layer), 그리고 알루미늄과 같은 재료로 만들어진 금속층 형태의 트랜지스터에 대한 전형적인 물리적 구조를 [그림 1-12]에 나타내었다. 그림 (a)는 n-형 트랜지스터는 기판(substrate)이라 불리는 p-형 실리콘이 n-형 실리콘을 두 영역으로 나누고 있는 구조를 가진다. 이와 같은 구조는 선택된 영역의 p-형 기판을 전자가 많은 n-형 영역으로 바꾸는 화학적인 공정에 의해서 만들어 진다.

두 개의 n-형 실리콘 영역 가운데에 위치한 p-형 기판 영역 위로는 절연체인 산화실리콘(silicon dioxide)과 다결정실리콘(폴리라고도 함)으로 구성된 전극(게이트라고도 함)이 샌드위치 형태로 쌓여 있다. 반대로 그림(b)와 같은 p-형 트랜지스터의 경우, n-형 기판이 p-형 실리콘을 두 영역으로 나누고 있다. n-형 트랜지스터와 같은 점은 두 개의 p-형 실리콘 가운데에 위치한 n-형 기판 위로 산화실리콘과 폴리로 구성된 게이트가 쌓여 있다는 것이다.

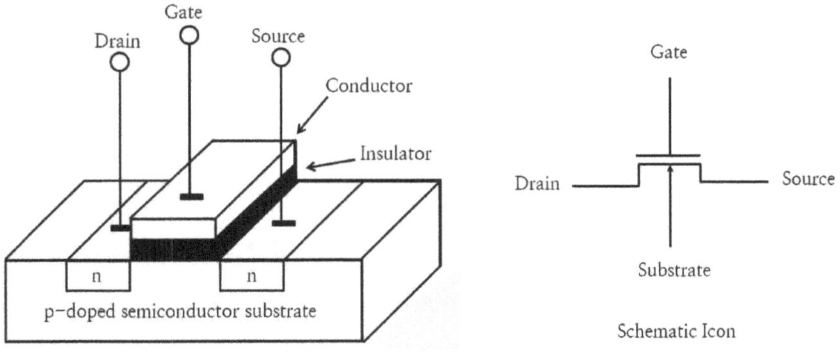

(a) n-형 트랜지스터 기판

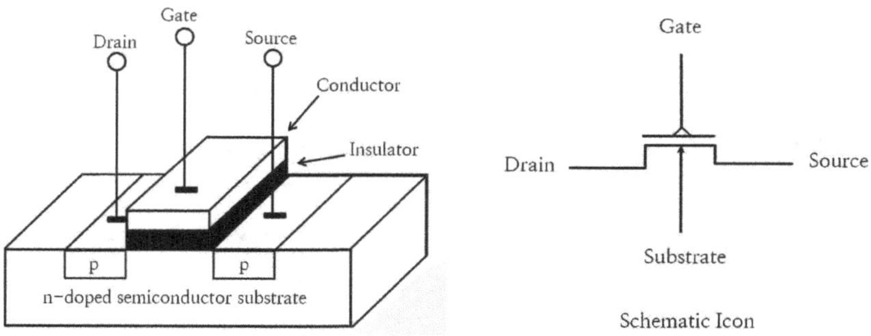

(b) p-형 트랜지스터 기판

[그림 1-12] MOS FET의 물리적 구조와 모형도

동작을 알아보기 위해서 n-형 트랜지스터의 경우 소스(source)와 드레인(drain)이라고 하는 두 개의 전극이 각각 확산 공정에 의해서 만들어진 두 개의 n-형 실리콘 영역에 연결되어 있다고 가정한다. 이 때 입력단자인 게이트는 소스와 드레인 사이에 전류의 흐름을 제어하는 역할을 수행한다. 이 경우 소스와 드레인은 스위치의 양쪽 단자로 간주할 수 있다. 소스와 드레인은 구조나 역할 면에서 서로 동일하고, 단지 전류의 방향에 따라서 이름이 결정될 뿐이다. 이후로는 소스와 드레인은 편의상 서로 바꾸어서 설명하는 경우가 있겠고, 네 번째 단자인 기판전극은 생략하기로 한다.

MOS 트랜지스터 스위치

앞 절에서, 게이트는 소스와 드레인간의 전류의 흐름을 제어한다고 설명한 바 있다. 이것을 극단적으로 단순화시키면, MOS 트랜지스터를 단순한 점멸 스위치(on/off switch)로 간주할 수 있다. 이후로는 '1'은 파워(power ; PWR) 혹은 V_{DD}로 표현되는 1.5~15V 사이의 고전압을 의미하고, '0'은 그라운드(ground ; GND) 혹은 V_{SS}로 표현되는 0V의 저전압을 의미한다. 전류를 발생시키거나 받아들이는 정도를 신호의 강도라고 하는데, '1'과 '0'을 의미한다.

[그림 1-13](a)에 nMOS 스위치(N-SWITCH)와 관습적인 모형도를 스위치 표기 방법과 함께 나타내었다. 여기에서 게이트는 신호 s로, 드레인은 a로, 소스는 b로 각각 표기하였다. N-SWITCH에서 드레인과 소스가 연결되어 있는 경우, 스위치가 '닫혔다'고 하거나 'ON' 상태라고 한다.

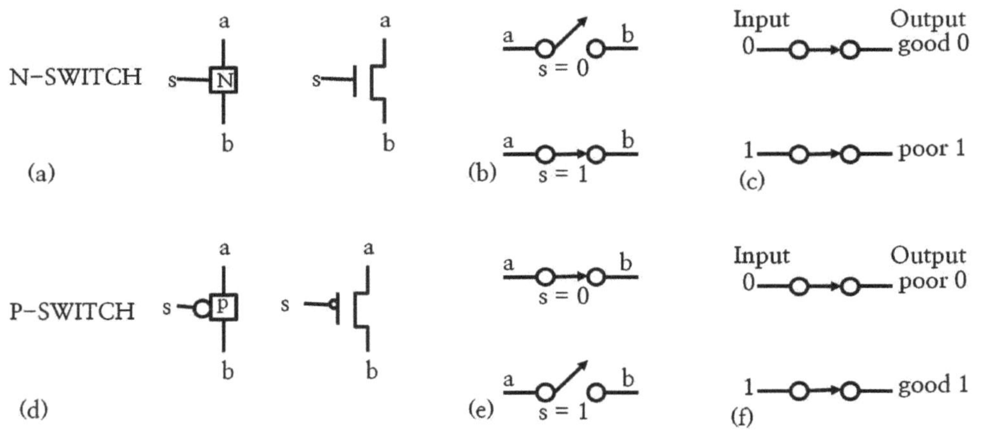

[그림 1-13] nMOS와 pMOS 스위치 기호와 특성

이 상태는 게이트에 신호 '1'이 인가되었을 때 발생한다. 반대로 드레인과 소스가 단절되어 있는 경우 스위치가 '열렸다'고 하거나 'OFF' 상태라고 하며, 이 상태는 게이트 '0'이 인가된 경우를 말한다. 이 두 가지 상태가 [그림 1-13](b)에 요약되어 있다. N-SWITCH는 '0'이 [그림 1-13](b)에서 a의 출력으로부터 b의 입력으로 전달되는 경우 완벽한 스위치 동작을 보장한다. 그러

나 '1'이 전달되는 경우에는 그렇지 못함에 유의해야 한다. 이 경우 '1'의 전압레벨이 전달 과정에서 약간 감소하게 된다. 이 상황을 [그림 1-13](c)에 나타내었다. pMOS 스위치(P-SWITCH)가 [그림 1-13](d)에 보여지는데, 이것은 N-SWITCH와는 성질이 다르다. 즉, 게이트에 '0'이 인가되면 스위치는 'ON'이 되고, '1'이 인가되면 'OFF'가 된다. 이 상황을 [그림 1-13](e)에 나타내었다. P-SWITCH는 '1'이 전달될 때는 완벽한 스위치로서 동작하지만 '0'이 전달될 때는 그렇지 못하다. 이 상황이 [그림 1-13](f)에 보여진다. N-SWITCH와 P-SWITCH의 출력 논리레벨을 [표 1-4]에 정리하였다.

[표 1-4] N-SWITCH와 P-SWITCH의 출력 논리레벨

LEVEL	SYMBOL	SWITCH CONDITION
Strong 1	1	P-SWITCH 스위치=0, source=V_{DD}
Weak 1	1	N-SWITCH gate=1, source=V_{DD} or P-SWITCH connected to V_{DD}
Strong 0	0	N-SWITCH gate=1, source=V_{SS}
Weak 0	0	P-SWITCH gate=0, source=V_{SS} or N-SWITCH connected to V_{SS}
High impedance	Z	N-SWITCH gate=0 or P-SWITCH gate=1

[그림 1-13]에서 보는 바와 같이 N-SWITCH와 P-SWITCH를 병렬로 연결하면 '0'과 '1'이 모두 완벽하게 전달되는 스위치를 얻을 수가 있다. 우리는 이 스위치를 상보형 스위치(complementary switch ; C-SWITCH)라고 한다. 만약 어떤 회로에서 '0'이나 '1' 중 한 종류의 신호만이 사용된다면, 그와 관련이 없는 N-SWITCH나 P-SWITCH 중의 하나는 삭제되어도 좋다. C-SWITCH와 같은 이중통로(double-rail) 구조의 논리회로는 상보형 스위치를 의미한다.

이것은 제어입력과 그의 반전된 신호가 모든 스위치에 연결되어야 하고, 보다 구체적으로 n-형 트랜지스터에 어떤 제어신호가 인가되면, p-형 트랜지스터에는 그 반전된 신호가 인가되어야 함을 의미한다. C-SWITCH는 전달게이트(transmission gate) 혹은 통과게이트(pass gate)라고도 한다.

제 2 장

논리회로 기초이론

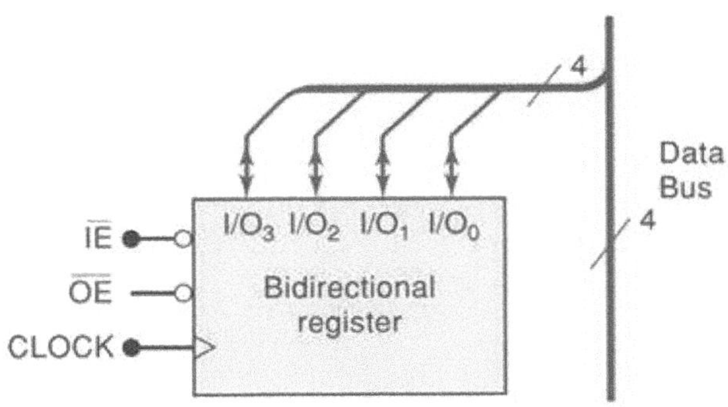

1. 수의 표현

과학, 기술, 상업, 그 밖에 인간이 시도하는 거의 모든 분야에서 우리는 끊임없이 수량(quantity)을 다루고 있다. 수량들은 대부분의 물리적인 시스템에서 측정되며 감시, 기록, 관측하거나 산술적으로 조작되고 또 다른 몇 가지 방법으로 이용된다. 이렇게 수량을 다룰 때 우리가 그들의 값을 효율적이고도 정확하게 표현해야 한다는 것은 매우 중요하다. 양들의 수치표현 방법은 기본적으로 아날로그(analog)와 디지털(digital)의 두 가지 방법이 있다.

1) 아날로그 표현

아날로그 표현(analog representation)에서 수량은 전압, 전류, 계기의 움직임에 의해 그 양에 비례하는 값으로 표현된다. 예로서 바늘의 기울기가 자동차의 속도에 비례하는 자동차 속도계를 들 수 있다. 바늘의 각도 위치는 자동차의 속도값을 나타내며 바늘은 자동차가 가속 또는 감속할 때 발생하는 물리적 변화를 그대로 나타낸다.

또 다른 예는 일반 수은 온도계로서 수은주의 높이는 방안의 온도와 비례한다. 온도가 오르내리면 수은주의 높이도 비례하여 변하며 그 결과 수은의 위치는 온도값을 나타내게 된다.

아날로그 양의 또 다른 예는 일반 오디오 마이크로폰에서도 찾을 수 있다. 이 장치에서 출력 전압은 마이크로폰에 부딪히는 음파의 크기에 비례하여 발생된다. 출력전압의 변화는 입력음향과 같은 변화이다.

위의 여러 예에서 알 수 있는 것과 같이 아날로그 양들은 그들 값이 연속적인 범위를 가지며 변화한다는 중요한 특징을 가진다. 자동차 속도는 0에서 100mph 사이의 임의 값을 가질 수 있으며 마찬가지로 마이크로폰 출력도 0에서 10mV 범위 내의 임의값이 된다. (예로서 1mV, 2.3724mV, 9.9999mV)

2) 디지털 표현

디지털 표현(digital representation)에서 수량은 비례적인 양이 아니라 자릿수(digit)라는 기호에 의해 표현된다. 예로서 분(때로는 초까지도)을 10진수값의 형태로 표시하여 하루 중의 시각을 알려주는 디지털시계를 고려해 보자. 우리가 알고 있는 것과 같이 하루 중의 시간은 연속적으로 변화하지만,

디지털시계의 시간 표현은 연속적으로 변화하지 않고 1분당(또는 초당) 한 단계씩 변화한다. 즉 눈금 지시가 연속적으로 변하는 아날로그시계의 표현과 비교할 때 하루의 시간에 대한 표현은 비연속적인 단계로 변화한다.

아날로그와 디지털 양들 사이의 주된 차이점은 다음과 같이 말할 수 있다.

아날로그 ≡ 연속적(continuous)
디지털 ≡ 이산적(discrete, 단계별)

디지털 표현의 이산적 성질 때문에 디지털 양의 값을 읽을 때는 모호함이 없는 반면 아날로그 양의 값은 흔히 계측자의 판단에 따를 수밖에 없다.

2. 디지털과 아날로그 시스템

디지털 시스템(digital system)은 디지털 형태로 표현되는, 다시 말해서 이산적인 값의 형태만을 띨 수 있는 물리적인 양이나 정보를 다루기 위해 설계된 장치들의 조합이다. 이 장치들은 대부분이 전자적이지만, 기계적, 자기적 또는 공기압을 사용할 수도 있다. 몇 가지 친숙한 디지털 시스템들로는 디지털컴퓨터와 계산기, 디지털 오디오, 비디오장치 그리고 세계에서 가장 큰 디지털 시스템인 전화시스템 등이 있다.

아날로그 시스템(analog system)은 아날로그 형태로 표현되는 물리적 양을 다루는 장치들을 포함한다. 아날로그시스템에서 취급되는 수량은 연속적인 범위에 걸쳐 변하는 값들이다. 예로서 라디오 수신기의 스피커 출력 신호의 크기는 0과 최대값 사이의 임의 값을 가진다. 또 다른 일반 아날로그 시스템의 예는 오디오 증폭 장치, 자기테이프 기록 및 재생 장치, 간단한 조광기 스위치 등이다.

1) 디지털 기술의 장점

다른 기술들과 마찬가지로 전자공학에서 증가되고 있는 대부분의 응용들은 한때 아날로그 방법으로 실행되었던 작업들을 수행하기 위해 디지털 기술을 사용하고 있다. 이와 같이 디지털 기술로 옮겨가고 있는 주된 이유는 다음과 같다.

① 일반적으로 디지털 시스템은 설계하기 쉽다. 사용되는 회로들이 스위칭 회로로 구성되기 때문에 회로의 전압이나 전류의 정확한 값은 중요하지 않고, 단지 개략적인 범위(HIGH 혹은 LOW)가 중요하다.

② 정보 저장이 용이하다. 이는 디지털 정보를 원하는 시간 동안 유지시킬 수 있고 적은 공간에 수십억 비트를 저장할 수 있는 특수한 소자나 회로에 의해 구현된다. 이에 반해 아날로그 정보의 저장 능력은 극히 제한적이다.

③ 정확성과 정밀도가 높다. 디지털 시스템은 몇 개의 스위칭 회로를 추가함으로써 필요로 하는 높은 자릿수의 정밀도를 가진 수를 다룰 수 있다. 아날로그 시스템에서의 정확도는 보통 세 자리 혹은 네 자리 수로 제한을 받는데, 이것은 전압과 전류의 값이 회로 부품 값의 오차, 온도, 습도 등에 의해 영향을 받기 때문이다.

④ 동작을 프로그램할 수 있다. 시스템의 동작이 프로그램(program)이라는 일련의 저장된 명령들에 의해 제어되는 디지털 시스템을 설계하기가 매우 쉽다. 아날로그 시스템도 프로그램화 될 수는 있으나 이용할 수 있는 동작의 다양성과 복잡성은 어느 정도 제한된다.

⑤ 디지털 회로는 잡음의 영향을 덜 받는다. 전압의 불필요한 변동(잡음)은 디지털 시스템에서는 전압의 정확한 값이 HIGH와 LOW가 구별되지 못할 만큼 잡음이 충분히 크지 않는 한 중요하지 않기 때문에 심각하지 않다.

⑥ 많은 디지털 회로 구성이 IC칩으로 제조될 수 있다. 아날로그 회로 구성이 IC기술의 엄청난 발전으로부터 많은 도움이 되었다는 것은 사실이지만 상대적 복잡성이나 경제적으로 집적화(대용량의 커패시터, 정밀저항기, 인덕터, 변압기)할 수 없는 장치들을 사용하기 때문에 고밀도로 집적할 수 없다.

2) 디지털 기술의 한계

디지털 기술을 사용할 때 실제로 두 가지 주된 결점이 있다.

실세계는 아날로그이다.
디지털화된 신호를 처리하는 데 시간이 걸린다.

대부분의 물리적 양은 본래 아날로그이며, 이들 물리적 양은 흔히 시스템에 의해 관측되고 동작되고 제어되는 입출력 수치들이다. 몇 가지 예로서 온도, 압력, 위치, 속도, 수위, 유량 등이 있다. 우리는 흔히 온도를 섭씨 64°(더 정확히 할 때는 63.8°)라고 말할 때와 같이, 이 양들을 디지털 방식으로 표현하는 습관이 있다. 즉 우리는 원래의 아날로그 양을 디지털로 근사화하여 사용한다.

아날로그 입력과 출력들을 다룰 때 디지털 기술의 장점을 이용하기 위하여 다음과 같은 세 단계를 거쳐야 한다.

① 실세계의 아날로그 입력을 디지털 형태로 변환한다.
② 디지털 정보를 처리(조작)한다.
③ 디지털 출력을 실세계의 아날로그 형태로 다시 변환한다.

3. 디지털 신호와 타이밍 다이어그램

[그림 2-1]의 (b)는 전형적인 디지털 신호와 이것이 시간에 따라 어떻게 변하는지 보여준다. 이 도표는 전압 대 시간(t) 그래프로 타이밍 다이어그램(timing diagram)이라 한다. 수평의 시간은 t_0를 시작으로 t_1, t_2 등의 일정한 간격으로

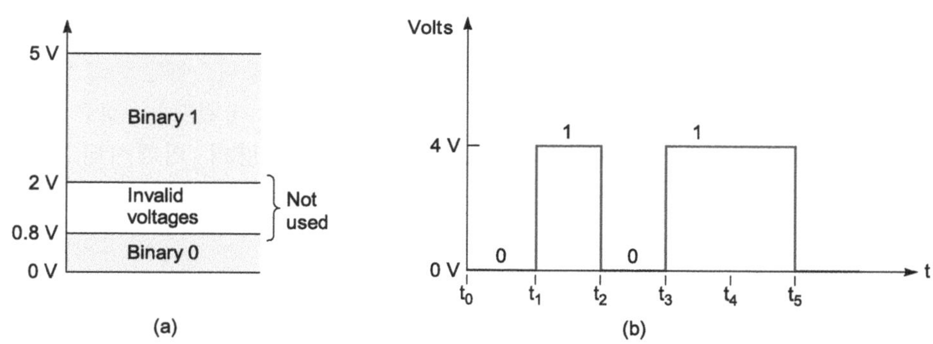

표시된다. 여기서 예로 든 타이밍 다이어그램은 신호가 시간 t_0에서 t_1까지 0V(2진수 0)로 유지된다. t_1에서 신호는 급격하게 4V로 전이(점프)된다.(2진

수 1) t_2에서는 0V로 전이한다. t_3와 t_5에서도 똑같은 전이가 나타난다. 신호가 t_3에서 t_5까지 4V로 유지되어 t_4에서는 변화가 없음에 유의하라.

타이밍 다이어그램에서 전이는 수직으로 그려지므로 순간적으로 나타나는 것처럼 보이나 현실적으로는 그렇지 않다. 여러 상황에서 전이 시간은 전이 시간 사이의 긴 간격보다 매우 짧으므로 수직으로 나타내도 된다. 시간축을 좀더 확대하여 좀더 긴 상황에서 전이를 좀더 정확하게 보여줄 필요가 있는 상황이 뒤에 소개될 것이다.

타이밍 다이어그램은 시간에 따라 디지털 신호가 어떻게 변화하는지 보여주고 특히 동일 회로나 시스템에서 두 개 또는 그 이상의 디지털 신호들 간의 관계를 나타내기 위하여 널리 사용한다. 오실로스코프나 논리 해석기(logic analyzer)에서 하나 또는 그 이상의 디지털 신호를 나타냄으로서 우리는 그 신호들의 예상 타이밍 다이어그램과 비교할 수 있다. 이는 디지털 시스템에서 테스트를 위한 매우 중요한 요소로서 고장 수리 절차에서 사용한다.

4. 디지털 IC의 기본특징

디지털 IC는 기판(substrate)이라고 부르는 반도체 물질(대부분 실리콘) 위에 저항, 다이오드, 트랜지스터를 같이 제조한 것으로서 흔히 칩(chip)이라고 부른다. 실제 칩은 IC를 다른 소자와 연결하기 위해 핀이 나와 있는 플라스틱이나 세라믹 패키지 안에 내장되어 있다. 가장 흔히 볼 수 있는 패키지가 [그림 2-2]의 (a)에 보인 DIP(dual in-line package)로서 두 줄의 핀이 있기 때문에 이름 붙여졌다. 핀은 패키지 한쪽에 구분하기 위한 점이나 새김 눈을 기준으로 하여 시계 반대 방향으로 번호를 매긴다.([그림 2-2]의 (b) 참조) 여기 보인 DIP는 14핀 패키지로서 크기는 0.75인치 × 0.25인치(1.8cm × 0.6㎝) 정도이다. 16, 20, 24, 28, 40, 64핀 DIP 패키지도 흔히 사용된다.

[그림 2-2]의 (c) 실리콘 칩 자체는 DIP보다 훨씬 작다는 것을 보여주고 있다. 일반적으로 $4mm^2$ 정도의 크기를 가진다. 실리콘칩은 매우 가는 선으로(직경 25μm) DIP의 핀에 연결된다.

DIP는 낡은 디지털 기기에서 가장 흔하게 발견되는 IC 패키지이지만 요즈음에는 다른 패키지들이 더욱 널리 사용된다. [그림 2-2]의 (d)에 보인 IC는 최근 디지털 회로에 널리 사용되고 있는 패키지 중의 하나이다. 이 패키지는 J 글자 모양의 단자가 IC 밑으로 구부려져 있다.

디지털 IC는 흔히 기판 위의 등가 논리 게이트 숫자로 회로의 집적도(complexity)를 분류한다. [표 2-1]은 가장 널리 사용되고 있는 6단계의 집적도 분류이다.

여기서 언급하고 있는 IC들은 모두 적은 개수의 게이트를 가지고 있는 SSI 칩이다. 최근 디지털 시스템은 중규모 집적회로(MSI)와 대규모 집적회로(LSI, VLSI, ULSI, GSI)가 SSI 칩이 전체에 깔려 있던 여러 개의 회로 기판에 해당하는 기능을 수행하고 있다. 그러나 SSI 칩들도 복잡한 칩들 사이의 중개 역할(interface)이나 접착제(glue)와 같은 역할을 수행하기 위해 아직도 사용되고 있다. 소규모 집적회로는 디지털 시스템의 기본 구성 블록에 대해 배울 때 매우 유용하다. 결과적으로 많은 실습 과목에서는 아직도 이들 IC를 이용하여 작은 프로젝트를 만들고 검사하고 있다.

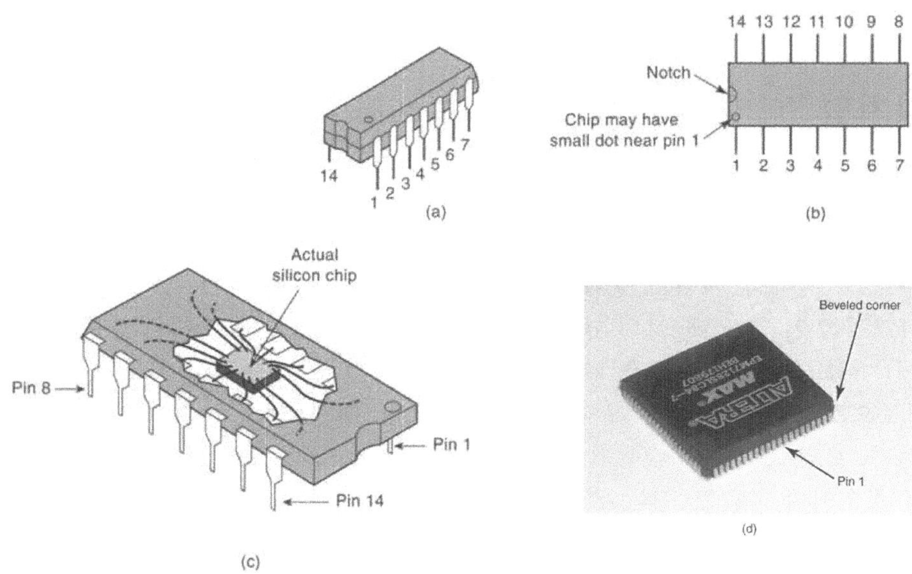

[그림 2-2] a) DIP (b) 위에서 본 그림 (c) 실제 실리콘 칩의 내부 (d) PLCC 패키지

[표 2-1] 집적도

집적도	칩의 게이트 수
소규모 집적회로(SSI)	12 미만
중규모 집적회로(MSI)	12 ~ 99
대규모 집적회로(LSI)	100 ~ 9,999
초대규모 집적회로(VLSI)	10,000 ~ 99,999
극대규모 집적회로(ULSI)	100,000 ~ 999,999
기가규모 집적회로(GSI))	1,000,000 이상

1) 양극성(바이폴라 및 단극성(유니폴라) 디지털 IC

디지털 IC는 회로에 사용되는 전자 소자의 유형에 따라 분류할 수 있다. 양극성 IC(bipolar IC)는 양극성 접합 트랜지스터(NPN과 PNP)를 주요 회로 소자로 사용하고 있다. 단극성 IC(unipolar IC)는 단극성 전계 효과 트랜지스터(P 채널과 N 채널 MOSFET)를 주요 소자로 사용하는 것이다.

TTL(transistor-transistor logic)은 지난 30여 년간 가장 널리 사용되던 양극성 디지털 IC이었다. 표준 74 계열은 TTL IC의 첫 계열이었다. 그러나 이제 더 이상 새로운 설계에 채택되지는 않고 있으며, 새로운 고성능 TTL 계열로 대치되었다. 그러나 아직도 모든 TTL 계열의 IC은 그 기본 회로 구성을 따르고 있다. [그림 2-3]의 (a)는 표준 TTL 인버터이다. 회로에 핵심 회로 부품으로 여러 개의 양극성 트랜지스터가
사용되고 있음을 주목하라.

TTL은 12여 년 전만해도 SSI와 MSI 급의 IC 계열을 주도하고 있었다. 그 이후 CMOS 계열의 도전을 받아서 이제는 주도권이 CMOS 계열로 넘어갔다. CMOS (complementary metal-oxide-semiconductor)는 P 채널과 N 채널 MOSFET을 핵심 소자로 사용하는 단극성 디지털 IC 계열에 속한다. [그림 2-3]의 (b)는 표준 CMOS 인버터 회로이다. [그림 2-3]의 TTL과 CMOS를 비교해보면 CMOS가 부품을 적게 사용하고 있음을 알 수 있다. 이것이 CMOS의 장점 중 하나이다.

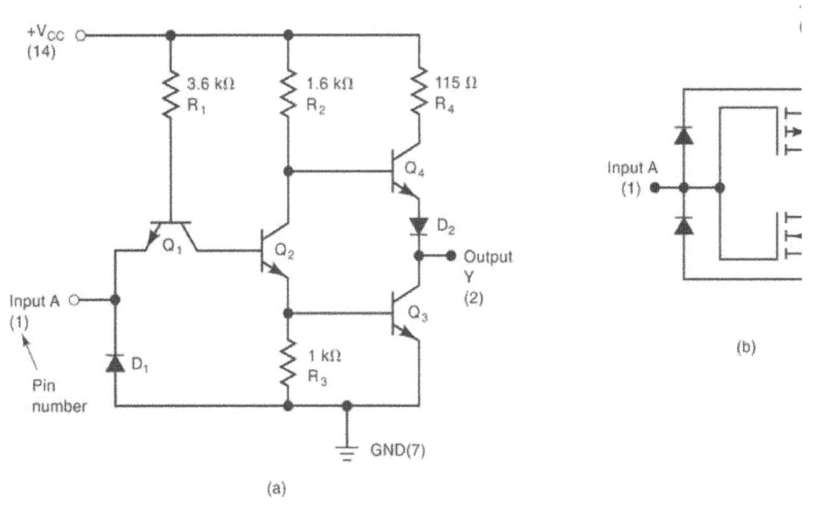

[그림 2-3] (a) TTL 인버터회로 (b) CMOS 인버터 회로

[표 2-2] TTL 논리 안의 여러 계열

TTL 계열	분류 번호	IC 예
표준 TTL	74	7404(6쪽 인버터)
쇼트키 TTL	74S	74S04(6쪽 인버터)
저전력 쇼트키 TTL	74LS	74LS04(6쪽 인버터)
고급 쇼트키 TTL	74AS	74AS04(6쪽 인버터)
고급 저전력 쇼트키 TTL	74ALS	74ALS04(6쪽 인버터)

2) CMOS

몇 가지 CMOS 계열 중 일부를 [표 2-3]에 나열하였다. 4000 계열은 가장 오래 된 CMOS 계열이다. 이 계열은 TTL 계열과 같은 논리 기능을 담고 있기는 하나 TTL 소자와 핀 배치가 일치하지 않는다. 예를 들어 4001 4쪽 NOR 칩은 7402 TTL 칩과 마찬가지로 4개의 2 입력 NOR 게이트가 있으나 CMOS 칩의 게이트의 입출력 핀 배치는 TTL 칩의 핀 번호와 일치하지 않는다.

[표 2-3] CMOS 논리의 여러 계열

CMOS 계열	분류 번호	IC 예
금속 게이트 CMOS	40	4001(4쪽 NOR 게이트)
금속 게이트, TTL 핀 호환 가능	74C	74C02(4쪽 NOR 게이트)
실리콘 게이트, TTL 핀 호환 가능, 고속	74HC	74HC02(4쪽 NOR 게이트)
실리콘 게이트, TTL 핀 및 전기적 호환 가능, 고속	74HCT	74HCT02(4쪽 NOR 게이트)
고성능 CMOS, TTL 핀 및 전기적 호환 불가	74AC	74AC02(4쪽 NOR)
고성능 CMOS, TTL 핀 호환 불가, 전기적 호환 가능	74ACT	74ACT02(4쪽 NOR)

74C, 74HC, 74HCT, 74AC와 74ACT 계열은 새로운 CMOS 계열이다. 처음의 세 가지는 TTL 소자와 핀 배치가 일치한다. 예를 들어 74C02, 74HC02, 74HCT02는 7402, 74LS02 등과 핀 배치가 같다. 74HC와 74HCT 계열은 74C 계열보다 빠른 속도로 동작한다. 74HCT는 TTL 소자와 전기적으로 양립할 수 있도록 만들어졌다, 즉 74HCT는 중개 회로 없이도 TTL 소자에 바로 연결할 수 있다. 74AC와 74ACT는 고성능 IC이다. 이들은 TTL과 핀 배치가 일치하지 않는다. 74ACT는 TTL 소자와 전기적으로 양립할 수 있도록 만들어졌다.

3) 전원과 접지

디지털 IC를 사용하기 위해서는 IC 핀에 필요한 연결을 해주어야 한다. 가장 중요한 연결은 직류 전원(DC power)과 접지(ground)이다. 칩 내의 회로가 제대로 동작하기 위해서는 이들을 올바르게 연결해야 한다. 그림 1-8에는 직류 전원이 한 핀에, 접지가 또 다른 핀에 연결된 TTL과 CMOS 회로를 보여주고 있다. TTL 회로의 전원 핀은 V_{CC}, CMOS에는 V_{DD}라고 이름이 붙어 있다. 새로운 CMOS 집적회로는 TTL 집적회로와 양립할 수 있으므로 전원 선에 V_{CC}라는 이름을 사용하기도 한다.

IC의 전원과 접지 연결 중 어느 하나라도 연결되지 않으면 칩 내의 논리 게이트는 입력 핀의 신호에 대해 제대로 반응할 수 없으며 기대하는 출력 논리 값이 만들어지지 않는다.

4) 논리 값의 전압 영역

TTL 소자에서 V_{CC} 값은 +5V이다. CMOS 집적회로의 V_{DD}는 CMOS 집적회로가 TTL과 같이 사용될 때는 +5V를 사용하기도 하지만 일반적으로는 +3V부터 +18V까지이다. 표준 TTL 소자가 인식하는 논리 0과 논리 1의 전압 범위는 그림 1-9의 (a)와 같다. 논리 0은 0부터 0.8V까지의 어떤 값도 가질 수 있으며, 논리 1은 2부터 5V까지의 어떤 전압도 가질 수 있다. 이 영역 이외의 전압은 **중간** 영역(indeterminate range)이며 어떤 TTL 소자의 입력에도 사용되어서는 안 된다. IC를 생산하는 회사에서는 이 애매한 영역 내(0.8부터 2V)에 입력 전압이 있다면 TTL 회로가 어떻게 동작할지 보장하지 않는다. V_{DD} = +5V에서 동작하는 CMOS 집적회로의 논리 입력 전압 영역은 [그림 2-3](b)와 같다. 0부터 1.5V 범위의 전압을 논리 0, 3.5부터 5V의 범위의 전압을 논리 1로 정의하고 있다. 애매한 영역은 1.5부터 3.5V까지의 전압이다.

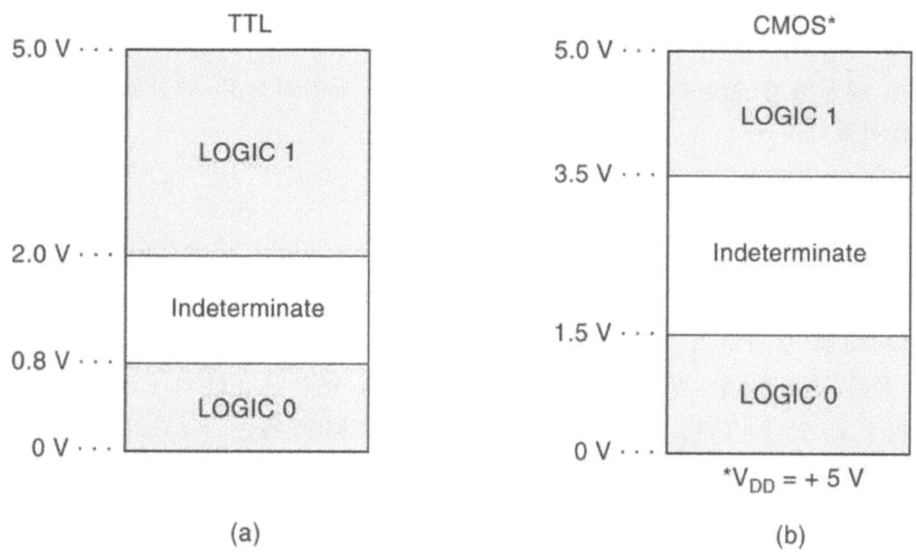

[그림 2-4] (a) TTL과 (b) CMOS 디지털 IC의 논리 입력 전압 범위

5. TTL 논리회로

많은 소규모 및 중규모 IC(SSI, MSI)들은 30년 이상 사용해 온 표준 TTL 기술을 이용하여 얻을 수가 있다. 초기의 TTL 군은 오늘날 모든 논리 디바이스 특성에 영향을 주었다. TTL 소자는 아직도 좀 더 복잡한 디지털시스템의 연결에 '접착제'로 사용되고 있다. 이 TTL은 또한 높은 전류 구동을 필요로 하는 회로 장치의 인터페이스로서 사용된다. 전체적으로는 양극성 TTL 군의 사용이 줄어들고는 있지만, 우리는 디지털 기술로 실현되는 장치에 사용되는 논리 IC에 대해 논할 것이다.

기본 TTL 논리 회로는 [그림2-5]a)에서 보여주는 바와 같이 NAND 게이트이다. 비록 표준 TTL이 거의 절대적일지라도 더 많은 논리 소자 군들에 대해서도 다룰 것이다. TTL 입력 특성은 트랜지스터 Q_1이 다중 이미터(다이오드 접합)에 의해서 결정된다. 이들 다이오드 접합에 순방향 바이어스를 하면 Q_1이 ON이 된다. 모든 접합이 역방향으로 바이어스될 경우에만 OFF된다.

이 다중 이미터(multiple-emitter) 입력 트랜지스터는 8개 입력 NAND 게이트에 대해 8개까지 이미터를 가질 수 있다. 또한 회로의 출력 측에 있는 트랜지스터 Q_3, Q_4는 토템 폴(totem-pole) 배열이다. 토템 폴은 2개의 트랜지스터 스위치 Q_3과 Q_4에 의해 이루어진다. Q_3이 동작할 때는 출력 단자가 V_{CC}에 연결되어 HIGH 상태가 된다. Q_4가 동작할 때는 출력 단자가 접지에 연결되어 LOW 상태가 된다. 정상 동작에서, Q_3, Q_4는 출력의 논리 상태에 따라 도전(ON/OFF 동작)이 될 것이다.

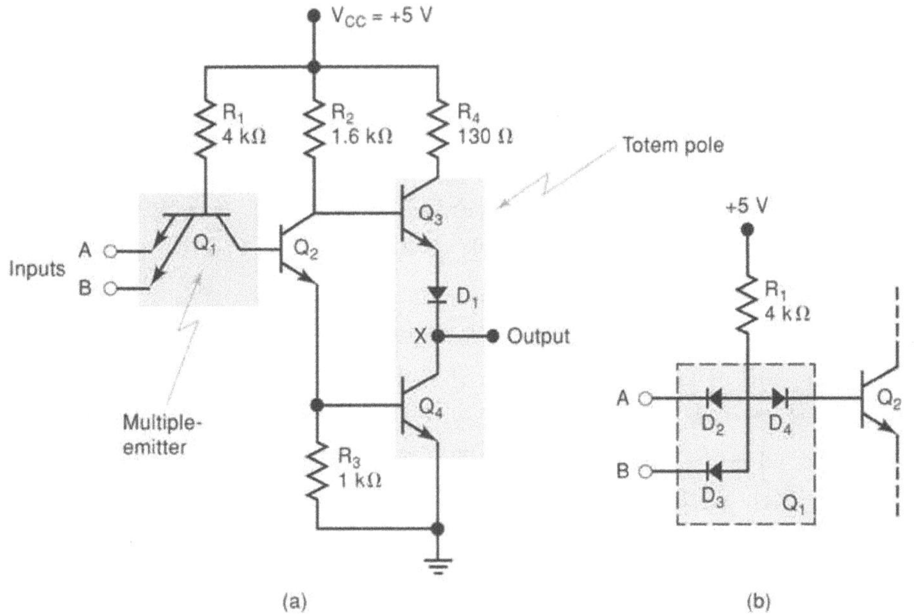

[그림 2-5] (a) 기본 TTL NAND 게이트 (b) Q1에 해당하는 다이오드

1) 회로 동작 - LOW 상태

이 회로가 비록 복잡하게 보이더라도, [그림 2-5]의 (b)에서 보이는 것처럼 다중 이미터 트랜지스터 Q_1의 다이오드 등가 회로를 사용하여 간단하게 분석할 수 있다. 다이오드 D_2와 D_3은 Q_1의 두 E-B 접합을 표시하고, D_4는 컬렉터-베이스(C-B) 접합이다. 다음 분석에서 우리는 Q_1에 대해서 이것들을 사용할 것이다.

첫 번째, 출력이 LOW인 경우를 생각해 보자. [그림 2-6]의 (a)에서는 입력 A, B 모두 +5V인 경우를 나타낸다. D_2, D_3의 캐소드에서 +5V인 경우는 다이오드를 OFF시킬 것이고 전류는 거의 흐르지 않을 것이다. +5V의 전원은 R_1과 D_4를 통해 ON 상태가 되는 Q_2의 베이스에 전류를 보낼 것이다. Q_2의 이미터로부터의 전류는 Q_4의 베이스로 흘러들어 Q_4를 ON시킬 것이다. 동시에, Q_2 컬렉터 전류는 R_2에 전압 강하를 일으켜서 Q_2 컬렉터 전압을 낮은 값으로 감소시켜 Q_3이 ON으로 전도되는 것을 방해한다.

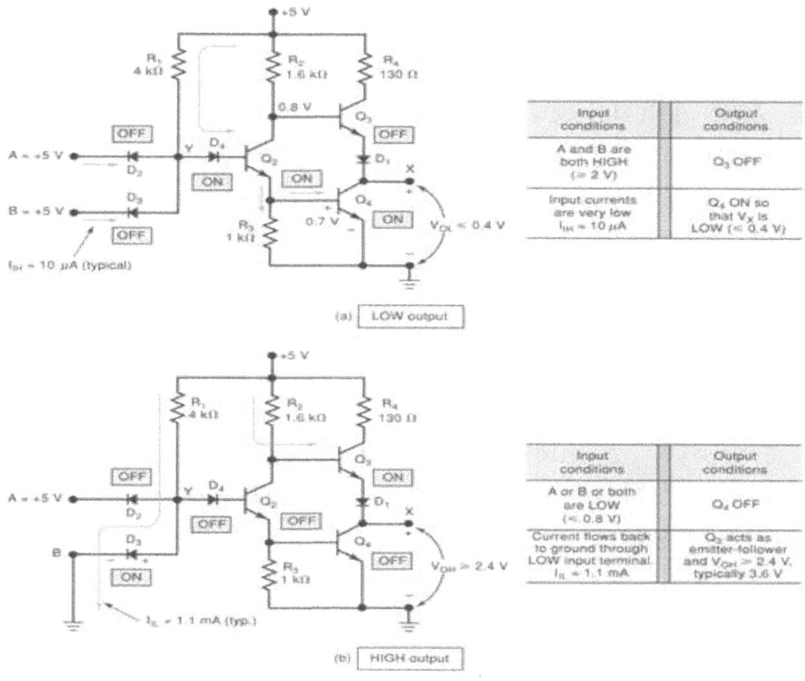

[그림 2-6] 두 개의 출력 상태에서 NAND 게이트

Q_2의 컬렉터 전압은 대략 0.8V임을 알 수 있다. 이것은 Q_4의 E-B 순방향 전압 때문에 Q_2의 이미터 전압은 접지로부터 0.7V이고, Q_2의 컬렉터 전압은 V_{CE}(sat) 때문에 이미터에 대하여 Q_2의 컬렉터 전압은 0.1V이다. Q_3의 베이스 전압 0.8V는 Q_3의 E-B 접합과 다이오드 D_1을 순방향 바이어스를 하기에 충분하지 못하다. 사실 이러한 상황에서 Q_3을 OFF 상태로 유지하기 위해서는 D_1이 필요하게 된다.

Q_4가 ON 상태에서는 저항이 낮으므로(1 ~ 25Ω), Q_4가 ON 상태인 출력 단자 X는 매우 낮은 전압을 가지게 될 것이다. 실제로, 출력 전압 V_{OL}은 Q_4가 전도하는 컬렉터 전류의 양에 의존하게 된다. Q_3이 OFF가 되면, +5V 단자로부터 R_4로 흐르는 전류는 없다. 앞으로도 알게 되겠지만 Q_4의 컬렉터 전류는 단자 X가 연결된 TTL 입력으로부터 전해질 것이다.

중요한 것은 A와 B의 HIGH 입력은 반드시 매우 작은 다이오드 누설 전류를 공급한다는 것이다. 일반적으로, 이러한 전류 I_{IH}는 실온에서 대략 10µA 정도이다.

2) 회로 동작 - HIGH 상태

[그림 2-6]의 (b) 회로 출력이 HIGH 상태를 보여 주고 있다. 이 상태는 LOW 입력 모두 연결하거나 또는 하나만 연결함으로써 발생하게 된다. 여기서, 입력 B는 접지에 연결되어 있다. 이것은 D_3을 순방향 바이어스를 걸어서 전류가 +5V의 전원으로부터 R_1, R_3과 단자 B를 통해 접지로 흘러가도록 할 것이다. D_3을 지나는 순방향 전압은 Y점에서 대략 0.7V일 것이다. 이 전압은 전도가 되기 위해 D_4와 Q_2의 E-B 접합의 순방향 바이어스를 걸어주기에 충분하지 않다.

Q_2가 OFF가 되면, Q_4의 베이스에는 전류가 흐르지 않아 OFF가 된다. Q_2의 컬렉터 전류가 없기 때문에 Q_3의 베이스에서 전압은 Q_3과 D_1을 순방향 바이어스시키기에 충분하다. 그렇기 때문에 Q_3이 전도될 것이다. 실제 Q_3은 이미터 폴로어로 동작하는데, 이것은 출력 단자 X가 그것의 이미터이기 때문이다. 점 X와 접지 사이에 부하가 연결되어 있지 않을 경우에는, V_{OH}는 Q_3에 가해진 5V에서 두 개의 0.7V 다이오드 전압 강하치를 뺀 3.4V ~ 3.8V 정도가 된다.

이 전압은 부하가 Q_3로부터 이미터 전류를 끌어오기 때문에 부하 전압 이하로 감소하게 될 것이다. 그리고 R_2를 통해서 베이스 전류가 흐르기 때문에 R_2에 걸리는 전압 강하는 증가하게 된다.

무엇보다 중요한 것은 B가 LOW 상태로 유지될 동안 입력 단자 B와 접지 간에 실제적 전류 흐름이 있다는 것이다. 이러한 전류 I_{IL}은 저항 R_1 값에 의해서 결정되며, 표준 TTL인 경우 전류 I_{IL}은 1.1mA 정도이다. LOW B 입력은 이 전류에 대해 접지로 싱크(sink)하는 것처럼 작동한다.

6. TTL 자료

1964년에 텍사스 인스트루먼트사(Texas Instruments)에서 표준 TTL IC가 처음 소개되었다. 가장 널리 사용되는 IC 군은 54/74 계열이다. 우리는 간단히 이를 74 계열이라 한다. 54 계열과 74 계열 사이에 가장 중요한 차이점은 54 계열의 소자는 넓은 범위의 온도와 전원 전압에서 동작한다는 것이다. 많은 반도체 제작자들은 여전히 TTL IC를 생산한다. 반도체 제작자들은 TTL IC를 생산하는데 동일한 번호 시스템을 사용하고 있다. 하지만 각 제작자들은 보통 IC 번호에 고유 접두어를 붙인다. 예를 들면 텍사스 인스트루먼트는 접두어 SN을 사용하고, 내셔널 세미콘턱터(National Semiconductor)는 DM을 사용하고, 시그네틱스(Signetics)는 S를 사용한다. 제작회사에 따라 DM7402, SN7402, S7402, 또는 다른 유사한 명칭으로 붙여진 사각형의 NOR 게이트를 볼 수 있다. 중요한 것은 모든 제작회사에서 동일한 7402를 사용한다는 것이다.

Recommended Operating Conditions

Symbol	Parameter	DM54LS00			DM74LS00			Units
		Min	Nom	Max	Min	Nom	Max	
V_{CC}	Supply Voltage	4.5	5	5.5	4.75	5	5.25	V
V_{IH}	High Level Input Voltage	2			2			V
V_{IL}	Low Level Input Voltage			0.7			0.8	V
I_{OH}	High Level Output Current			−0.4			−0.4	mA
I_{OL}	Low Level Output Current			4			8	mA
T_A	Free Air Operating Temperature	−55		125	0		70	°C

Electrical Characteristics over recommended operating free air temperature range (unless otherwise noted)

Symbol	Parameter	Conditions		Min	Typ (Note 1)	Max	Units
V_I	Input Clamp Voltage	V_{CC} = Min, I_I = −18 mA				−1.5	V
V_{OH}	High Level Output Voltage	V_{CC} = Min, I_{OH} = Max, V_{IL} = Max	DM54	2.5	3.4		V
			DM74	2.7	3.4		
V_{OL}	Low Level Output Voltage	V_{CC} = Min, I_{OL} = Max, V_{IH} = Min	DM54		0.25	0.4	V
			DM74		0.35	0.5	
		I_{OL} = 4 mA, V_{CC} = Min	DM74		0.25	0.4	
I_I	Input Current @ Max Input Voltage	V_{CC} = Max, V_I = 7V				0.1	mA
I_{IH}	High Level Input Current	V_{CC} = Max, V_I = 2.7V				20	μA
I_{IL}	Low Level Input Current	V_{CC} = Max, V_I = 0.4V				−0.36	mA
I_{OS}	Short Circuit Output Current	V_{CC} = Max (Note 2)	DM54	−20		−100	mA
			DM74	−20		−100	
I_{CCH}	Supply Current with Outputs High	V_{CC} = Max			0.8	1.6	mA
I_{CCL}	Supply Current with Outputs Low	V_{CC} = Max			2.4	4.4	mA

Switching Characteristics at V_{CC} = 5V and T_A = 25°C (See Section 1 for Test Waveforms and Output Load)

Symbol	Parameter	R_L = 2 kΩ				Units
		C_L = 15 pF		C_L = 50 pF		
		Min	Max	Min	Max	
t_{PLH}	Propagation Delay Time Low to High Level Output	3	10	4	15	ns
t_{PHL}	Propagation Delay Time High to Low Level Output	3	10	4	15	ns

Note 1: All typicals are at V_{CC} = 5V, T_A = 25°C.

Note 2: Not more than one output should be shorted at a time, and the duration should not exceed one second.

[그림 2-7] 74ALS00 NAND 게이트 IC에 대한 자료

TTL 논리 소자 군(74, 74LS, 74S 등)에는 몇 가지 계열이 있다. 초기의 표준 계열과 요즘의 표준 계열(74, 74LS, 74S)은 새로운 설계를 사용하는 제작자들을 더 이상 추천하지 않는다. 그럼에도 불구하고 시장에서는 이것들을 필요로 한다. 어떠한 논리 소자의 능력과 한계를 알고 특성을 이해하는 것이 중요하다. 이 장에서는 ALS(advanced low-power Schottky) 계열의 특성과 전형적인 자료를 이해할 수 있도록 도움을 줄 것이다. 그리고 나중에 다른 계통의 TTL 계열의 특징을 설명하고 그들 특성과 비교할 것이다. [그림 2-7]은 74ALS00 NAND 게이트 IC의 동작 조건, 전기적 특성, 스위치 특성을 나타내는 제작자들의 자료이다.

1) 공급 전압과 온도 범위

74ALS 계열과 54ALS 계열 모두 5V의 공급 전원(V_{CC})을 사용하지만 4.5V ~ 5.5V의 공급 전원 변화를 극복할 수 있다. 74ALS 계열은 0°C ~ 70°C의 온도 범위에서 적절하게 동작되도록 설계되었지만, 54ALS 계열은 -55°C ~ 125°C에서 동작할 수 있도록 설계되었다. 54ALS 계열은 전압과 큰 온도차의 변화에도 불구하고 정상 동작을 할 수 있기 때문에 값이 더 비싸다. 그것은 극한의 상태 변화에 대해 믿을 수 있는 동작이 필요로 하는 응용 분야에 사용된다. 예를 들면 군사와 우주의 응용 분야에 사용된다.

2) 전압 레벨

74ALS 계열의 입출력 논리 전압 레벨을 [그림 2-7]의 자료에서 찾을 수 있을 것이다. [표 2-4]에 이것들을 요약하여 표시하였다. 이 표의 최소, 최대 값은 전력 공급, 온도, 부하 상태가 최악일 경우를 나타낸다. 표에서는 논리 0이 되는 최대 출력전압 V_{OL} = 0.5V를 표시하는데, 이는 논리 0을 위해 입력에서 필요로 하는 전압 V_{IL} = 0.8V보다 300mV 작다. 이것은 LOW 상태 dc 잡음 여유가 300mV임을 의미한다. 이것을 식으로 표현하면 다음과 같다.

$$V_{NL} = V_{IL}(max) - V_{OL}(max) = 0.8V - 0.5V = 0.3V = 300mV$$

이와 유사하게 논리 1을 위한 출력 V_{OH}는 최소 2.5V 이상이다. 이는 논리 1을 위해 입력 전압 V_{IH} = 2.0V에서 요구하는 것보다 500mV 더 크다. 그러므로 HIGH 상태에서 dc 잡음 여유는 500mV이다.

$$V_{NH} = V_{OH}(min) - V_{IH}(min) = 2.5V - 2.0V = 0.5V = 500mV$$

그러므로, 74ALS 계열에서 보장된 최악의 경우(guaranteed worst-case)의 dc 잡음 여유는 모두 300mV이다.

[표 2-4] 표준 74ALS 계열 전압 레벨

	Minimum	Typical	Maximum
V_{OL}	—	0.35	0.5
V_{OH}	2.5	3.4	—
V_{IL}	—	—	0.8
V_{IH}	2.0	—	—

3) 최대 전압 정격

[표 2-4]에 있는 전압 값에는 IC가 손상될 수 있는 절대 최대 전압 값은 포함되지 않았다. 절대 최대 동작 조건들은 일반적으로 자료 상단에 주어진다.

표준 74계열 IC의 입력에 가해지는 전압은 결코 +7.0V를 초과할 수 없다. 입력 이미터에 +7.0V보다 큰 전압이 가해지면서 Q_1의 E-B 접합의 역방향 브레이크다운(reverse breakdown)을 일으킬 수 있다.

TTL 입력에 공급될 수 있는 최대 음 전압에도 한계가 있다. 이 한계는 -0.5V로서 TTL 회로가 각 입력에서 보호 차단 다이오드를 사용하는 것이 원인이다. 이러한 다이오드는 정상적인 회로 동작으로 들어가지 못하기 때문에, 이전 분석에서는 생략하였다. 그들은 논리 신호가 과도하게 초과될 경우에 흔히 일어나는 음 입력 전압을 제한하도록 각각의 입력에서 접지까지 연결되어 있다. 이러한 다이오드는 입력에 -0.5V 이상 공급할 수 없다.

4) 전력 소모

ALS TTL NAND 게이트의 평균 전력 소모는 2.4mW이다. 이것은 I_{CCH} = 0.85mA와 I_{CCL} = 3mA의 결과이며 $I_{CC}(avg)$ = 1.93mA와 $P_D(avg)$ = 1.93mA ×

5V = 9.65mW를 발생시킨다. 이 9.65mW는 칩에 있는 4개의 게이트에 의해 요구되는 전체 전력이다. 그러므로 하나의 NAND 게이트에서 요구되는 평균 전력은 2.4mW이다.

5) 전파 지연

자료에는 최소 및 최대 전파 지연 시간이 주어진다. 전형적인 값을 취하므로 평균 전파 지연은 t_{PLH} = 7ns와 t_{PHL} = 5ns일 경우 중간 값 t_{pd}(avg) = 6ns가 된다.

7. TTL 계열의 특성

표준 TTL 74 계열 IC들은 몇몇 다른 계열들과 같이 발전되었다. 이들 모든 계열들은 SSI에서는 다양한 종류의 게이트들과 플립플롭, MSI에서는 카운터, 레지스터, 디코더/인코더 그리고 다른 논리 함수들에 제공되었다. 다음의 TTL 계열은 종종 '하위 군'이라 부르며 속도와 전력의 성능 면에서 다양성을 제공한다.

1) 쇼트키 TTL, 74S 계열

7400 계열은 전도될 때 많은 트랜지스터는 포화 상태에 있게 될 것이다. 이것은 포화 스위칭 영역에서 동작한다. 이들 동작은 트랜지스터가 ON에서 OFF될 때 저장 시간 지연(storage-time delay) t_S를 발생시키며, 회로의 스위칭 속도를 제한하게 된다. 74S 계열은 트랜지스터가 포화 상태로 완전히 들어가는 것을 허용하지 않으므로 이 저장 시간 지연을 줄일 수 있다. 그것은 [그림 2-8]의 (a)에 보이는 것과 같이 트랜지스터의 컬렉터와 베이스 사이에 연결된 쇼트키 장벽 다이오드(Schottky barrier diode : SBD)를 사용하여 구현된다. SBD는 0.25V의 순방향 전압을 갖는다. 그러므로 C-B 접합이 포화 상태에서 순방향 바이어스가 될 때 SBD는 베이스로부터 떨어져 나간 입력 전류의 일부분을 분기시키고 전도할 것이다. 이것은 과도한 베이스 전류를 줄이고 OFF 시 저장 시간 지연을 줄일 것이다.

[그림 2-8]의 (a)에서 트랜지스터/SBD 조합은 특별한 심볼이 주어진다. 이 심볼은 [그림 2-8]의 (b)의 74S00 NAND 게이트에 대한 회로도 내의 모든 트랜지스터에 사용된다. 이 74S00 NAND 게이트는 평균 전파 지연 3ns를

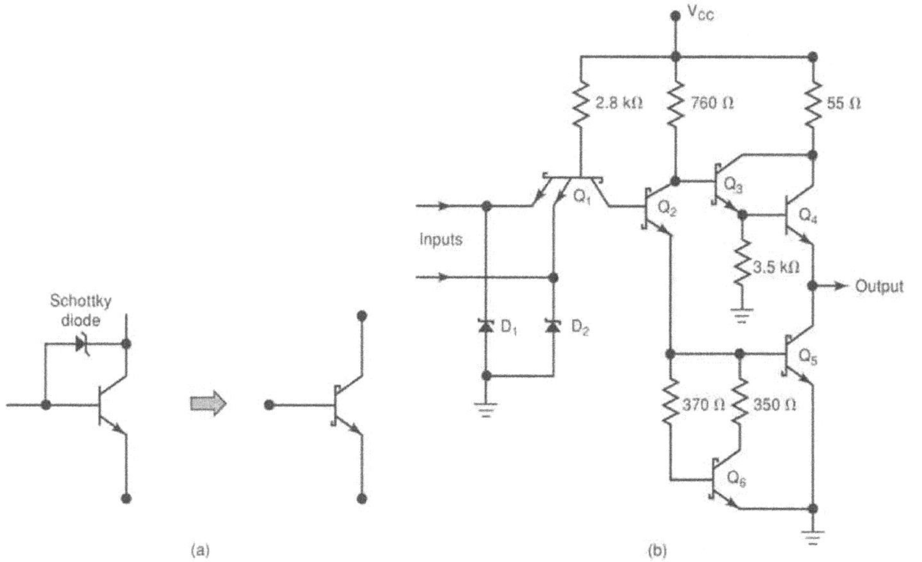

[그림 2-8] (a) 쇼트키 클림프 래지스터 (b) S-TTL 계열에 있는 기본 NAND 게이트

가진다. 이것은 74H00보다 두 배 빠르다. 션트 다이오드 D_1과 D_2는 음의 입력 전압을 제한하기 위한 것이다.

74S 계열 내의 회로는 스위칭 시간 개선을 돕기 위해서 더 작은 저항 값을 사용한다. 이것은 74H와 거의 동일한 약 20mW의 평균 전력 소모를 증가시킨다. 74S 회로는 또한 달링턴 트랜지스터(Q_3과 Q_4)를 사용하는데, 이것은 ON에서 OFF로 스위칭할 때 더 빠른 출력 상승 시간을 제공하기 위함이다.

2) 저전력 쇼트키 TTL, 74LS 계열(LS-TTL)

74LS 계열은 더 낮은 전력, 더 느린 속도 버전이다. 이것은 쇼트키 클램프 트랜지스터를 사용하지만, 74S 계열보다 더 큰 저항 값을 이용한다. 74S 계열보다 더 큰 저항 값은 회로가 요구하는 전력을 감소시키는 반면 스위칭 시간이 길어지게 했다. 74LS 계열의 NAND 게이트의 평균 전파 지연 시간은 9.5ns를 가지며 평균 소비 전력은 2mW를 가진다.

3) 개선된 쇼트키 TTL, 74AS 계열(AS-TTL)

집적회로 설계에서 최근 변혁은 새롭게 개선된 두 가지 TTL 계열의 개발을 유도하였다. 그것은 개선된 쇼트키(74AS)와, 개선된 저전력 쇼트키(74ALS)이다. 74AS 계열은 더 낮은 소비 전력으로 74S 계열보다 속도에서 상당히 개선되었음을 보인다. [표 2-5]는 각 계열의 NAND 게이트의 비교를 나타내고 있다. 이 비교는 74AS 계열의 장점을 분명히 나타내고 있다. 그것은 가장 빠른 TTL 계열이고, 그것의 속도-전력 곱은 확실하게 74 계열보다 적다. 74AS는 입력 전류 요구(I_{IL}, I_{IH})가 보다 작고 74S 계열보다 더 큰 팬아웃을 가지도록 향상되었다.

[표 2-5] 전파지연과 소비전력

	74S	75AS
전파 지연	3ns	1.7ns
소비 전력	20mW	8mW
속도-전력 곱	60pJ	13.6pJ

4) 개선된 저전력 쇼트키 TTL, 74ALS 계열

이 계열은 74LS 계열에서 속도와 전력 소비 모두 개선된 것이다. 이것은 [표 2-6]에 나타내었다. 74ALS 계열은 TTL 계열 중 가장 낮은 속도-전력 곱을 가지고 있고, 또한 가장 낮은 게이트 전력 소모를 갖는다.

[표 2-6] 전파지연과 소비전력

	74L	75ALS
전파 지연	9.5ns	4ns
소비 전력	2mW	1.2mW
속도-전력 곱	19pJ	4.8pJ

5) 74F-고속 TTL(74F-Fast TTL)

이 계열은 상호 소자 간에 커퍼시턴스를 줄이고 전파 지연 시간을 감소시킬 수 있는 새로운 집적회로 제작 기술을 사용한다. 보통 NAND 게이트는 3ns의 평균 전파 지연 시간을 가지고 6mW의 전력 소비를 갖는다. 이런 종류의 IC들은 부품 넘버로 F자를 쓴다. 예를 들어 74F04는 6쪽 인버터(hex-inverter) 칩이다.

6) TTL 계열 특성 비교

[표 2-7]은 TTL 계열 각각의 중요한 특성에 대한 일반적인 값을 나타내고 있다. 최대 클록률을 제외하고는 대부분의 수행 성능은 각 계열에서 NAND 게이트를 위한 것이다. 최대 클록률은 J-K 플립플롭이 토글되도록 사용되는 최대 주파수이다. 이것은 각 IC 계열이 동작할 수 있는 주파수 범위의 유용한 수단을 제공한다.

[표 2-7] 일반적인 TTL 계열 특성

	74S	75S	74LS	74AS	74ALS	74F
성능 평가						
전파 지연(ns)	9	3	9.5	1.7	4	3
소비 전력(mW)	10	20	2	8	1.2	6
속도-전력 곱(pJ)	90	60	19	13.6	4.8	18
최대 클록률(MHz)	35	125	45	200	70	100
팬 아웃(동일 계열)	10	20	20	40	20	33
전압 변수						
V_{OH}(min)	2.4	2.7	2.7	2.5	2.5	2.5
V_{OL}(max)	0.4	0.5	0.5	0.5	0.5	0.5
V_{IH}(min)	2.0	2.0	2.0	2.0	2.0	2.0
V_{IL}(max)	0.8	0.8	0.8	0.8	0.8	0.8

8. 부하와 팬 아웃

IC 출력의 팬 아웃이나 가능한 부하 구동 용량을 결정짓는 것을 이해하여야 한다. [그림 2-9]의 (a)는 여러 개의 표준 TTL 입력을 동작시키기 위해 연결된 LOW 상태에서 표준 TTL 출력을 나타내고 있다. 트랜지스터 Q_4는 ON이고, 각 입력으로부터 I_{IL} 전류의 합인 I_{OL} 전류량에 대하여 전류 싱크처럼 동작한다. ON 상태에서 Q_4의 컬렉터-이미터 저항은 매우 작지만, 0은 아니며 전류 I_{OL}은 V_{OL}의 전압 강하를 일으킨다. 이 전압은 IC의 한계인 V_{OL}을 초과해서는 안 된다. 이것은 I_{OL}의 최대 값을 제한하고 구동할 수 있는 부하의 수가 된다.

이와 같은 설명을 위해 74 계열 IC의 각 I_{IL}을 1.6mA로 가정한다. 표 1-7으로부터 74계열은 $V_{OL}(max) = 0.4V$와 $V_{IL}(max) = 0.8V$임을 알 수 있다. Q가 출력 $V_{OL}(max) = 0.4V$에 이를 때까지 16mA/1.6mA = 10 부하가 걸려 있음을 뜻한다. 만약 부하가 10 이상으로 걸려 있다면, I_{OL}은 증가하고 V_{OL}이 0.4V 이상으로 증가하는 원인이 된다. 이것은 일반적으로 IC 입력 [$V_{NL} = V_{IL}(max) - V_{OL}(max)$]에서 잡음 여유를 감소시키는 바람직하지 못한 결과의 이유가 된다. 사실 V_{OL}이 $V_{IL}(max) = 0.8V$ 이상 올라간다면 범위를 결정할 수 없게 된다.

비슷한 상황이 [그림 2-9]의 (b)에 나타낸 것처럼 HIGH 상태에서 발생한다. 여기서 Q_3은 다른 TTL 입력의 전류 I_{IH}의 합인 I_{OH}를 공급하는 이미터 폴로어로서 동작하고 있다. 만일 너무 많은 부하가 걸리면, I_{OH}는 전압이 R_2, Q_3의 이미터-베이스 접합 D_1을 통한 전압 강하가 발생하도록 충분히 크게 되고, V_{OH}를 $V_{OH}(min)$ 이하로 가져가게 될 것이다. HIGH 상태 잡음 여유를 줄이고, 심지어 V_{OH}가 불명확한 범위로 가는 원인이 되기 때문에 이것은 매우 바람직하지 않다.

이것은 TTL 출력이 LOW 상태에서 그것이 얼마나 많은 전류를 싱크시키는지의 제한[$I_{OL}(max)$]을 가지고 있다는 것을 의미한다. 그것은 또한 HIGH 상태에서 그것이 얼마나 많은 전류를 공급하는지의 제한[$I_{OL}(max)$]을 가진다. 이러한 출력 전류는 출력 전압이 특정 범위 내에서 유지된다면 초과하지 않도록 제한된다.

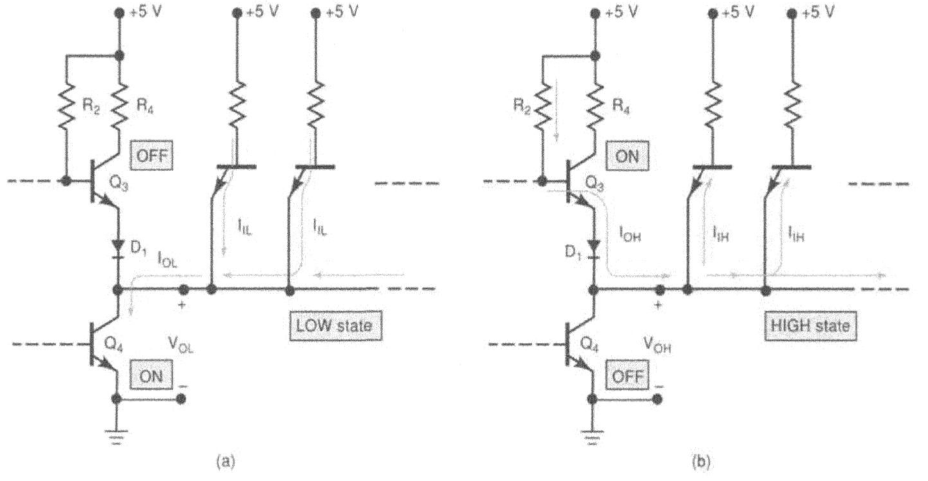

[그림 2-9] TTL 출력이 여러 입력들을 구동할 때의 전류 상태

1) 팬 아웃 결정

얼마나 많은 입력이 한 IC출력에 의해 구성될 수 있는지 결정하기 위하여 출력의 전류 구동 용량[I_{OL}(max)와 I_{OH}(max)]과, 각각의 입력(I_{IL}과 I_{IH})이 요구하는 전류량을 알 필요가 있다. 이러한 정보는 항상 제작자들의 IC 자료에 몇 가지 형태로 나타난다.

여러분들은 오래 된 장비에서 같은 종류의 논리 계열로부터 자주 사용되는 대부분의 논리 IC를 알 수 있을 것이다. 요즘의 디지털 시스템은 여러 논리 IC를 조합하여 더 많이 사용하고 있다. 따라서 부하와 팬 아웃의 계산은 한 번에 곧바로 되지 않는다. 디지털 출력의 부하를 결정하는 좋은 방법은 다음과 같다.

단계 1. 출력과 연결된 모든 입력들의 I_{IH}를 합한다. 이 합은 출력의 I_{OH} 규정보다 적어야 한다.

단계 2. 출력과 연결된 모든 입력들의 I_{IL}을 합한다. 이 합은 출력의 I_{OL} 규정보다 적어야 한다.

[표 2-8]은 여러 TTL 계열에 대한 이 간단한 논리 게이트들이 일반적인 입출력 전류에 대한 제한적인 규정들을 나타내고 있다. 이들 전류의 값 중 어느 것은 음수로 주어진 것을 알 수 있다. 이것은 편의상 전류 흐름의 방향을 보여주기 위해 사용한 것이다. 양의 값은 입력 또는 출력에서 지정된 노드로 전류가 들어가는 것을 가리킨다. 음의 값은 입력 또는 출력에서 지정된 노드로부터 전류가 나가는 것을 가리킨다. 따라서 모든 I_{OH} 값들은 전류의 흐름이 출력(전류원)으로 나가기 때문에 음의 값을 가지고, 모든 I_{OL} 값들은 부하 전류가 접지로(싱킹 전류) 가는 경로에 있는 출력 핀으로 흐르기 때문에 양의 값을 가진다. 마찬가지로 I_{IH}는 양(+), I_{IL}은 음의 값을 가진다. 위에서 언급한 부하와 팬 아웃을 계산할 때, 이러한 부호는 무시할 수 있다.

[표 2-8] TTL 계열 논리게이트의 전류등급

TTL 계열	출력		입력	
	I_{OH}	I_{OL}	I_{IH}	I_{IL}
74	−0.4mA	16mA	40μA	−1.6mA
74S	−1mA	20mA	50μA	−2mA
75LS	−0.4mA	8mA	20μA	−0.4mA
74AS	−2mA	20mA	20μA	−0.5mA
74ALS	−0.4mA	8mA	20μA	−0.1mA
74F	−1mA	20mA	20μA	−0.6mA

* 일부 소자들의 경우에는 입력이나 출력 전류 등급이 다를 수도 있다.
늘 해당 자료를 참고하라.

2) 연결되지 않은 입력(플로팅)

TTL 회로에 대한 연결되지 않는 입력도 그 입력에 대해 정확히 논리 '1'을 적용시킨 것과 같이 동작한다. 왜냐하면 입력에서의 E-B 접합이나 다이오드의 경우, 순방향 바이어스되지 않기 때문이다. 어떠한 TTL IC에서도 입력이 어떠한 논리 회로 또는 접지와 연결되어 있지 않다면, 이것은 모든 입력은 '1'임을 뜻한다. 어떤 입력이 연결되어 있지 않을 때 '플로팅'(floating)이라고 한다.

3) 사용되지 않는 입력

빈번히 TTL IC에서의 모든 입력이 모두 사용되지 않는다. 가장 흔한 예는 요구되는 논리 기능을 위해 논리 게이트로의 모든 입력이 필요하지 않은 경우이다. 예를 들어, 논리 $\overline{AB}$가 필요하고 3개의 NAND 게이트를 가지고 있는 칩을 사용한다고 가정하자. 이에 대한 가능한 방법을 [그림 2-10]에 나타내었다.

[그림 2-10]의 (a)는 사용되지 않는 입력을 연결되지 않은 상태로 남겨둔다. 이것은 논리 1의 동작을 의미한다. 그러므로 NAND 게이트 출력은 $x=\overline{A \cdot B \cdot 1}=\overline{A \cdot B}$이며, 이 값이 원하는 결과이다. 비록 논리가 맞는다 하더라도 게이트를 부적절하게 구동시키는 원인이 되는 복사된 신호를 취하기 쉬운 안테나와 같이 동작할 수 있기 때문에, 입력을 연결하지 않고 남겨두는 것은 매우 부적절하다. 좀더 나은 기술을 [그림 2-10]의 (b)에 나타내었다. 여기서 사용되지 않은 입력은 1kΩ저항을 통하여 +5V와 연결되어 있다. 그래서 논리적으로 '1'이다. 1kΩ저항은 단순히 전원 선에 스파이크가 발생한 경우 게이트 입력의 이미터-베이스 접합의 전류 보호를 위한 것이다. 이러한 동일한 기술은 사용하지 않는 입력상의 '1'은 출력에 영향을 주지 않기 때문에 AND 게이트에 대해서 사용할 수 있다. 30개의 미사용 입력이 V_{CC}에 연결된 1kΩ저항을 공유할 수 있다.

그리고 [그림 2-10]의 (c)에는 사용되지 않는 입력을 사용된 입력에 묶었다. 이것은 회로 구동 입력 B가 팬 아웃을 초과하지 않는다는 조건하에서이다. 이 기술은 임의의 형태의 게이트에 사용할 수 있다. OR 게이트와 NOR 게이트에서, 다른 입력과는 무관하게 일정한 출력 논리 레벨(OR에서는 '1', NOR에서는 '0')을 생산하기 때문에, 미사용 입력은 연결되지 않고 남겨질 수 없거나 5V에 연결된다. 대신, 이러한 게이트에서 미사용 입력은 논리 '0'을 위해 접지에 연결하거나, [그림 2-10]의 (c)처럼 사용된 입력에 연결한다.

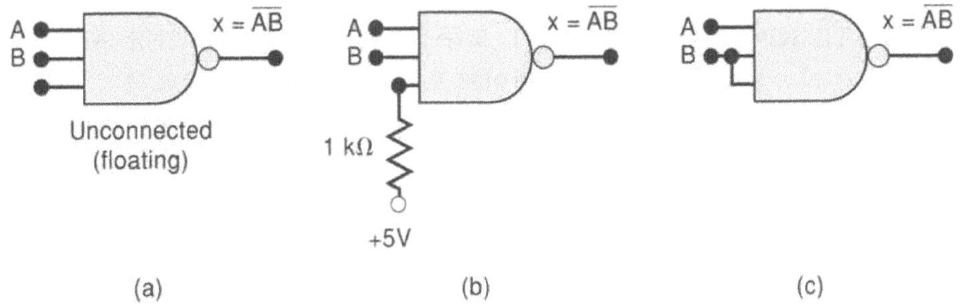

[그림 2-10]　사용되지 않는 입력을 취급하는 세가지 방법

4) 함께 묶인 입력

2개 이상의 TTL 게이트의 입력이 [그림 2-10]의 (c)에서처럼 공통 입력 형태로 함께 연결되면, 공통 입력은 일반적으로 각각 개별 입력의 부하 전류를 합한 부하로 나타낼 수 있다. 오직 NAND와 AND 게이트는 예외이다. 이들 게이트 경우는 LOW 상태 입력 부하는 하나의 입력(single input)과 동일하게 취급되므로 많은 입력들을 함께 묶어도 아무런 문제가 없다.

[그림 2-10]의 (c)에서 3입력 NAND 게이트의 각 입력은 I_{IL}이 0.5mA, I_{IH}가 20μA라고 가정하자. 공통 B 입력은 HIGH 상태에서 40μA의 입력 부하를 나타내지만, LOW 상태에서는 단지 0.5mA만을 나타낸다. 이것은 AND 게이트 경우라도 똑같이 된다. 만약 OR 또는 NOR 게이트라면, 공통 B 입력은 HIGH 상태에서 40μA, LOW 상태에서 1mA의 입력 부하를 나타낸다.

이러한 특성에 대한 근거는 [그림 2-6]의 (b)에서 TTL NAND 게이트의 회로도를 보면 찾을 수 있다. 전류 I_{IL}은 저항 R_1에 의해 제한된다. 비록 A와 B가 똑같이 접지되어 있을 경우에도, 이 전류는 변하지 않는다. 그것은 단지 다이오드 D_2와 D_3에 의해 제공된 병렬 경로를 통해 흐르게 된다.

9. 디지털 MOSFET 회로

MOSFET에는 공핍형(depletion)과 증가형(enhancement)의 두 가지 일반적인 형태가 있다. MOS 디지털 IC는 전적으로 증가형 MOSFET를 사용한다. 그래서 앞으로는 오직 증가형 MOSFET만 다루기로 한다. 그리고 MOSFET를 ON/OFF 스위치 동작에만 관심을 두고 다룰 것이다. [그림 2-11]은 N-채널과 P-채널 증가형 MOSFET의 기호를 나타낸다. 여기서 화살표의 방향은 P-채널 또는 N-채널을 나타낸다. 이 기호는 일반적으로 이 전극 간에 전도 채널이 없음을 나타내기 위해 소스(Source)와 드레인(Drain) 사이사이에 끊은 선으로 나타낸다. 이 기호에서 게이트와 채널 사이에 고저항($10^{12}\Omega$정도)을 나타내기 위해서 게이트 단자와 다른 단자 사이를 분리 표시(점선)하였다.

MOSFET를 사용하는 디지털회로는 3개의 범주로 국한된다. (1) P-채널 증가형 MOSFET만 사용되는 P-MOS. (2) N-채널 증가형 MOSFET만 사용되는 N-MOS (3) P와 N-채널 소자를 둘 다 사용하는 CMOS.(상보형 MOS)

NMOS 회로는 스위치로서 N-채널 MOSFET를 사용하고 그리고 회로내의 모든 저항들은 MOSFET의 채널 저항을 사용하여 실현한다. [그림 2-10]의 (a)는 N-MOS 인버터 회로로서 Q_1은 100kΩ정도의 풀업 저항으로 동작하고 Q_2는 게이트 전압에 따라 ON, OFF로 동작하는 스위치이다. [그림 2-10]의 (b)는 두 가지 상태를 요약한 것이다. PMOS 회로도 비슷하고 P-채널 MOSFET를 사용한다. 이들 회로의 단순성과 제작 과정의 용이성으로 인해 초기 LSI와 VLSI 시장을 거의 독점하였다.

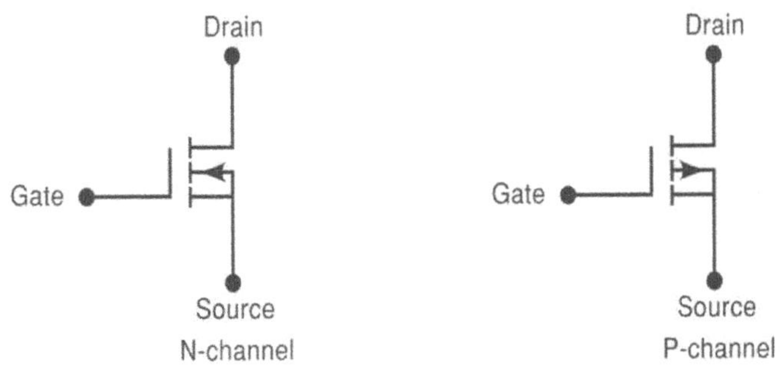

[그림 2-11] MOSFET에 대한 기호

1) 상보형 MOS(CMOS)회로

상보형 MOS(CMOS) 논리 군은 P-MOS 와 N-MOS 군의 여러 가지 장점을 이용하기 위하여 동일 회로 내에 P-MOS와 N-MOS 채널 MOSFET를 둘 다 사용한다. 일반적으로 CMOS 는 다른 MOS 군들보다 빠르고 전력을 훨씬 덜 소모한다. 이러한 장점은 IC 제작 과정의 복잡성 증가와 낮은 집적밀도를 어느 정도 상쇄한다.

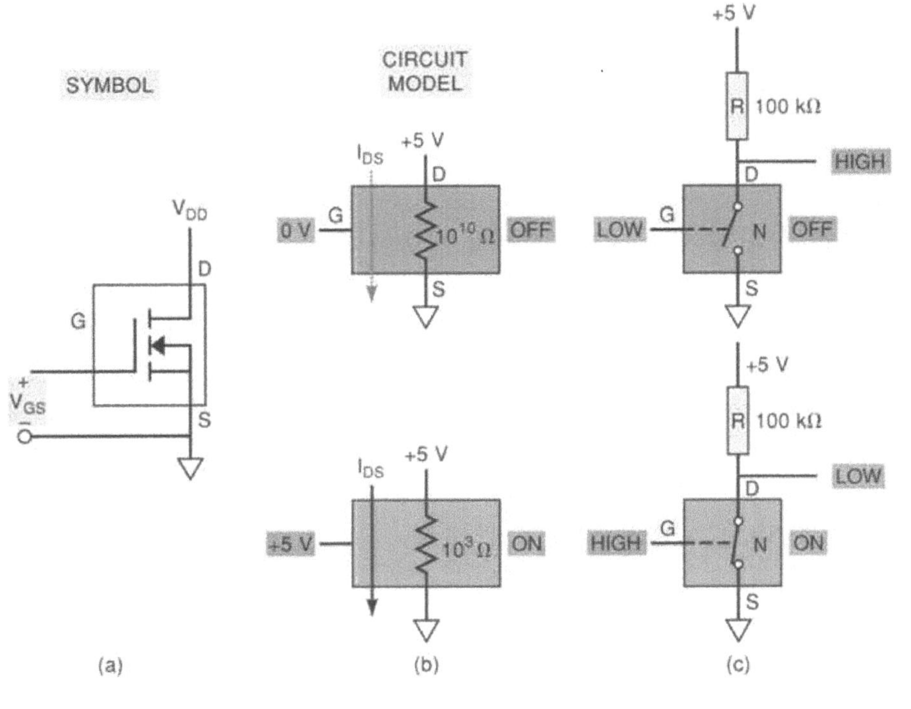

[그림 2-12] N-MOSFET의 스위치동작과 기호

CMOS 인버터

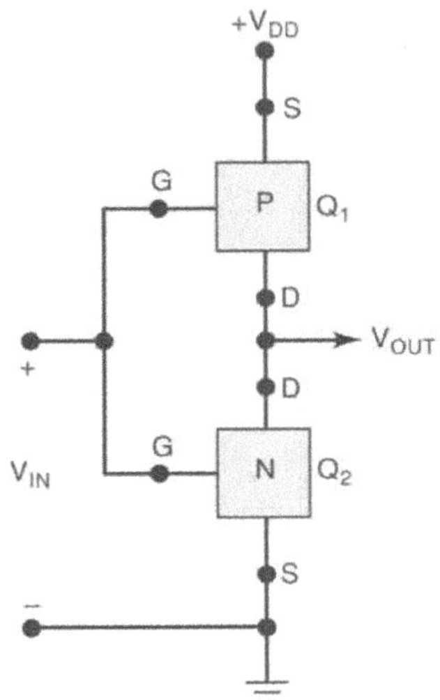

V_{IN}	Q_1	Q_2	V_{OUT}
$+V_{DD}$ (logic 1)	OFF $R_{OFF} = 10^{10}\ \Omega$	ON $R_{ON} = 1\ k\Omega$	≈ 0 V
0 V (logic 0)	ON $R_{ON} = 1\ k\Omega$	OFF $R_{OFF} = 10^{10}\ \Omega$	$\approx +V_{DD}$

$V_{OUT} = \overline{V_{IN}}$

[그림 2-13] 기본적인 CMOS 인버터

기본적인 CMOS 인버터의 회로는 [그림 2-13]에 나타내었다. 이 그림에서 기본적인 MOSFET 기호인 P-MOSFET와 N-MOSFET의 기호를 P와 N의 블록 라벨로 대체하였다. 이것은 단지 회로 분석을 용이하게 하기 위함이다. CMOS 인버터는 직렬로 연결한 소스가 $+V_{DD}$(양전압)에 연결된 P-채널 소자와 소스가 접지된 N-채널 소자를 갖는다. 두 개의 소자 게이트는 모두 공통 입력으로 연결되어 있다. 두 소자의 드레인은 공통 출력으로 연결되어 있다.

CMOS에 관한 논리 레벨은 기본적으로$+V_{DD}$일 때 논리 1이고, 0V일 때 논리 0이다. 첫 째로 $V_{IN} = +V_{DD}$에서 생각해 보자. 이러한 상황에서 Q_1(P-채널) 게이트는 Q_1의 소스에 의해서 0V이다. 그러므로 Q_1은 $R_{OFF} \approx 10^{10}\Omega$이 되고 OFF 상태가 된다. Q_2(N-채널) 게이트는 소스에 대해서 $+V_{DD}$이다. 그러므로 Q_2는 $R_{ON} = 1k\Omega$이 되고 ON이 된다. Q_1의 R_{OFF}와 Q_2의 R_{ON}의 전압 분배기는 $V_{OUT} \approx 0V$가 된다.

다음으로 $V_{IN} = 0V$인 경우를 생각하자. Q_2는 $V_{GS} = 0V$가 되고, Q_1의 게이트는 Q_2의 소스에 대해서 음의 전압 값을 가지게 된다. 그러므로 Q_1은 $R_{ON} = 1k\Omega$이 되어 ON이고, Q_2는 $R_{OFF} = 10^{10}\Omega$이 되어 OFF가 된다. 그래서 V_{OUT}은

근사적으로+ V_{DD}가 된다. 이러한 논리 인버터에 대한 두 가지 동작 상태를 그림 1-16에 기술하였다.

CMOS NAND 게이트

다른 논리 기능은 기본적인 인버터를 변형시켜 구성할 수 있다. [그림 2-14]는 기본적인 인버터에 병렬 P-채널 MOSFET와 직렬 N-채널 MOSFET를 추가하여 구성한 NAND 게이트를 나타낸다. 이 회로를 분석하면 0V 입력에 대해서는 P-MOSFET는 ON, N-MOSFET는 OFF가 된다. 그리고+ V_{DD} 입력에 대해서는 그 역이 성립한다. 따라서 입력 A와 B가 모두 HIGH(+ V_{DD})일 때만 N-MOSFET는 ON되어 출력 단자와 접지 사이의 저항치가 낮아져서 LOW 출력이 된다. 모든 다른 입력 조건에서, 적어도 하나의 P-MOSFET가 '0'이 될 경우에 적어도 하나의 N-MOSFET가 OFF될 것이다. 이는 출력을 HIGH로 만든다.

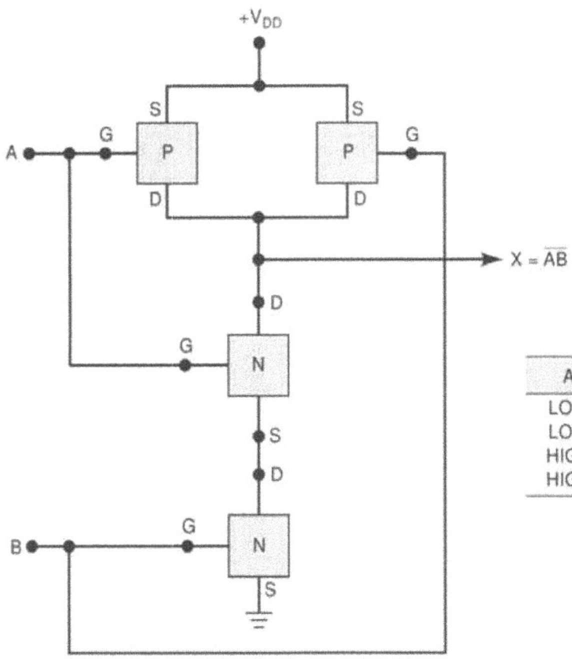

A	B	X
LOW	LOW	HIGH
LOW	HIGH	HIGH
HIGH	LOW	HIGH
HIGH	HIGH	LOW

[그림 2-14] CMOS NAND 게이트 회로

CMOS NOR 게이트

CMOS NOR 게이트는 기본적인 인버터에서 직렬 P-MOSFET는 직렬로, N-MOSFET는 병렬로 연결함으로써 만들어진다. 이 회로는 임의의 입력에 LOW가 인가되면 P-MOSFET를 동작(ON)되고, N-MOSFET는 차단(OFF)된다. HIGH 입력에 대해서는 그 역이 성립한다. 이 회로가 NOR 게이트로서 동작하는 것을 증명하는 것은 독자에게 맡긴다. CMOS AND와 OR 게이트는 NAND와 NOR에 인버터를 연결함으로써 구성할 수 있다.

CMOS SET-CLEAR 플립플롭

2개의 CMOS NOR 게이트 또는 NAND 게이트를 대각으로 연결하여 간단한 SET-CLEAR 플립플롭을 구성할 수 있다. 기본적인 SET-CLEAR 플립플롭을 클록이 있는 D와 J-K 플립플롭으로 게이트 회로를 추가하여 만들 수 있다.

2) CMOS 계열의 특성

CMOS 계열은 SSI와 MSI 영역에서 TTL과 경쟁적으로 사용되고 있다. CMOS는 계속적인 기술 개발로 오랫동안 TTL에서 사용된 영역을 점차 잠식하고 있다.

CMOS IC는 TTL이 가능한 논리 함수뿐만 아니라 TTL이 불가능한 특정 목적의 논리 함수도 구현이 가능하다. 각각의 다른 CMOS 계열은 향상된 수행 특성을 가지도록 제작자들은 시간을 들여 개발한다. 다양한 CMOS 계열을 사용하기 전에 다른 계열이나 계열과 함께 사용하게 되거나 다른 것과 대치하게 될 때가 있는데 미리 몇 가지 사항을 알아두면 도움이 될 것이다.

■ **핀의 호환성.** 두 IC들의 핀들은 동일한 핀 배치일 때 서로 호환성을 가진다. 예를 들면 핀 7은 둘 다 접지(GROUND), 핀 1은 둘 다 첫 번째 인버터로 가는 입력이다.

■ **함수의 동일성.** 두 IC의 논리 함수적 기능은 정확히 그 논리 함수들이 동일하게 수행할 때 일치한다. 예를 들면 둘 다 4개의 2입력 NAND 게이트 또는 양의 에지 트리거가 있는 6개의 D-플립플롭을 가진다.

■ **전기적 호환성.** 두 IC는 특별한 검사 없이도 직접적으로 서로 연결되었을 경우 적절한 동작을 하면 전기적 호환성을 가진다.

4000/14000 계열

RCA에 의하여 처음으로 소개된 4000 계열은 오래 된 CMOS 계열이다. 그리고 그것은 모토로라 14000 계열과 동일한 기능을 한다. 4000/14000 소자 계열은 매우 적은 전력 소모를 가지며 넓은 영역의 전압(3V ~ 15V)에서 동작이 가능하다. 그들은 TTL과 다른 CMOS 계열과 비교하여 매우 느리고 매우 낮은 출력 전류를 가질 수 있다. 그들은 다른 TTL 계열의 전기적 호환성이나 핀의 호환성이 없다. 4000/14000 계열 소자는 다른 계열이 사용되지 않거나 특별한 목적의 IC 사용이 제외된 설계에서 사용한다.

74C 계열

이 CMOS 계열은 TTL 소자가 가지고 있는 같은 수의 핀과 기능을 가지고 있다. 예를 들어 74C74는 TTL 7474 듀얼 에지-트리거 D 플립플롭과 같은 핀 구성의 듀얼 에지-트리거 D 플립플롭이다. 많은 기능이 TTL에서 가능할 뿐만 아니라, 같은 CMOS 계열에도 사용 가능하다. CMOS 설계에 있어서 TTL 회로를 대체하는 것이 가능하게 되었다. 74C 계열의 동작 특성은 4000 계열과 거의 같다.

74HC/HCT 계열(고속 CMOS)

이것은 74C 계열보다 개선된 버전이다. 개선된 점은 74LS 소자의 스피드와 비교하여 약 10배 증가된 스위칭 속도를 가지고, 74C보다 더 높은 출력 전류 용량을 가진다. 74HC/HCT IC는 TTL IC의 소자가 가지고 있는 같은 수의 핀과 기능을 가지고 있다. 74HCT 소자는 TTL과 전기적으로 호환된다. 하지만 74HC 소자는 호환되지 않는다. 예를 들면 74HCT04 16진수 인버터 칩은 74LS04 칩과 대치가 가능하고 그 역도 성립한다는 것을 의미한다. 그것은 또한 74HCT IC는 다른 TTL IC와 직접 연결이 가능하다는 것을 의미한다. 74HC/HCT 계열 출현으로 인해 74C 계열은 거의 쓸모없게 되었다.

74AC/ACT(개선된 CMOS)

이 계열은 ACL(Advanced CMOS Logic)이다. 이 계열은 기능적으로는 다양한 TTL 계열과 같지만 TTL과의 핀의 호환성은 없다. 그 이유는 74AC 또는 74ACT 칩의 핀 배치는 잡음 내성을 증가시키기 위함이다. 그래서 이 계열 소자 입력의 신호 변환은 다른 IC 핀들보다 덜 민감하게 발생한다.

74AC는 TTL과 전기적 호환성이 없다. 그러나 74ACT 소자는 TTL과 직접 연결될 수 있다. ACL는 HC 계열보다 잡음 내성, 전파 지연, 최대 클록 스피드 측면에서 더 좋은 특성을 가진다.

이 계열에 대한 소자 번호는 TTL, 74C 그리고 74HC/HCT 번호와 약간의 차이만 있다. 이것은 5개의 숫자로 되어 있는데 11로 시작한다. 다음 예를 보자.

74AC11 004 ≡ 74HC 04

74ACT11 293 ≡ 74HCT 293

74AHC/AHCT(개선된 고속 CMOS)

이 계열의 CMOS 소자는 빠르고 저전력을 소모하며, 저구동 응용 때문에 HC 계열에서 이쪽으로 자연스럽게 이동하고 있다. 이 계열의 소자는 3배 빠르고 HC 계열 소자와 직접 대체하여 사용할 수 있다. 이것은 HC와 필적할 만한 속도와 높은 구동 특성을 제공하면서 오버슈트(overshoot)/언더슈트(undershoot) 문제없이 HC와 비슷한 잡음 내성을 제공한다.

BiCMOS 5-V 논리

몇몇 IC 제조업자들은 BiCMOS 논리라 불리는 양극성과 CMOS 논리의 장점을 결합한 논리 계열(logic series)을 개발해 왔다. CMOS의 저전력 소비 특성과 양극성의 고속성을 결합한 저전력 고속의 논리 계열을 만들었다. BiCMOS IC는 거의 모든 SSI, MSI의 기능이 가능한 것은 아니고 마이크로프로세서와 메모리 응용, 버퍼, 드라이버, 트랜시버(transceiver) 등과 같은 버스 인터페이싱 응용 분야에 제한적으로 사용된다.

74BCT(BiCMOS 버스 인터페이스 기술) 계열은 75% 감소된 전력 소비로 74F 군의 속도와 드라이브 특성에 유사한 성능을 제공한다. 이 계열의 소자는 기본적으로 5V 논리 레벨에서 동작하고 기본적으로 TTL 제조 부품과 핀의 호환성을 갖는다. 74ABT(개선된 BiCMOS 기술) 계열은 BiCMOS 버스 인터페이스 소자의 두 번째 시대의 계열이다.

전원 전압

4000/14000 계열과 74C 계열은 3에서 15V 범위의 V_{DD} 값에서 동작하며 전력원 공급은 안정적이다. 그것은 기본적으로 5V인 저전압 배터리에서 동작하는 회로, 고잡음 환경에서 동작하기 위한 잡음 한계를 획득했을 때 높은 전원 전압 회로에서 사용하는 것이 가능하다. 74HC/HCT, 74AC/ACT 그리고 74AHC/AHCT 계열은 일반적으로 2에서 6V의 전원 전압 범위에서 동작한다.

논리 전압 레벨

입력과 출력 전압 레벨은 CMOS 계열마다 다르다. [표 2-9] 목록은 TTL 계열뿐만 아니라 서로 다른 CMOS 계열의 전압 값을 나타낸다. 표의 값의 목록은 5V 전원 전압으로 동작하는 모든 소자 그리고 모든 소자의 같은 논리군의 입력에 대한 출력이다.

[표 2-9] $V_{DD} = V_{CC} = +5V$를 갖는 입력/출력 레벨

	CMOS							TTL			
Parameter	4000B	74HC	74HCT	74AC	74ACT	74AHC	74AHCT	74	74LS	74AS	74ALS
V_{IH}(min)	3.5	3.5	2.0	3.5	2.0	3.85	2.0	2.0	2.0	2.0	2.0
V_{IL}(max)	1.5	1.0	0.8	1.5	0.8	1.65	0.8	0.8	0.8	0.8	0.8
V_{OH}(min)	4.95	4.9	4.9	4.9	4.9	4.4	3.15	2.4	2.7	2.7	2.7
V_{OL}(max)	0.05	0.1	0.1	0.1	0.1	0.44	0.1	0.4	0.5	0.5	0.4
V_{NH}	1.45	1.4	2.9	1.4	2.9	0.55	1.15	0.4	0.7	0.7	0.7
V_{NL}	1.45	0.9	0.7	1.4	0.7	1.21	0.7	0.4	0.3	0.3	0.4

이 표를 조사하면 몇 가지 중요한 점을 알 수 있다. 첫 번째, CMOS 소자의 V_{OL}은 0V에 아주 가깝고, V_{OH}는 5V에 아주 가깝다. 왜냐하면 CMOS 출력은 소스나 싱크의 영향을 거의 받지 않는다. CMOS 입력은 매우 높은 입력저항($10^{12}\Omega$)을 가지므로 전류의 양이 상당히 낮아지기 때문이다. 74HCT와 74ACT는 예외이다. CMOS는 TTL보다 더 큰 입력 레벨을 요구한다. 74HCT와 74ACT는 TTL과 전기적으로 호환되도록 설계되어 있어 TTL 의 입력 전압 레벨과 비슷할 수 있음을 알 수 있다.

잡음 여유

각 계열에 대한 잡음 여유도가 표 1-9에 주어졌다. 이는 다음과 같이 계산된다.

$$V_{NH} = V_{OH}(\text{min}) - V_{IH}(\text{min})$$
$$V_{NL} = V_{IL}(\text{max}) - V_{OL}(\text{max})$$

일반적으로 CMOS는 TTL 보다 훨씬 큰 잡음 여유를 가진다. CMOS 소자가 5V보다 큰 전원 전압에서 동작할 경우에는 그 차이는 더욱 커진다.

전력 소모

CMOS 논리 회로가 정적인 상태일 때, 전력 소모는 극히 낮다. 기록에 의하면 출력의 상태는 고려하지 않고, 전류 경로에서 MOSFET는 항상 OFF에 놓여 있기 때문에 V_{DD} 단자와 접지 사이는 매우 높은 저항이 존재한다. 이것은 $V_{DD} = 5V$일 때 전형적인 CMOS DC 전력 소모는 게이트당 단지 2.5mW의 소모 결과가 얻어진다. 심지어는 $V_{DD} = 10V$일 때에도 이러한 전력은 단지 10mW까지만 증가한다. PD에 대한 이러한 값들은, CMOS가 왜 전원을 충전용 건전지를 사용하는 응용에 적합한지를 쉽게 이해할 수 있다.

주파수에 따른 PD 증가

CMOS IC의 전력 소비는 그것의 DC 상태가 길면 길수록 매우 낮을 것이다. 유감스럽게도 PD는 그 회로가 스위칭 상태가 어느 쪽이든 주파수에 비례하여 증가할 것이다.

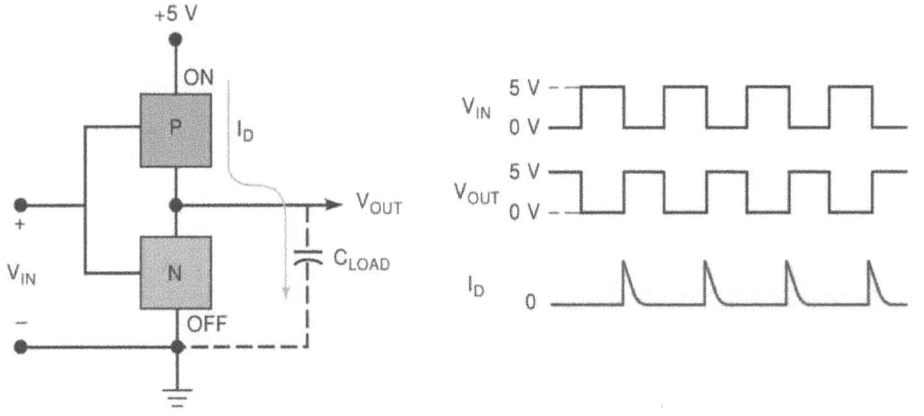

[그림 2-15] 전류 스파이크는 매번 출력 스위치가 LOW에서 HIGH로 바뀔 때 VDD 전원으로부터 발생

예를 들어 DC 상태 하에 P_D = 10nW를 가지는 CMOS NAND 게이트는 100kbps의 주파수에 P_D = 0.1mW를, 그리고 1MHz일 때 1mW가 된다. 이렇게 주파수에 의존하는 이유는 [그림 2-15]에서 설명하였다. 매번 LOW에서 HIGH로 CMOS 출력이 스위치될 때마다, 천이 충전 전류(transient changing current)는 부하 커패시턴스에 공급되어야만 한다. 이 커패시턴스는 구동을 위한 임의의 부하와 결합된 입력 커패시턴스와 소자 자체의 출력 커패시턴스로 구성된다. 이러한 전력 스파이크는 V_{DD}에 의해 공급되고 전형적으로 5mA의 크기와 20ns에서 30ns의 간격을 가진다. 분명히, 스위칭 주파수가 증가하면 초당 발생하는 전류 스파이크는 보다 많아질 것이며, V_{DD}로부터 흐르는 평균 전류는 증가할 것이다.

그래서 높은 주파수일 때, CMOS는 다른 논리 군에 비해 장점의 무언가를 잃기 시작한다. 일반적으로, CMOS 게이트는 2에서 3MHz 근처의 주파수일 때 74LS 게이트와 같은 평균 PD를 가질 것이다. 이 주파수 이상에서는 TTL 전력은 부하 커패시턴스에 충전을 위한 전류가 필요하기 때문에 주파수가 증가함에 따라 역시 전력도 증가하게 된다. MSI 칩에서의 상황은 약간 더 복잡하고, CMOS가 특별한 동작 주파수에서 전력 소모에 장점을 갖는지의 여부를 논리 설계자는 상세하게 분석해야 한다.

팬 아웃

N-MOS와 P-MOS처럼, CMOS 입력은 신호원으로부터 전류의 흐름이 거의 없을 정도로 상당히 큰 저항($10^{12}\Omega$)을 가지고 있다. 그러나 각 CMOS 입력은 일반적으로 접지에 5pF 부하가 걸린다. 이 입력 커패시턴스는 하나의 CMOS 출력이 구동할 수 있는 CMOS 입력의 수를 제한한다. CMOS 출력은 출력 스위칭 시간이 구동되는 부하 수에 비례하여 증가하도록 모든 입력 커패시턴스의 병렬 결합으로 충전하거나 방전시켜야 한다. 전형적으로 각 CMOS 부하는 구동 회로의 전파 지연을 3ns 증가시킨다. 예로서 [그림 2-16]에서 NAND 게이트 1이 부하 없이 구동된다면 25ns의 t_{PLH}를 가질 것이다. 이것은 20개의 부하가 연결되었다면 25ns + 20(3ns) = 85ns로 증가한다는 것을 뜻한다.

그래서 CMOS 팬 아웃은 허용 최대 전파 지연에 의존한다. 일반적으로 CMOS 출력은 저주파(≤ 1MHz)에서 50의 팬 아웃으로 제한된다. 물론 고주파수에서 동작할 경우에는 팬 아웃이 보다 작아지게 된다.

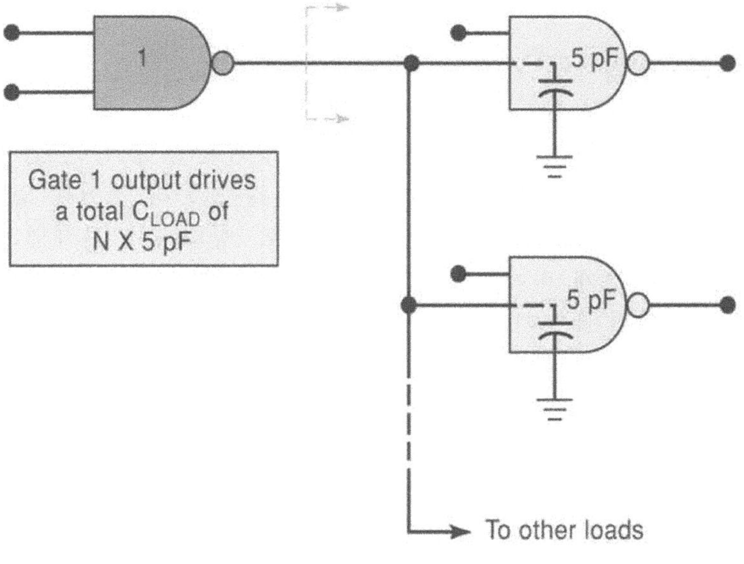

[그림 2-16] 각 CMOS 입력은 구동 게이트들의 출력에 의해서 나타나는 전체 부하 커패시턴스에 더해진다.

스위칭 속도

N-MOS와 P-MOS처럼 CMOS는 비교적 큰 부하 커패시턴스를 구동해야 하지만, 스위칭 속도는 각 상태에서 저출력 저항 때문에 다소 빠르다. N-MOS 출력은 비교적 큰(100kΩ) 저항을 통해서 부하 커패시턴스를 충전하여야 한다는 사실을 생각해 보자. CMOS 회로에서 HIGH 상태에서의 출력 저항은 전형적으로 1kΩ 또는 그 이하인 P-MOSFET의 ROM이다.

4000 계열 NAND 게이트는 일반적으로 $V_{DD} = 5V$일 때 50ns의 평균 t_{pd}를 갖고, $V_{DD} = 10V$일 때 25ns일 것이다. V_{DD}가 증가됨으로써 t_{pd}가 짧아지는 이유는 확연히 높은 전원 전압일 때 MOFET의 R_{ON}이 감소하기 때문이다. 그러므로 고주파수에서 V_{DD}가 가능한 큰 값을 갖도록 만들어져야 할 것이다. 물론, V_{DD}가 커지면 전력 소비가 증가한다.

74HC 또는 74HCT 계열에서의 전형적인 NAND 게이트는 $V_{DD} = 5V$에서 동작될 때 8ns 정도의 평균 t_{pd}를 갖는다. 74AC/ACT NAND 게이트는 평균 t_{pd}가 4.7ns 정도를 가지고 있다. 74AHC NAND 게이트는 평균 t_{pd}가 4.3ns 정도이다.

사용되지 않는 입력

CMOS 입력을 연결되지 않은 상태로 두면 절대로 안 된다. 모든 CMOS 입력은 고정된 전압(0V 또는VDD)이나 다른 입력에 연결되어야만 한다.
이러한 규칙은 심지어 칩에 여분이 사용되지 않는 논리 게이트 입력에도 적용된다. 연결되지 않는 CMOS 입력은 전도 상태에서 P-채널과 N-채널 MOSFET를 모두 쉽게 바이어스시킬 수 있는 잡음과 정전하를 일으킬 수 있다. 그 결과로 전력 소모가 커지고 과열(overheating)될 가능성이 있다.

정전 감도(Static Sensitivity)

모든 전자 소자들은 정전기(static sensitivity)에 의한 손상에 민감하다. 인체는 상당한 전기적인 전하의 저장소이다. 예로서, 카펫 위를 걸으면 30,000V가 넘는 정전기가 신체에 생긴다. 만약 전자 소자에 닿으면 이러한 방대한 전하는 그 소자의 상태를 바꾸어 놓을 수 있다. MOS 논리 군(그리고 모든 MOSFET)은 정전하 손상에 민감하다. 이와 같은 모든 전위차(정적

전하)는 산화막 층에 가해지지만 절연층 막에 의해서 전위차는 극복된다.

산화막(절연체)이 파괴될 경우에는, 전류의 흐름(방전)은 번개를 일으키는 것처럼, 산화막 층에 홀이 급격하게 끌어들이게 되어 소자는 영구적으로 손상을 입는다. 정전 방전(Electrostatic discharge : ESD)은 매년 수백 달러의 전자 장비의 손상이 원인이 되고, 장비 업체들은 모든 전자 소자와 회로에 대한 특별한 조작 처리의 발전에 상당히 헌신적인 주의를 기울였다. 현재의 IC들은 입력과 출력에 대해 ESD 효과를 보호하기 위해서 칩상)에 레지스터-다이오드 회로를 내장했음에도 대부분 회사의 공학연구실, 생산 장비, 그리고 서비스 출장소에 다음과 같은 처방을 하고 있다.

① 모든 실습 장비의 새시, 납땜 인두 끝, 작업대(만일 금속이면)를 접지(즉, 120V AC 플러그의 뾰족한 끝)에 연결한다. 그것은 특정 회로 보드나 IC 칩에 정전기가 생성되는 것을 예방한다.

② 특별한 손목밴드를 채워서 사람 자체를 접지에 연결되도록 한다. 이것은 잠재적으로 위험한 전하를 신체에서 지상으로 방전시킬 것이다. 작업시 장비를 우연히 만지게 되는 경우를 대비하여 이 손목밴드에는 전류를 위험한 값 이하로 제한하기 위해 1MΩ 저항이 있다.

③ 기포 고무나 알루미늄박에 IC(특히 MOS)를 보관한다. 이런 조치는 핀들간에 위험한 전압이 일어나는 것을 방지하기 위해서 모든 IC 핀들을 단락 상태를 유지하게 하는 것이다.

④ IC를 보호 운반체로부터 빼낸 후에는 IC 핀을 건들지 말고 회로에 즉시 삽입한다.

⑤ PC 보드를 이동하거나 운반할 때 PC 보드의 연결체 끝을 끈으로 교차하게 소트시켜 위치한다. 그 연결체 끝을 건드리지 않는다. 전도성 플라스틱이나 금속 덮개에 PC 보드를 저장한다.

⑥ 사용되지 않는 IC 입력을 연결되지 않은 상태로 남겨두지 않는다. 왜냐하면 개방된 입력은 가끔 정전하를 발생시킬 수 있는 경향이 있기 때문이다.

래치-업

불필요한 기생 PNP와 NPN 트랜지스터가 CMOS IC 기판 상에 생성된다. 래치 업(Latch-up)이라 알려진 이 조건을 어떤 환경 내에서 발생할 수가 있다. CMOS 칩이 이들 기생 트랜지스터들이 전도되어 동작한다면, 그들은 래치-업(영구히 'ON' 상태)이 되어 매우 큰 전류가 흐르게 되어 IC가 파괴될 것이다. 대부분 현재의 CMOS IC들은 래치-업을 방지하기 위한 보호 회로가 있지만, 그러나 소자의 최대치 전압 비 이상으로 초과했을 경우에는 여전히 발생할 수 있다. 래치-업은 디바이스의 입력과 출력에서 고전압 스파이크나 출력에 의해서 일어날 수 있다. 클래핑 다이오드를 이와 같은 트랜지스터가 발생하는 것을 보호하기 위해서 연결할 수도 있다. 특히 고전압이나 고전류 부하 스위칭(모터 컨트롤러, 릴레이 등)이 일어날 수 있는 산업환경에서 사용되는 IC들은 클래핑 다이오드를 사용한다. 성능이 좋은 전원은 V_{DD} 선 상에서 스파이크를 최소화시킬 수 있다. 역시 전원 전류를 제한할 수 있으면 래치-업을 일으킬 수 있는 전류를 제한할 수 있다. 현대 CMOS 가공 기술은 래치-업으로 인한 IC의 민감성을 상당히 감소시키고 있다.

제 3 장

논리회로
실습 및 설계

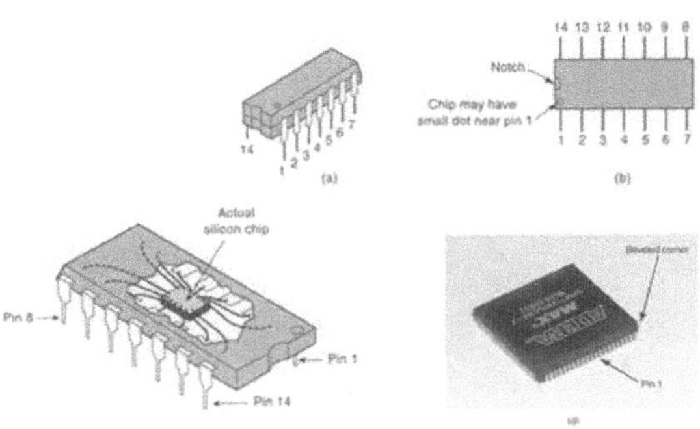

실습 1　논리게이트

▷ AND, OR, NOT, NAND, NOR, XOR

1. 실습 목적

- 게이트의 동작특성을 이해한다.
- 게이트를 응용할 수 있는 능력을 기른다.

2. 관련 이론

(1) 기본 게이트(AND, OR, NOT)

AND 게이트

AND 게이트는 입력이 모두 "1"일 때 출력이 "1"이 되는 게이트이다. 그리고 AND 게이트는 논리 곱 연산으로도 불린다.

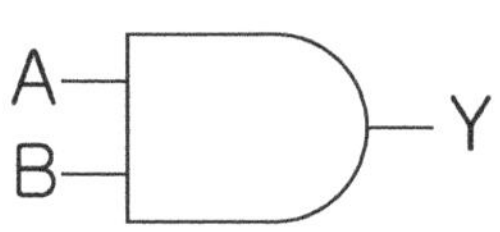

(a) 논리 기호

$$Y = A \cdot B$$

(b) 논리식

입력		출력
A	B	Y
0	0	0
0	1	0
1	0	0
1	1	1

(c) 진리표

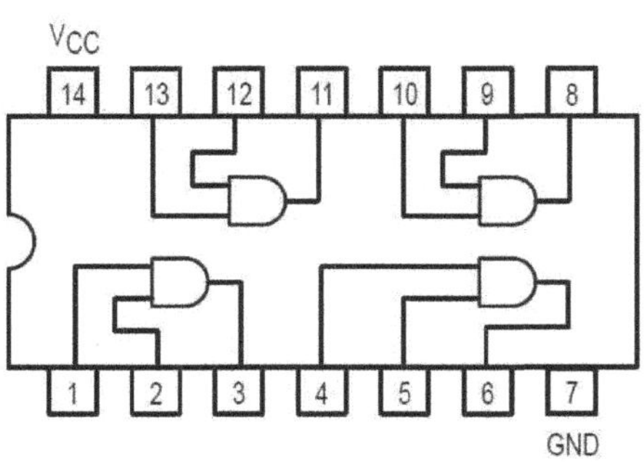

(d) TTL IC(SN74LS08) 블록도

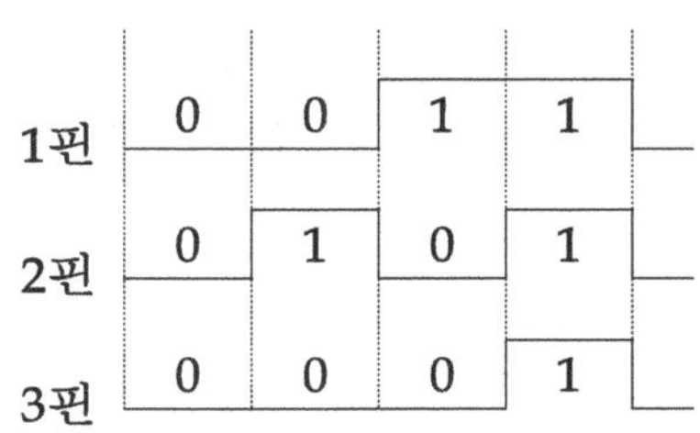

(e) 동작의 결과 파형

[그림 1-1] AND 게이트

OR 게이트

OR 게이트는 입력 중 1개 또는 그 이상이 "1" 일 때 출력이 "1"이 되는 게이트이다. 그리고 OR 게이트는 논리 합 연산으로도 불린다.

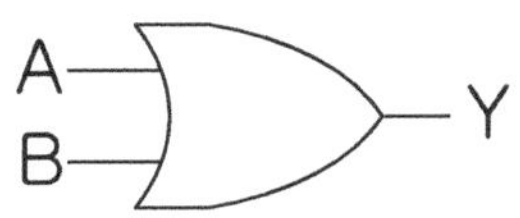

(a) 논리 기호

$$Y = A + B$$

(b) 논리식

입력		출력
A	B	Y
0	0	0
0	1	1
1	0	1
1	1	1

(c) 진리표

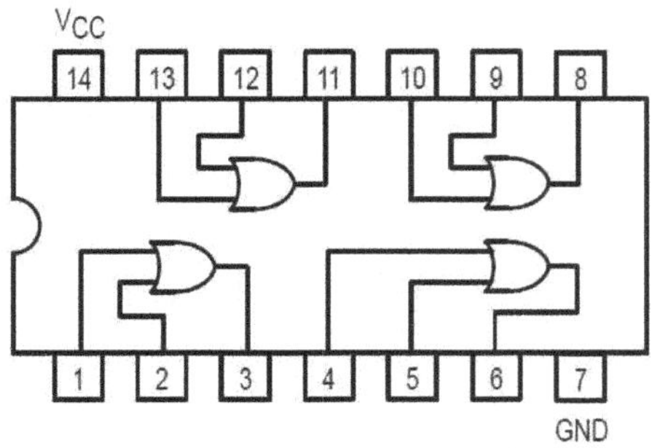

(d) TTL IC(SN74LS32) 블록도

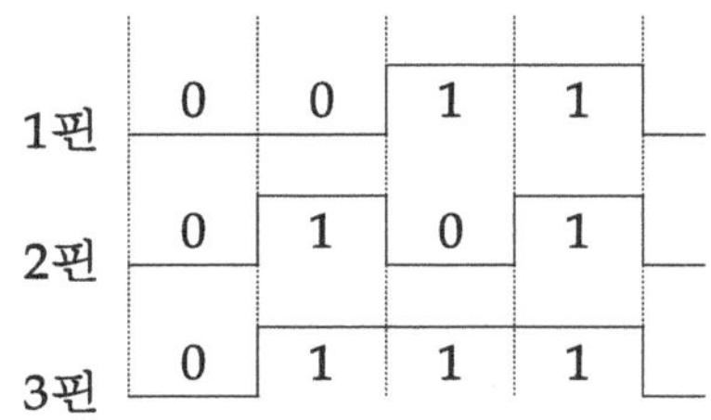

(e) 동작의 결과 파형

[그림 1-2] OR 게이트

NOT 게이트

NOT 게이트는 1개의 입력과 1개의 출력을 가진다. 입력이 "1"이면 출력이 "0", 입력이 "0"이면 출력이 "1"이 되는 게이트이다. 그리고 NOT 게이트는 인버터(inverter)라고 하기도 한다.

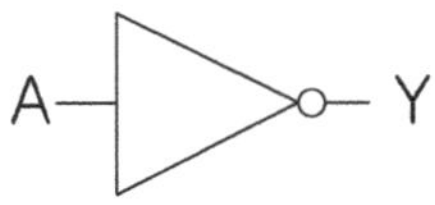

(a) 논리 기호

$$Y = \overline{A}$$

(b) 논리식

입력	출력
A	Y
0	1
1	0

(c) 진리표

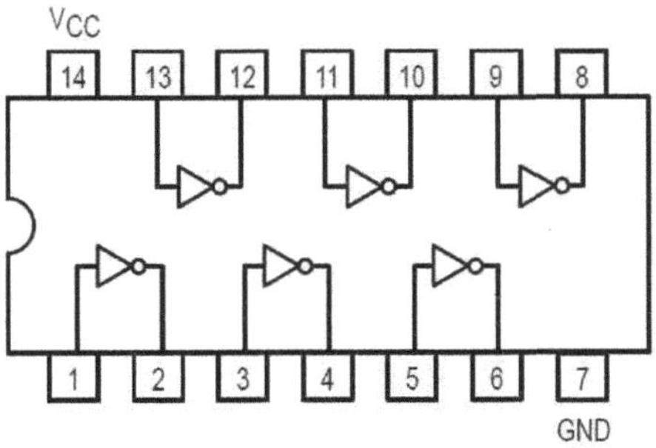

(d) TTL IC(SN74LS04) 블록도

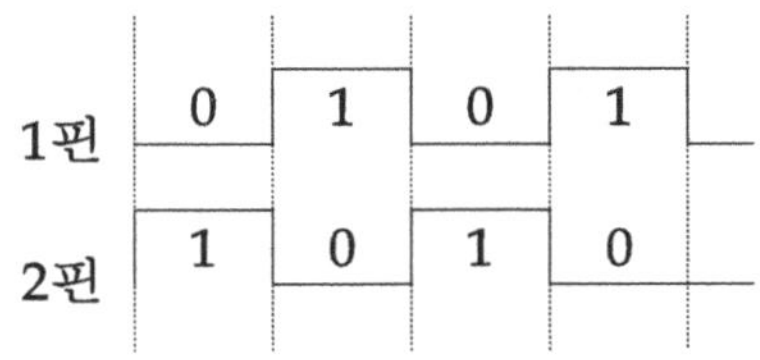

(e) 동작의 결과 파형

[그림 1-3] NOT 게이트

(2) NAND, NOR

NAND, NOR 게이트만으로 어떠한 디지털 논리회로도도 나타낼 수 있는데, 이 두 개의 게이트를 만능 게이트(Universal Gate)라 부른다.

NAND 게이트

NAND 게이트는 입력이 모두 "1"일 때 출력이 "0"이 되고, 그 외의 경우에는 출력이 "1"이 되는 게이트이다. AND 게이트의 출력에 NOT 게이트를 삽입한 것과 같다.

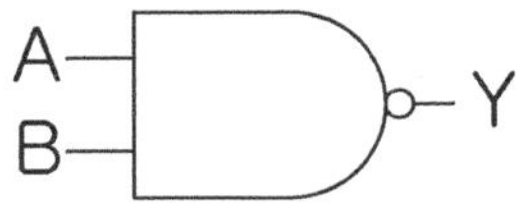

(a) 논리 기호

$$Y = \overline{A \cdot B} = \overline{A} + \overline{B}$$

(b) 논리식

입력		출력
A	B	Y
0	0	1
0	1	1
1	0	1
1	1	0

(c) 진리표

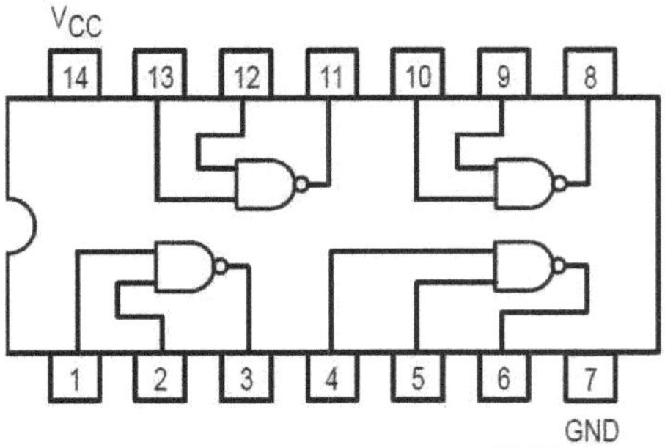

(d) TTL IC(SN74LS00) 블록도

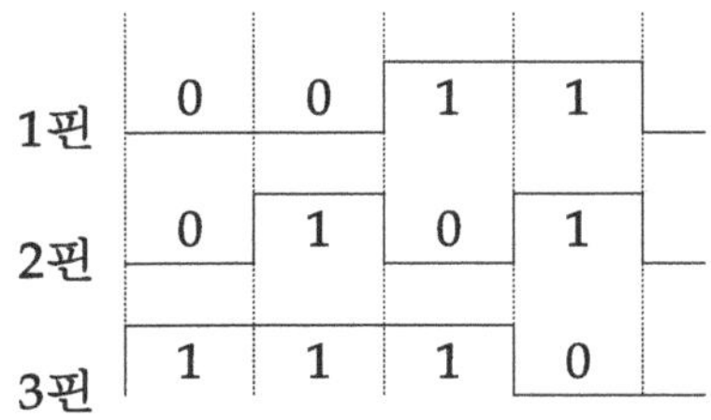

(e) 동작의 결과 파형

[그림 1-4] NAND 게이트

NOT	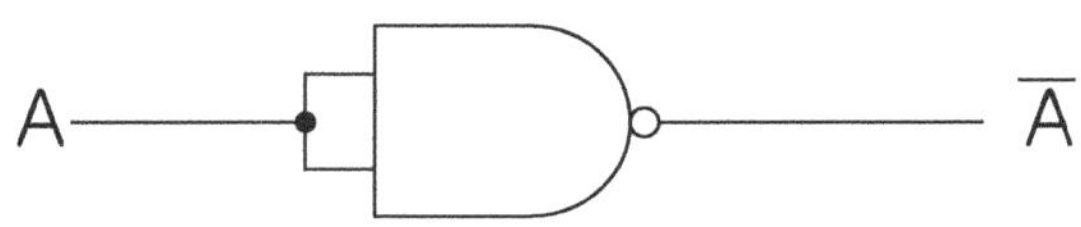
AND	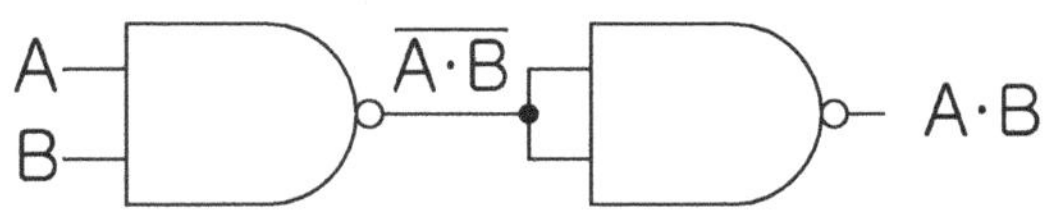
OR	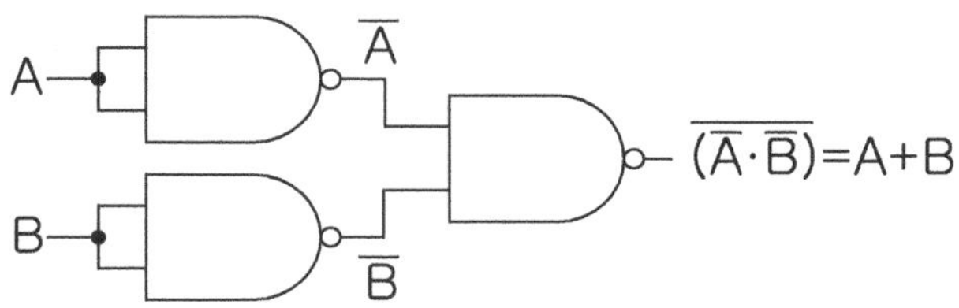

[표 1-1] NAND 게이트에 의한 AND, OR, NOT의 구성

NOR 게이트

NOR 게이트는 입력 중 1개 또는 그 이상이 "1" 일 때 출력이 "0"이 되는 게이트이다. OR 게이트의 출력에 NOT 게이트를 삽입한 것과 같다.

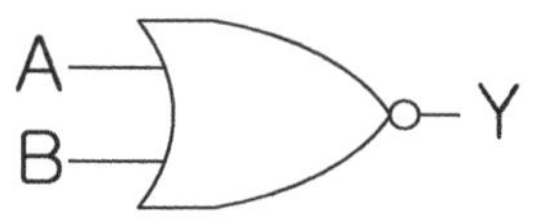

(a) 논리 기호

$$Y = \overline{A + B}$$
$$= \overline{A} \cdot \overline{B}$$

(b) 논리식

입력		출력
A	B	Y
0	0	1
0	1	0
1	0	0
1	1	0

(c) 진리표

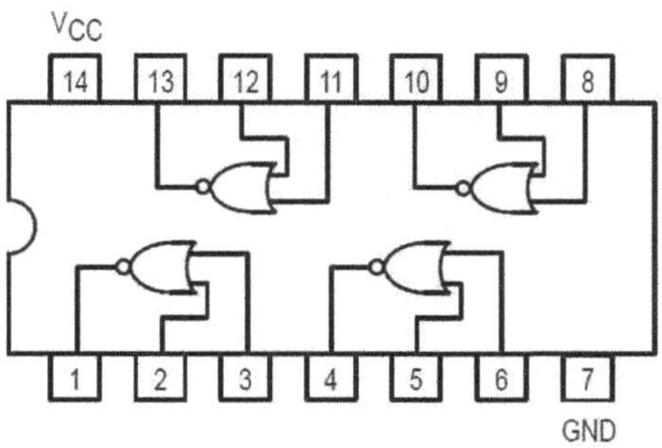

(d) TTL IC(SN74LS02) 블록도

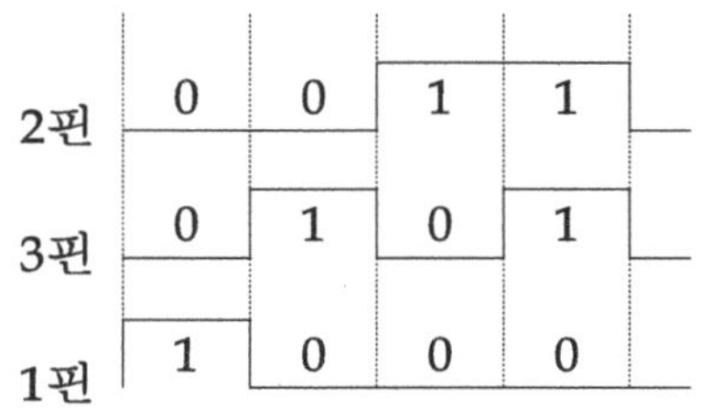

(e) 동작의 결과 파형

[그림 1-5] NOR 게이트

NOT	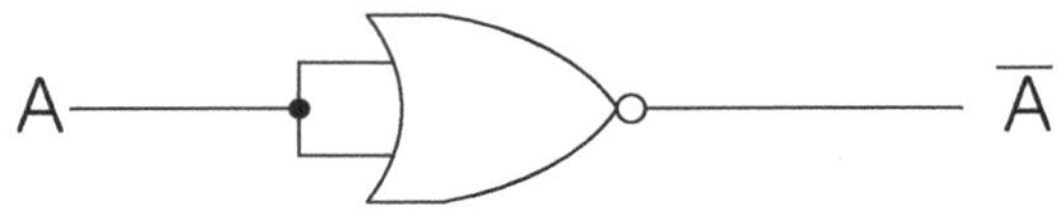
OR	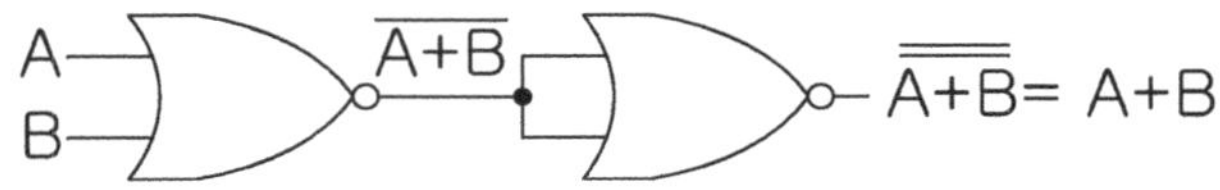
AND	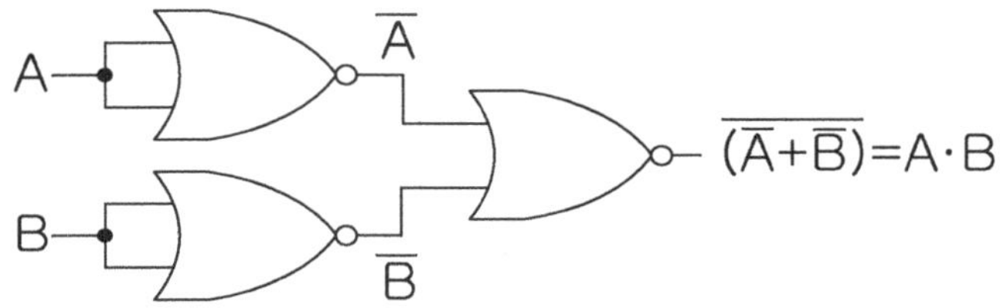

[표 1-2] NOR 게이트에 의한 AND, OR, NOT의 구성

XOR 게이트

XOR 게이트는 입력이 두 개일 경우에는 두 입력이 서로 다를 때만 그 출력이 "1"이 되고, 같을 때는 "0"되는 게이트이다. 입력이 3개 이상일 경우에는 입력신호의 "1"이 홀수 개 일 때는 "1", 짝수 개일 때는 "0"의 출력을 나타내는 변형된 OR 게이트이다. Exclusive-OR 게이트 또는 배타적 OR 게이트로 불리기도 하며, 기호로 "⊕"를 사용한다.

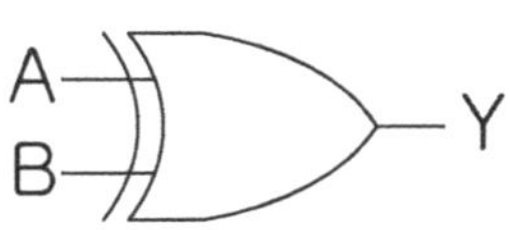

(a) 논리 기호

$$Y = A \oplus B$$

(b) 논리식

입력		출력
A	B	Y
0	0	0
0	1	1
1	0	1
1	1	0

(c) 진리표

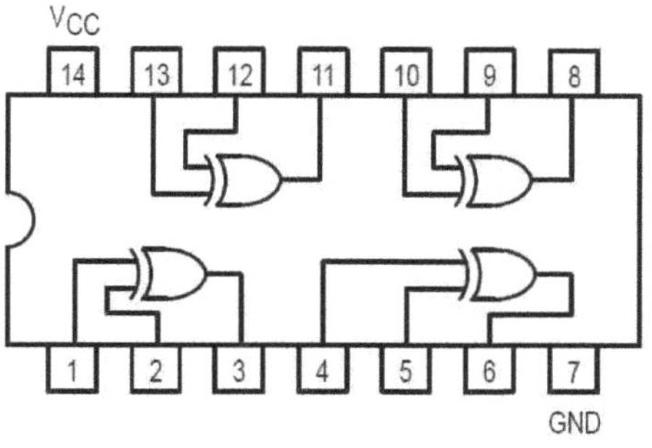

(d) TTL IC(SN74LS86) 블록도

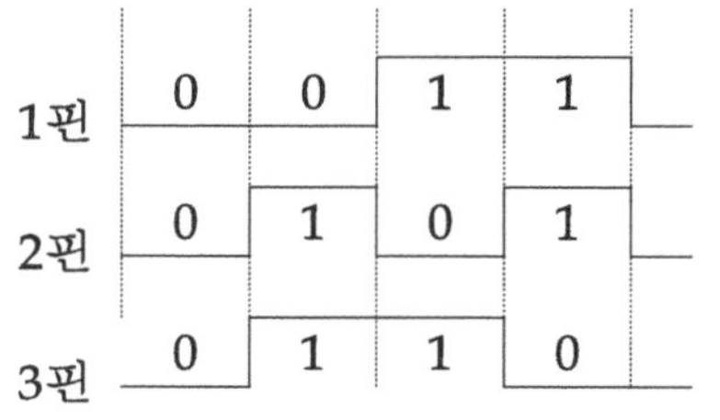

(e) 동작의 결과 파형

[그림 1-6] XOR 게이트

3. 실습장비 및 실습부품

실습장비	오실로스코프
	브레드보드
실습부품	74HC08(74LS08) : 2 Input AND 게이트
	74HC32(74LS32) : 2 Input OR 게이트
	74HC04(74LS04) : 1 Input NOT 게이트
	74HC00(74LS00) : 2 Input NAND 게이트
	74HC02(74LS02) : 2 Input NOR 게이트
	74HC86(74LS86) : 2 Input XOR 게이트

· HC: High Speed C-Mos ( )내: Standard TTL

4. 실습과정

예제1 단일 TTL Chip을 사용한 회로 구성

■ 다음 그림과 같이 회로를 구성하라.

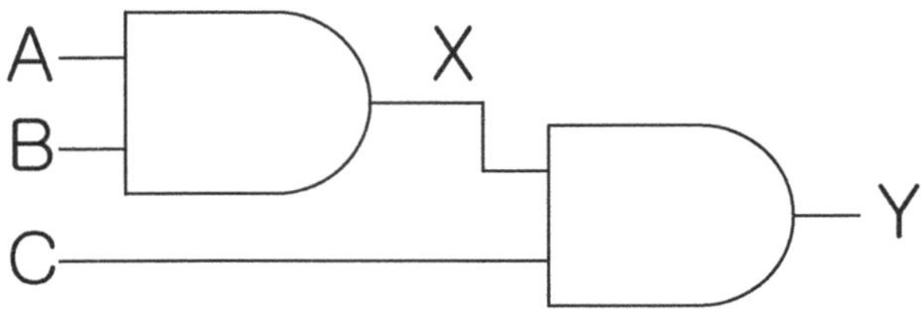

[그림 1-7] AND 게이트를 사용한 논리회로도

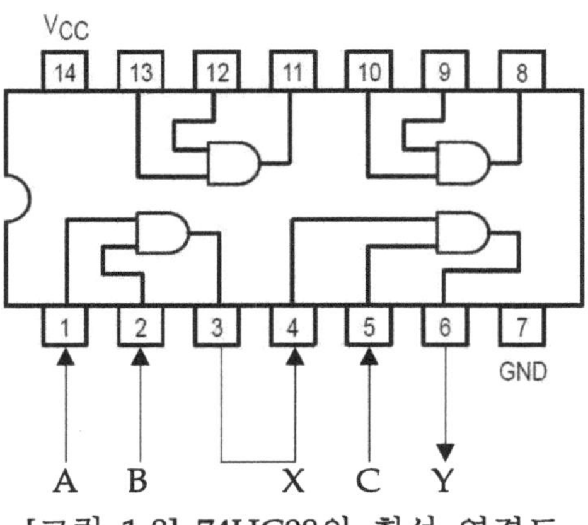

[그림 1-8] 74HC08의 회선 연결도

입력			출력
A	B	C	Y
0	0	0	
0	0	1	
0	1	0	
0	1	1	
1	0	0	
1	0	1	
1	1	0	
1	1	1	

[표 1-3] 진리표

① 논리 회로 실습장치 또는 전원공급기의 공급전압을 DC +5V로 설정하고, 오실로스코프를 사용하여 전압을 확인한다. 전원을 OFF하고 다음 순서대로 실습을 실행한다.

② 논리회로 실습장치 또는 브레드보드에 IC(74HC08)을 부착하고, 단선을

사용하여 14번 핀에 +5V 전원을 연결하고, 7번 핀은 접지(0V)를 한다.

③ 각 소자의 입력단자, 출력단자를 단선으로 결선한다.

④ 전원을 ON하고 각 입력단자에 0V와 5V를 [표 1-3]의 진리표와 같이 인가하여 논리회로의 동작 결과를 확인한다.

예제2 AND 게이트의 입력과 출력을 오실로스코프를 사용하여 실습한다

■ 다음과 같이 오실로스코프를 사용하여 회로를 구성하라.

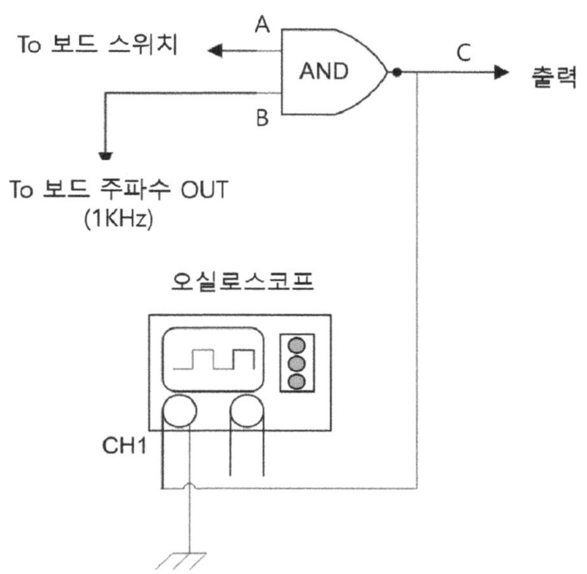

[그림1-9] 회로 구성 연결도

① 2-입력 AND 게이트의 A입력에 보드의 입력 스위치를 연결하고 다른 한 개의 입력 B에 보드의 주파수 출력, 1KHz OUT에 연결하라.

② 오실로스코프의 프로브를 그림과 같이 AND 게이트의 출력 C에 연결하라.

③ 스위치를 5V로 두고 오실로스코프의 파형을 그려라.

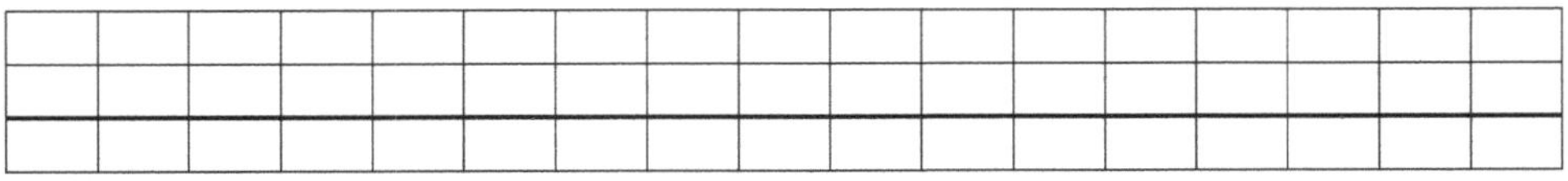

④ 스위치를 0V로 했을 때 오실로스코프의 출력파형이 어떻게 변하는지 설명하라.

예제3 NOT 게이트의 입력과 출력을 오실로스코프를 사용하여 실습한다

■ NOT 게이트를 사용하여 회로를 구성하라.

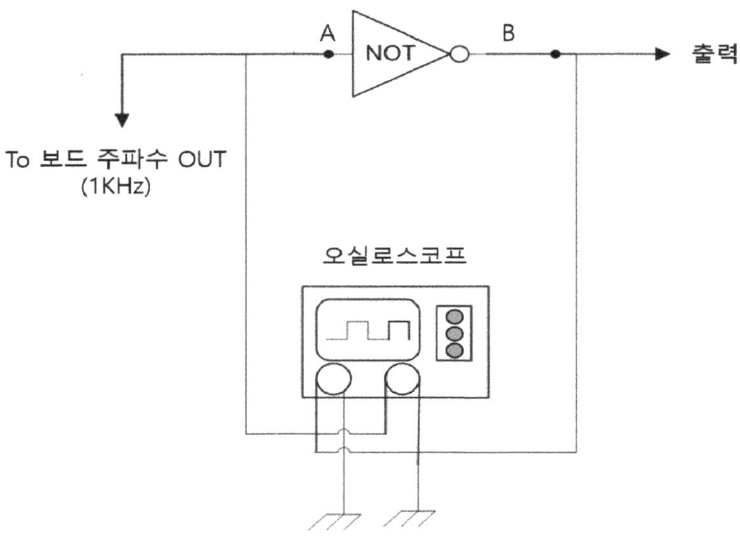

[그림 1-10] 회로 구성 연결도

① NOT 게이트를 사용하여 실습하라. NOT게이트의 입력에 보드의 주파수 OUT 1KHz를 연결하라.
② 오실로스코프의 CH1을 NOT 게이트의 입력에 연결하라.
③ 오실로스코프의 CH2을 NOT 게이트의 출력에 연결하라.
④ CH1의 파형과 CH2의 파형을 그려라.

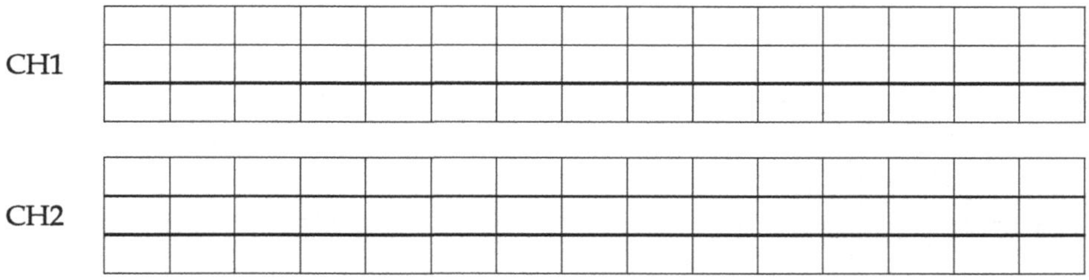

⑤ 위의 두 개의 출력파형에 대해서 설명하라.

예제4 여러 개의 TTL Chip을 사용한 회로 구성

■ 다음 그림과 같이 회로를 구성하라.

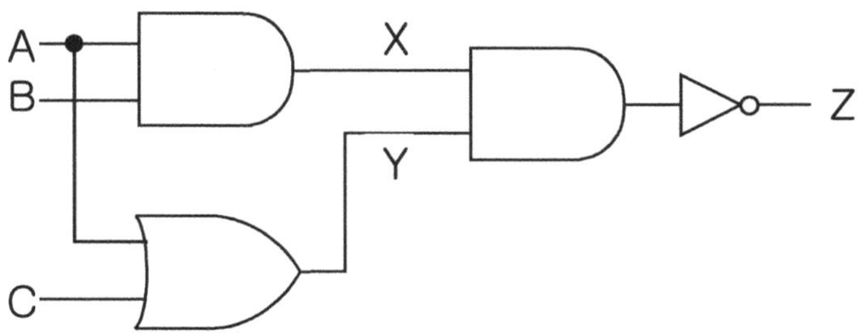

[그림 1-11] 여러 개의 게이트를 사용한 논리회로도

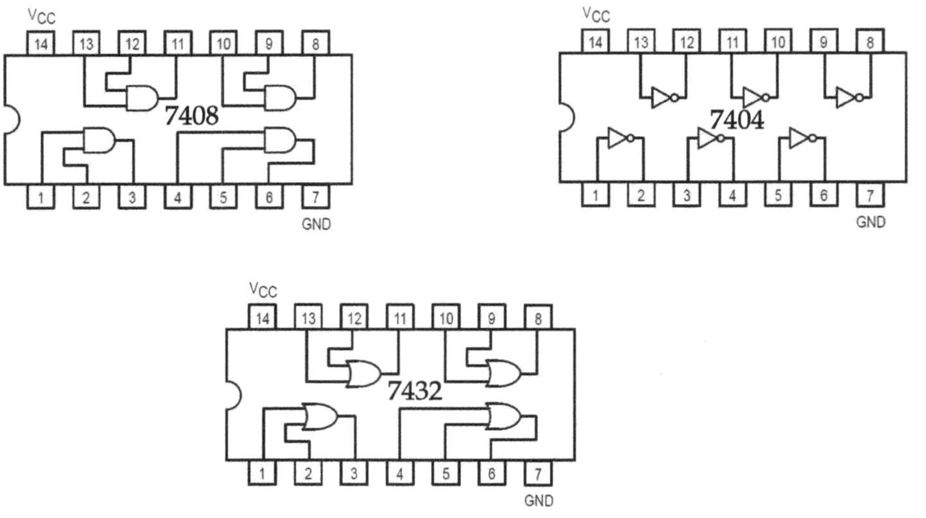

[그림 1-12] 회선 연결도

입력			출력
A	B	C	Z
0	0	0	
0	0	1	
0	1	0	
0	1	1	
1	0	0	
1	0	1	
1	1	0	
1	1	1	

[표 1-4] 진리표

① 논리 회로 실습장치 또는 전원공급기의 공급전압을 DC +5V로 설정하고, 오실로스코프를 사용하여 전압을 확인한다. 전원을 OFF하고 다음 순서대로 실습을 실행한다.

② 논리회로 실습장치 또는 브레드보드에 IC(74HC04, 74HC08, 74HC32)을 부착하고, 전선을 사용하여 각 칩의 14번 핀에 +5V 전원을 연결하고, 7번 핀은 접지(0V)를 한다.

③ 각 소자의 입력단자, 출력단자를 단선으로 결선한다.
④ 전원을 ON하고 각 입력단자에 0V와 5V를 [표 1-4]의 진리표와 같이 인가하여 논리회로의 동작 결과를 확인한다.

예제5 NAND와 NOT게이트가 조합된 회로를 오실로스코프로 실습한다

■ 다음 그림과 같이 회로를 구성하라.

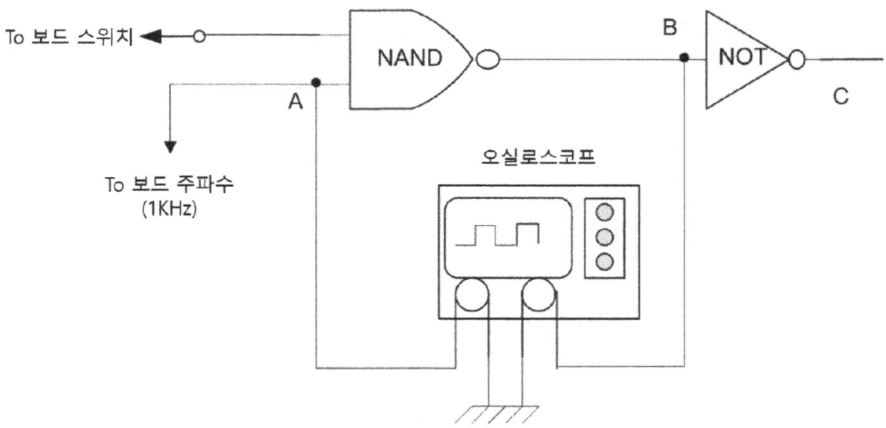

[그림 1-13] 회로연결 구성도

① NAND게이트의 한쪽 입력에 스위치를 연결하고 다른 입력에 1KHz 구형파를 입력하라.
② 오실로스코프의 CH1 입력은 NAND게이트의 구형파입력에 연결하고 CH2 입력은 NAND 게이트의 출력에 연결하라.
③ 스위치를 5V로 두고 A 지점의 출력과 B지점의 출력파형을 그려라.

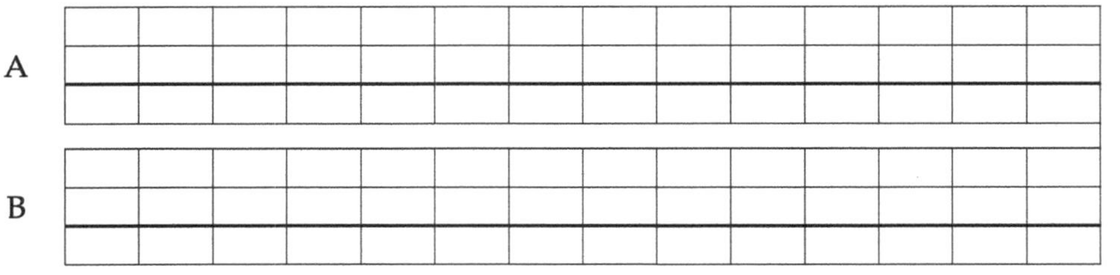

④ 스위치를 0으로 두었을 때 B 지점의 출력파형의 변화를 설명하라.

⑤ 오실로스코프의 CH1의 입력은 그대로 두고 CH2의 연결을 NOT 게이트의 출력 C에 연결하라.

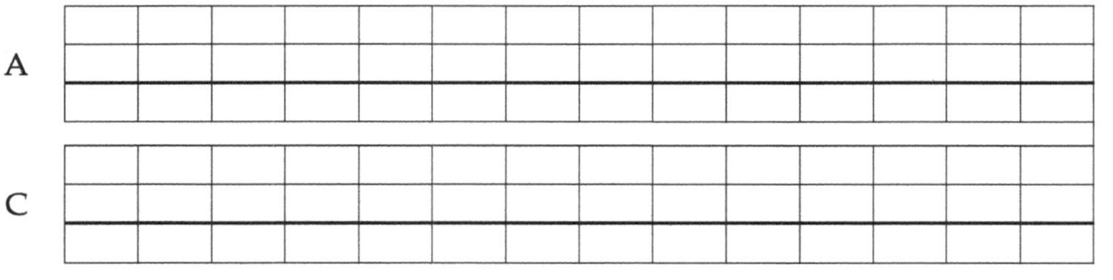

⑥ 위의 입력에 대한 출력파형의 변화에 대해서 비교 설명하라.

⑦ 스위치를 5V로 두고 위의 실습과 같이 반복하라. 결과를 입력신호 A파형과 비교 설명하라.

예제6 NAND게이트가 조합된 회로를 오실로스코프로 실습한다

■ 다음 그림과 같이 회로를 구성하라.

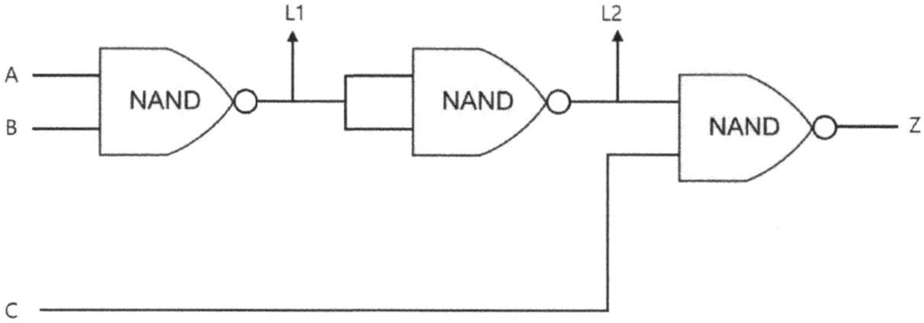

[그림 1-14] 다단계 연결된 회로 구성도

① A 입력에는 5V로 두고 B입력에는 구형파 1Khz를 입력하라.
② C 입력단자에는 스위치를 연결하고 C 입력을 5V로 입력하라.
③ 오실로스코프의 프로브의 CH1을 B입력에 연결하고 CH2를 L1과 L2에 교대로 연결하여라.
④ L1, L2, Z의 출력파형 모양을 그리고 해석하라.

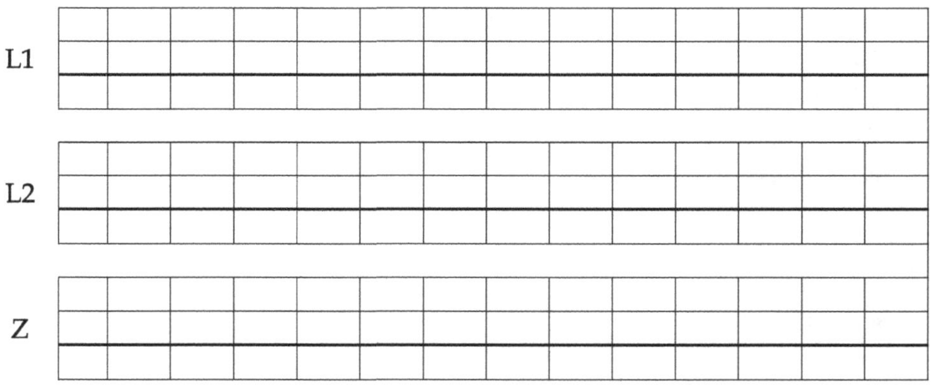

⑤ 회로에서 C입력을 0V로 인가했을 때 출력은 어떻게 바뀌는지 설명하라.

실습 2 논리식의 간소화

▷ 불 대수와 드모르간 정리, 카르노 맵

1. 실습 목적

- 불 대수의 기본공리와 정리 및 드모르간 정리를 이해한다.
- 카르노 맵으로 논리식을 간소화하는 방법을 이해한다.
- 불 대수와 드모르간 정리를 이용하여 간소화하는 것과 카르노 맵을 사용하여 간소화하는 것을 실습을 통하여 이해하고 학습한다.

2. 관련 이론

(1) 불 대수

불 함수는 논리식을 계산하고 논리회로를 간소화 시키는데 사용된다. 또한 복잡한 논리식들도 불 대수식을 이용하여 유도된 것이기 때문에 논리회로의 해석에 대단히 중요하다.

불 함수의 약속

① 연산순서는 부정, 논리곱, 논리합의 순서로 실행한다.
② [ ], { }, ( ) 등의 괄호는 일반 대수학에서의 규칙과 같다.
③ 통분하거나, 부호를 바꾸어서 이항은 할 수 없다.
④ 변수는 어느 것도 기호로서 사용할 수 있지만, 그 값은 “0”, “1”의 값만을 취한다.

기본 법칙

■ 교환법칙

$A+B=B+A \quad A \cdot B=B \cdot A$	$1+0=0+1 \quad 1 \cdot 0=0 \cdot 1$

■ 부정법칙

$\overline{\overline{A}}=A$

■ 결합법칙

$A+(B+C)=(A+B)+C$ $A \cdot (B \cdot C)=(A \cdot B) \cdot C$	$1+(1+0)=(1+1)+0$ $1 \cdot (1 \cdot 0)=(1 \cdot 1) \cdot 0$

■ 분배법칙

$A \cdot (B+C)=AB+AC$ $A+B \cdot C=(A+B) \cdot (A+C)$	$1 \cdot (1+0)=1 \cdot 1+1 \cdot 0$ $1+1 \cdot 0=(1+1) \cdot (1+0)$

■ 멱등법칙

$A \cdot A=A$	$A+A=A$

■ 흡수법칙

$A+A \cdot B=A$ $A \cdot (A+B)=A$	$\overline{A}+A \cdot B=\overline{A}+B$ $A+\overline{A} \cdot B=A+B$ $A(\overline{A}+B)=A \cdot B$

기본 정리

■ 지배(유계)

$A \cdot 0=0$	$A+1=A$

■ 항등

$A \cdot 1=A$	$A+0=A$

■ 보수

$A \cdot \overline{A}=0$	$A+\overline{A}=1$

(2) 드모르간 정리

NAND게이트나 NOR 게이트를 AND 게이트나 OR 게이트에 NOT 게이트를 사용하여 등가회로로 구성하여 같은 결과를 얻을 수 있는 방법을 드모르간의 정리라고 한다.

제1정리 $\overline{A+B} = \overline{A} \bullet \overline{B}$

합의 보수는 각각의 보수의 곱과 같다는 것을 뜻한다. 즉, 각각의 변수를 논리합하여 전체에 보수를 취한 것은 각각의 변수의 보수를 논리곱 한 것과 같다.

제2정리 $\overline{A \bullet B} = \overline{A} + \overline{B}$

곱의 보수는 각각의 보수의 합과 같다는 것을 뜻한다. 즉, 각각의 변수를 논리곱하여 전체에 보수를 취한 것은 각각의 변수의 보수를 논리합 한 것과 같다.

(3) 카르노 맵

논리식을 간소화하기 위해 진리표의 최소항을 바둑판 모양의 표 안에 표시하고 인접한 최소항을 최대한 묶어 논리식을 간소화하는 방법으로 불 대수를 이용하여 논리식을 간소화하는 방법보다 간결하고 검증하기 쉬운 장점이 있다.

간소화 과정

① 진리표의 출력값이 1인 최소항을 카르노 맵의 각 셀에 표시한다.
② 1로 구성되는 셀에 인접한 다른 셀에 1이 연속적으로 존재하는 경우 2/4/8/16/32개 등 최대 인접항으로 묶는다.
③ 각 항들은 중복되어 묶을 수 있다.
④ 모든 최소항은 한번 이상은 묶여야 한다.
⑤ 최대항으로 묶은 변수들로 간소화된 부울식을 구한다.

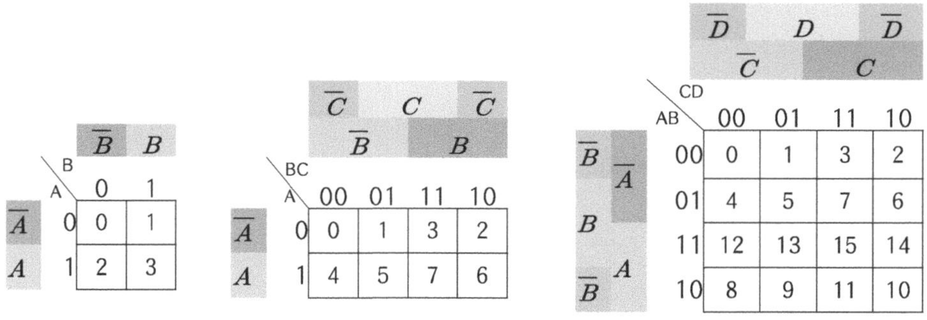

[그림 2-1] 2/3/4 입력 변수에서의 카르노 맵 셀의 데이터 입력 순서

3. 실습장비 및 실습부품

실습장비	오실로스코프
	브레드보드
실습부품	74HC08(74LS08) : 2 Input AND 게이트
	74HC32(74LS32) : 2 Input OR 게이트
	74HC04(74LS04) : 1 Input NOT 게이트

· HC: High Speed C-Mos ( )내: Standard TTL

4. 실습과정

예제1 불 대수 및 정리를 사용한 간소화 된 논리회로 구성하기

■ 다음 불 함수를 불 대수 및 정리를 사용하여 간소화한 후 논리회로로 나타내라.

$$X = \overline{A}\,\overline{B}\,\overline{C} + \overline{A}\,\overline{B}C + \overline{A}BC + A\overline{B}C + ABC$$

간략화 과정	적용한 불 법칙 및 정리
$X =$	

[논리회로]

[그림 2-2] 논리회로도

입력			출력
A	B	C	X
0	0	0	
0	0	1	
0	1	0	
0	1	1	
1	0	0	
1	0	1	
1	1	0	
1	1	1	

[표 2-1] 진리표

☑ 간략화 과정을 통해 [그림 2-2]에 완성한 논리회로를 브레드보드에 구성한 후 [표 2-1]과 같이 입력단자에 연결하여 논리회로의 출력동작 결과를 확인하라.

예제2 카르노 맵을 사용한 간소화 된 논리회로 구성하기

■ 다음 [표 2-2-]의 진리표와 같이 동작되는 회로를 구성하고자 한다. 간소화되기 전의 불 함수를 구하고, 카르노 맵을 사용하여 논리식을 간소화한 후 논리회로로 나타내라.

입력				출력
A	B	C	D	X
0	0	0	0	1
0	0	0	1	0
0	0	1	0	1
0	0	1	1	0
0	1	0	0	1
0	1	0	1	1
0	1	1	0	1
0	1	1	1	0
1	0	0	0	1
1	0	0	1	0
1	0	1	0	1
1	0	1	1	1
1	1	0	0	1
1	1	0	1	1
1	1	1	0	1
1	1	1	1	0

[표 2-2] 진리표

[불 함수]

X =

[카르노 맵]

AB \ CD	00	01	11	10
00	0	1	3	2
01	4	5	7	6
11	12	13	15	14
10	8	9	11	10

[간소화된 논리식]

X =

[논리회로]

[그림 2-3] 논리회로도

☑ 간략화 과정을 통해 [그림 2-3]에 완성한 논리회로를 브레드보드에 구성한 후 [표 2-2]와 같이 입력단자에 인가하여 논리회로의 동작 결과를 확인하라.

실습 3 코드 변환기

▷ 그레이 코드

1. 실습 목적

- 그레이 코드의 특성을 이해한다.
- 2진 코드를 그레이 코드로 변환하는 설계방법을 익힌다.

2. 관련 이론

(1) 그레이 코드(Gray Code)

그레이 코드는 디지털 회로가 입력 신호의 변화를 잘못 해석하는 유사 경우를 줄이기 위하여 고안된 코드로 순서적으로 앞과 뒤의 숫자에 대한 비트 표현에서 단 한 개의 비트만 서로 다른 값을 가지는 코드이다. 이 코드는 아주 작은 차이를 가지는 연속적인 아날로그 값들을 디지털 값으로 변화하는 경우에 유용하게 사용된다.

그레이 코드는 2진법 코드의 일종으로 가중치가 없어 연산에는 적합하지 않다. 연속되는 코드 간에 1개의 비트만 변하여 새로운 코드를 만든다는 특징이 있다.

2진 코드를 그레이 코드로 변환하기 위한 방법은 [그림 3-1]에서 보이는 바와 같이 2진 코드의 최상위 비트(MSB)는 그대로 그레이 코드의 최상위 비트가 되고, 그 다음 비트부터는 2진 코드의 좌측부터 우측으로 이동하면서 인접한 두 비트를 더하고, 올림수를 제외한 결과값이 그레이 코드의 다음 비트가 된다.

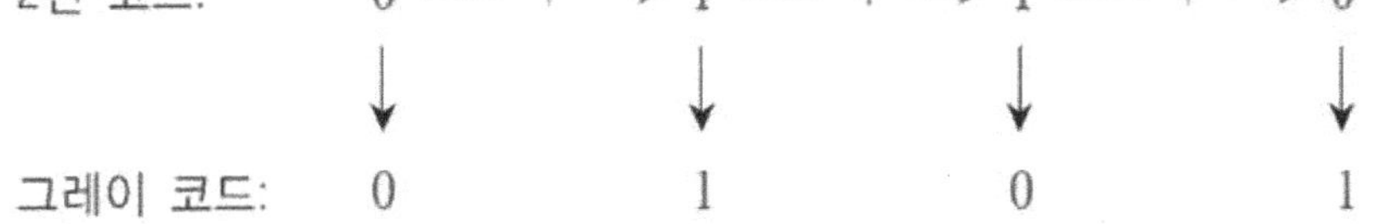

[그림 3-1] 2진 코드를 그레이 코드로 변환하기

반대로 그레이 코드를 2진 코드로 변환하기 위해서는 [그림 3-2]에서 보이는 바와 같이 그레이 코드의 최상위 비트(MSB)는 그대로 2진 코드의 최상위 비트가 되고, 2진 코드의 최상위 비트를 그레이 코드의 다음 비트와 (대각선 방향으로) 더하고 올림수를 제외한 결과값이 그레이 코드의 다음 비트가 된다.

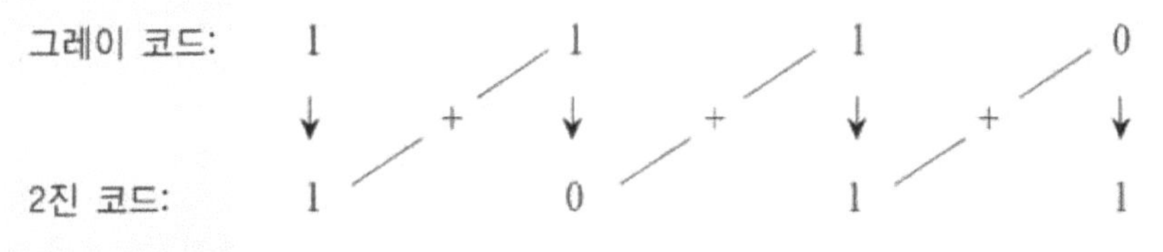

[그림 3-2] 그레이 코드를 2진 코드로 변환하기

3. 실습장비 및 실습부품

실습장비	오실로스코프
	브레드보드
실습부품	74HC08(74LS08) : 2 Input AND 게이트
	74HC32(74LS32) : 2 Input OR 게이트
	74HC04(74LS04) : 1 Input NOT 게이트

· HC: High Speed C-Mos ( )내: Standard TTL

4. 실습과정

예제1 2진 코드를 그레이 코드로 변환하기

■ [표 3-1]은 4-bit 2진 코드를 그레이 코드로 변환하기 위한 진리표이다. 진리표를 완성하라.

10진수	2진 코드				그레이 코드			
	A	B	C	D	Y_3	Y_2	Y_1	Y_0
0	0	0	0	0				
1	0	0	0	1				
2	0	0	1	0				
3	0	0	1	1				
4	0	1	0	0				
5	0	1	0	1				
6	0	1	1	0				
7	0	1	1	1				
8	1	0	0	0				
9	1	0	0	1				
10	1	0	1	0				
11	1	0	1	1				
12	1	1	0	0				
13	1	1	0	1				
14	1	1	1	0				
15	1	1	1	1				

[표 3-1] 4-bit 2진 코드를 그레이 코드로 변환하는 진리표

■ 작성한 [표 3-1]의 진리표를 보고 카르노 맵을 이용하여 논리식을 간소화하라(완전하게 간소화가 되지 않을 경우 불 법칙 및 정리를 사용하여 간소화하라).

Y_3

AB \ CD	00	01	11	10
00	0	1	3	2
01	4	5	7	6
11	12	13	15	14
10	8	9	11	10

Y_2

AB \ CD	00	01	11	10
00	0	1	3	2
01	4	5	7	6
11	12	13	15	14
10	8	9	11	10

Y_1

AB \ CD	00	01	11	10
00	0	1	3	2
01	4	5	7	6
11	12	13	15	14
10	8	9	11	10

Y_0

AB \ CD	00	01	11	10
00	0	1	3	2
01	4	5	7	6
11	12	13	15	14
10	8	9	11	10

■ 간소화된 논리식에 대한 논리회로를 구현하라.

[그림 3-3] 4-bit 2진 코드를 그레이 코드로 변환하는 논리회로

■ [그림 3-3]에서 구현한 논리회로를 IC을 사용하여 브레드보드에 연결하여 입력변화에 따른 출력동작을 확인하라.

실습 4 오류 검출기

▷ 패리티 비트 생성기/검사기

1. 실습 목적

- 패리티 비트의 특성을 이해한다.
- 패리티 비트 생성기/검사기의 설계방법을 익힌다.

2. 관련 이론

(1) 패리티 피트(parity bit)

Binary 수를 전송할 때 error 없이 제대로 잘 전송되었는지를 확인하는 방법 중에서 가장 손쉽게 이용하는 것은 parity bit라 불리는 부호를 사용하는 방법이다. 이는 어느 binary 데이터를 보낼 때 parity bit라 불리는 1-bit를 추가로 넣어 보내는 방법으로서 [그림 4-1]과 같이 binary 데이터의 '1' bit의 수가 홀수 개이면 parity bit은 '1' 로, 또한 '1' bit의 수가 짝수 개이면 parity bit를 '0'으로 놓게 된다. 따라서 전체적으로는 항상 짝수 개의 '1' bit를 갖는 전송데이터 형태를 갖게 되어 목적지로 전송되게 한다. 이때의 전송데이터는 even parity를 갖는다고 일컫는다.

전체적으로 홀수 개의 '1'bit로 만들 수도 있는데 이때는 odd parity라고 하여 binary 데이터가 홀수개의 '1'bit를 가지고 있다면 당연히 parity bit는 '0'이 되어야 한다.

parity bit의 사용은 수신측에서 받은 전송된 데이터가 error가 없는 데이터 인가를 확인하게끔 하는데 그 목적을 둔다. 예를 들어 even parity를 사용하여 데이터를 전송하였을 때 수신측에서 홀수개의 '1'bit를 받았었다면 분명히 error가 발생되었다는 것을 나타내어야 할 것이다.

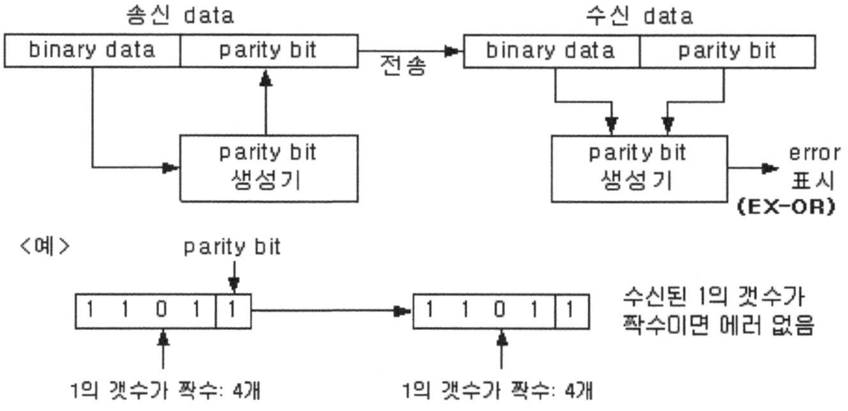

[그림 4-1] 패리티 비트 구조

일반적으로 데이터가 전송선을 통하여 전달될 때 외부환경에 의한 Noise(잡음)로 '0'이 '1'로 또는 '1'이 '0'으로 수신되는데 이때는 error가 발생되었다고 하며 그 데이터는 무시되어 다시 전송되게끔 하여야 한다. [그림 4-1]의 예에서는 수신측의 수신 데이터는 전체적으로 4개의 '1'bit가 있으므로 error없이 제대로 수신되었음을 보이고 있으나 [그림 4-2]에서는 전송도중 Noise에 의하여 binary 데이터의 둘째 bit가 '1'에서 '0'으로 변하여 수신되었음을 나타낸다.

결국 전체 '1'bit의 수가 홀수 개가 되어 Error임을 알 수 있게 된다.

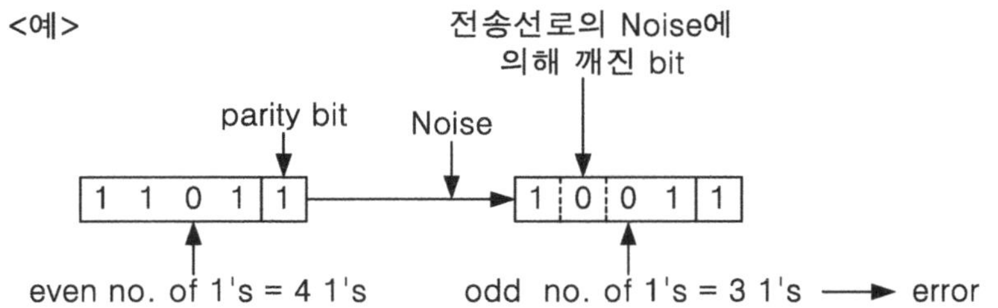

3. 실습장비 및 실습부품

실습장비	오실로스코프
	브레드보드
실습부품	74HC08(74LS08) : 2 Input AND 게이트
	74HC32(74LS32) : 2 Input OR 게이트
	74HC04(74LS04) : 1 Input NOT 게이트
	74HC86(74LS86) : 2 Input XOR 게이트

· HC: High Speed C-Mos ( )내: Standard TTL

4. 실습과정

예제1 4-bit 패리티 비트 생성기 설계하기

■ 4-bit 변수 패리티 신호를 생성하기 위한 진리표를 작성하라.

입력신호				출력신호 (짝수 패리티 비트)
A	B	C	D	P_E
0	0	0	0	
0	0	0	1	
0	0	1	0	
0	0	1	1	
0	1	0	0	
0	1	0	1	
0	1	1	0	
0	1	1	1	
1	0	0	0	
1	0	0	1	
1	0	1	0	
1	0	1	1	
1	1	0	0	
1	1	0	1	
1	1	1	0	
1	1	1	1	

표 4-1] 짝수 패리티 생성기 진리표

입력신호				출력신호 (홀수 패리티 비트)
A	B	C	D	P_O
0	0	0	0	
0	0	0	1	
0	0	1	0	
0	0	1	1	
0	1	0	0	
0	1	0	1	
0	1	1	0	
0	1	1	1	
1	0	0	0	
1	0	0	1	
1	0	1	0	
1	0	1	1	
1	1	0	0	
1	1	0	1	
1	1	1	0	
1	1	1	1	

[표 4-2] 홀수 패리티 생성기 진리표

■ 작성한 [표 4-1]과 [표 4-2]의 진리표를 보고 카르노 맵을 이용하여 논리식을 간소화하라.

P_E

AB \ CD	00	01	11	10
00				
01				
11				
10				

P_O

AB \ CD	00	01	11	10
00				
01				
11				
10				

P_E =

P_O =

■ 간소화된 논리식에서 홀수와 짝수패리티 발생기에 대한 논리회로를 구현하라.

[그림 4-3] 짝수 패리티 생성기 논리회로도

[그림 4-4] 홀수 패리티 생성기 논리회로도

■ [그림 4-3]과 [그림 4-4]에서 구현한 논리회로를 IC칩을 사용하여 브레드보드에 구현하고 [표4-1]과 [표4-2]의 입력변화에 따른 출력동작을 확인하라.

예제2 4-bit 패리티 비트 검사기 설계하기

■ 4-bit 변수에 대한 패리티 발생기를 이용하여 패리티검사기를 설계하라.

(힌트) [그림 4-3혹은 4-4] 패리티 발생기의 출력 P와 패리티 비트를 비교하여 같으면 정상 동작이며 다르면 에러이다.

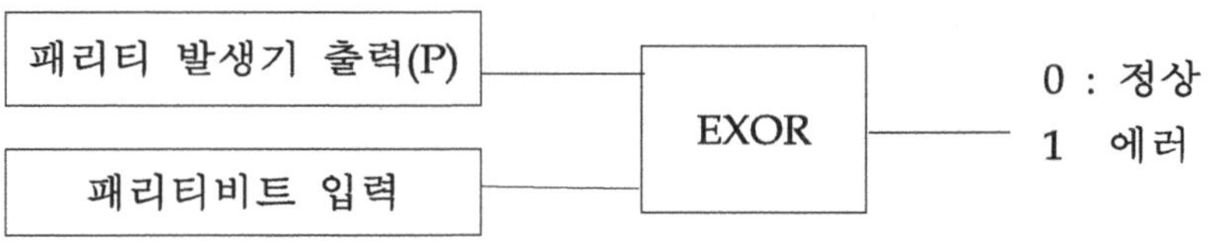

■ 위에서 설계된 패리티 검사기를 브래드보드에 구현하고 회로의 동작 결과를 확인하라. 패리티 비트 입력은 브래드보드의 스위치 입력을 사용하여 0, 혹은 1을 입력하라.

실습 5 가산기와 감산기

▷ 가산기 · 감산기

1. 실습 목적

- 반가산기와 전가산기의 논리와 회로를 이해한다.
- 반감산기와 전감산기의 논리화 회로를 이해한다.

2. 관련 이론

(1) 가산기

반가산기(HA : Half Adder)

2개의 2진수 A와 B를 가산하여 그 합의 출력 S(Sum)와 윗자리로의 자리올림수 출력 C(Carry)를 얻는 논리회로를 반가산기라 한다.
반가산기를 얻기 위해서는 반가산기의 진리표를 작성하고 논리식을 세운 후, 그것을 회로로 표현하면 된다.

입력		출력	
A	B	S	C
0	0	0	0
0	1	1	0
1	0	1	0
1	1	0	1

(a) 진리표

$$S = A\overline{B} + \overline{A}B = A \oplus B$$
$$C = A \cdot B$$

(b) 논리식

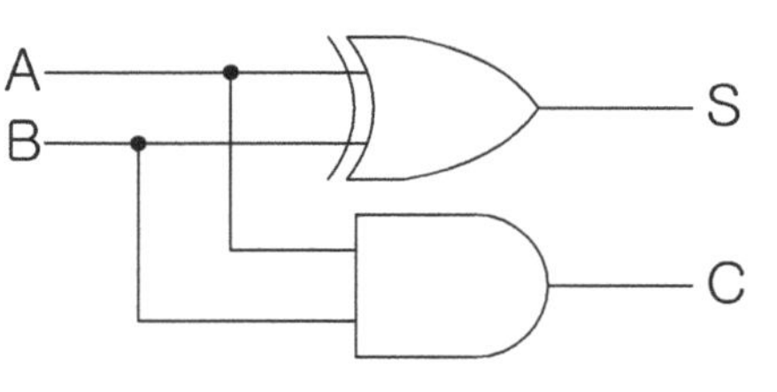

(c) 논리 회로

[그림 5-1] 반가산기

전가산기(FA : Full Adder)

두개의 반가산기로 구현 할 수 있는 전가산기는 이전 단에서 발생한 자리올림수 출력 C_i를 포함하여 2개의 2진수 A, B를 가산하여 그 합의 출력 S와 자리올림수 C_O를 출력하는 3개의 비트를 가산할 수 있는 논리연산회로이다.

입력			출력	
A	B	C_i	S	C_o
0	0	0	0	0
0	0	1	1	0
0	1	0	1	0
0	1	1	0	1
1	0	0	1	0
1	0	1	0	1
1	1	0	0	1
1	1	1	1	1

(a) 진리표

$$S = \overline{A}\overline{B}C_i + \overline{A}B\overline{C_i} + A\overline{B}\overline{C_i} + ABC_i = A \oplus B \oplus C_i$$
$$C_o = \overline{A}BC_i + A\overline{B}C_i + AB\overline{C_i} + ABC_i = AB + (A \oplus B)C_i$$

(b) 논리식

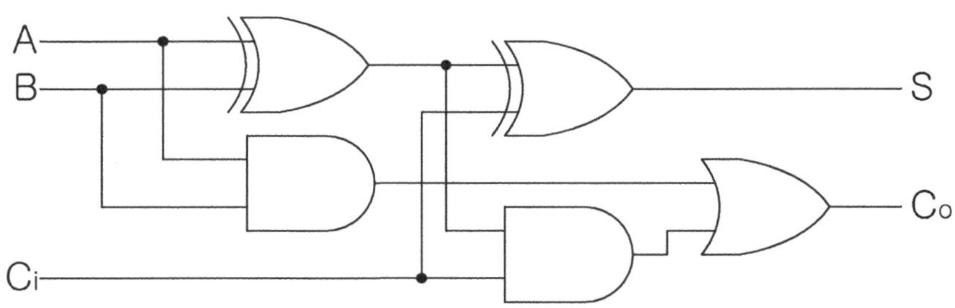

(c) 논리 회로

[그림 5-2] 전가산기

(2) 감산기

반감산기(HS : Half Subtracter)

피가수 A와 감수 B를 감산하여 1비트 차의 출력 결과를 D(Difference), 1비트 자리빌림수 B_o(Borrow)의 출력을 얻는 논리회로

입력		출력	
A	B	D	B_o
0	0	0	0
0	1	1	1
1	0	1	0
1	1	0	0

(a) 진리표

$$D = A\overline{B} + \overline{A}B = A \oplus B$$
$$B_o = \overline{A} \cdot B$$

(b) 논리식

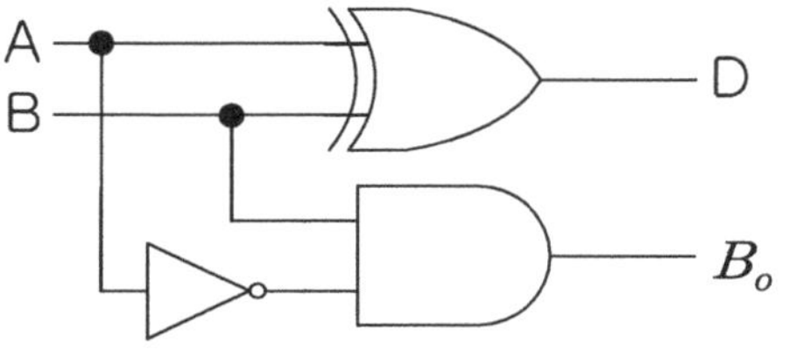

(c) 논리 회로

[그림 5-3] 반감산기

전감산기(FS : Full Subtracter)

두 개의 반감산기로 구현 할 수 있는 반감산기는 이전 단에서 발생한 자리빌림수 B_i를 고려하여 2개의 2진수 피감수 A에서 감수 B를 빼서 그 차의 출력 D와 자리빌림수 B_o를 출력하는 논리연산회로이다.

입력			출력	
A	B	B_i	D	B_o
0	0	0	0	0
0	0	1	1	1
0	1	0	1	1
0	1	1	0	1
1	0	0	1	0
1	0	1	0	0
1	1	0	0	0
1	1	1	1	1

(a) 진리표

$$D = \overline{A}\,\overline{B}B_i + \overline{A}B\overline{B_i} + A\overline{B}\,\overline{B_i} + ABB_i = A \oplus B \oplus B_i$$
$$B_o = \overline{A}\,\overline{B}B_i + \overline{A}B\overline{B_i} + \overline{A}BB_i + ABB_i = B_i(\overline{A}\,\overline{B} + AB) + \overline{A}B(B + B_i)$$
$$= \overline{A}B + (\overline{A \oplus B})B_i$$

(b) 논리식

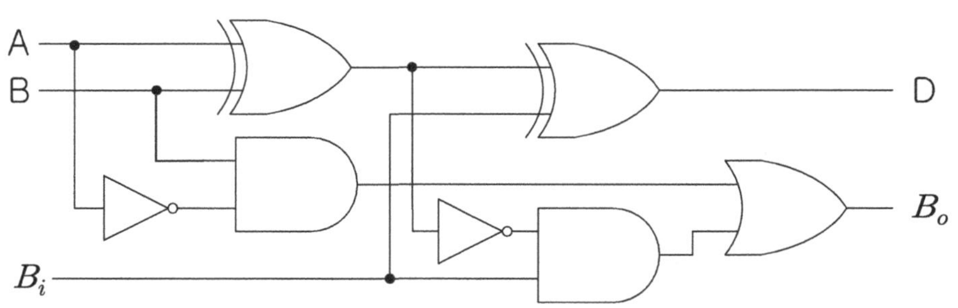

(c) 논리 회로

[그림 5-4] 전감산기

3. 실습장비 및 실습부품

실습장비	오실로스코프
	브레드보드
실습부품	74HC08(74LS08) : 2 Input AND 게이트
	74HC32(74LS32) : 2 Input OR 게이트
	74HC04(74LS04) : 1 Input NOT 게이트
	74HC86(74LS86) : 2 Input XOR 게이트

· HC: High Speed C-Mos ( )내: Standard TTL

4. 실습과정

예제1 전가산기 논리 회로 구성

■ 다음 전가산기 회로를 논리소자를 이용하여 구성하고, 동작을 확인하여 [표 5-1] 전가산기 동작 결과를 완성하라.

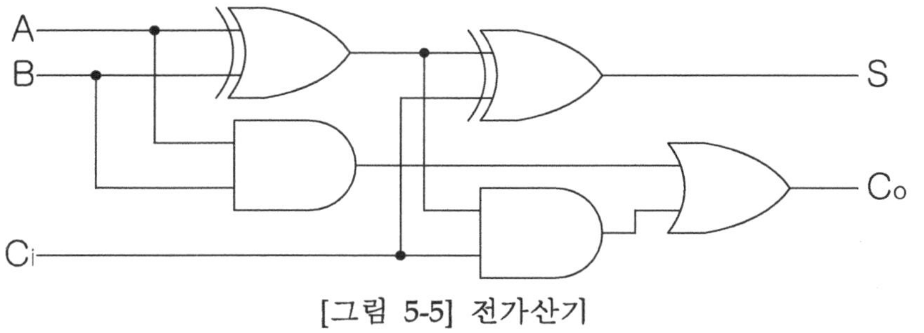

[그림 5-5] 전가산기

입력			출력	
A	B	C_i	S	C_o
0	0	0		
0	0	1		
0	1	0		
0	1	1		
1	0	0		
1	0	1		
1	1	0		
1	1	1		

[표 5-1] 전가산기 동작 결과

예제2 전감산기 논리 회로 구성

■ 다음 전감산기 회로를 논리소자를 이용하여 구성하고, 동작을 확인하여 [표 5-2] 전감산기 동작 결과를 완성하라.

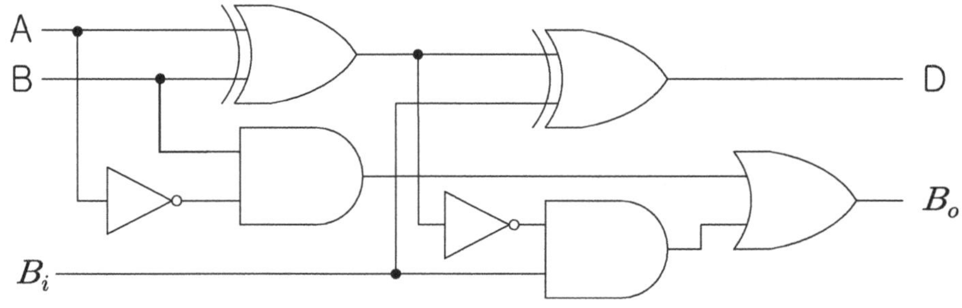

[그림 5-6] 전감산기

입력			출력	
A	B	B_i	D	B_o
0	0	0		
0	0	1		
0	1	0		
0	1	1		
1	0	0		
1	0	1		
1	1	0		
1	1	1		

[표 5-2] 전감산기 동작 결과

■ [표5-2]의전감산기의 진리표를 이용하여 출력방정식을 구하고 회로를 설계하라. 그리고 [그림 5-6]과 비교하라.

실습 6 병렬 가산기, 병렬 감산기

▷ 병렬 가산기 · 감산기 / BCD 가산기

1. 실습 목적

- 병렬 가산기와 감산기의 특성을 이해한다.
- BCD 가산기의 특성을 이해한다.

2. 관련 이론

(1) 4비트 2진 병렬 가산기

병렬 가산기는 여러 개의 이진 비트로 구성되어 있는 두 개의 값을 동시에 가산하기 위해 필요하다.

4비트의 2진수 두 개를 더하는 병렬 가산기 회로는 반가산기 1개와 전가산기 3개를 사용하거나, [그림 6-1]과 같이 4개의 전가산기를 이용하여 구성할 수 있다. (4개의 전가산기를 사용할 시에는 첫 단의 전가산기에서 C_i를 접지("0")하여 반가산기와 같은 역할을 수행하도록 구성해야한다.)

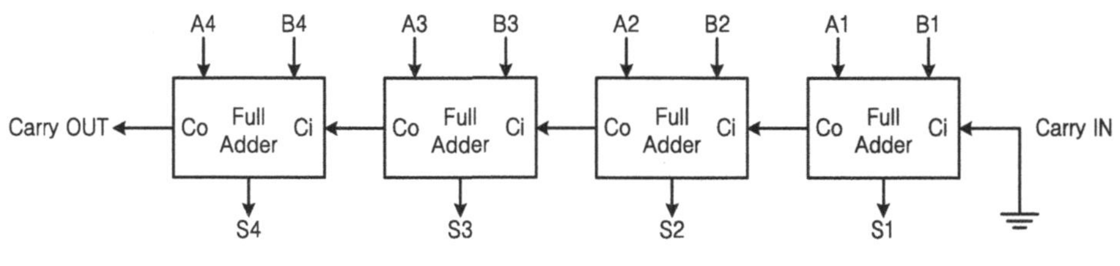

[그림 6-1] 4비트 2진 병렬 가산기 블록도

2개의 4비트 2진수를 더하는 회로는 하나의 칩(74HC283)으로 설계되어 있기 때문에 위의 2가지 구성 방법을 이용하지 않아도 [그림 6-2(a)]와 같이 74HC283 칩을 이용하면 더 간편하게 구성할 수 있다.

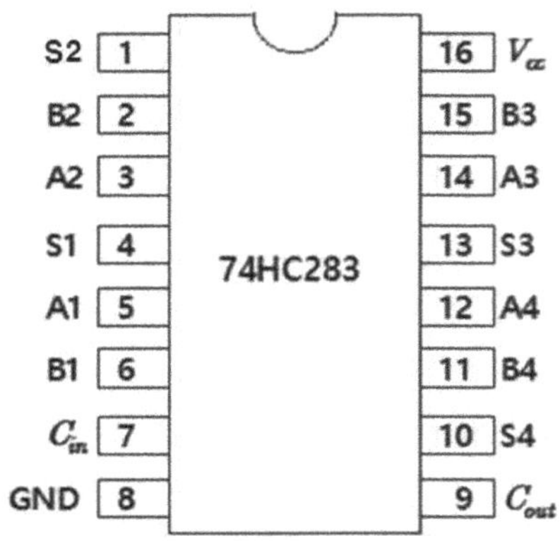

(a) 4비트 2진 가산기

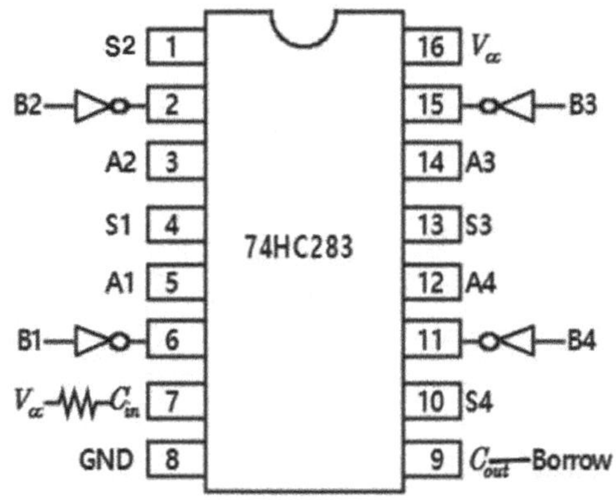

(b) 4비트 2진 감산기

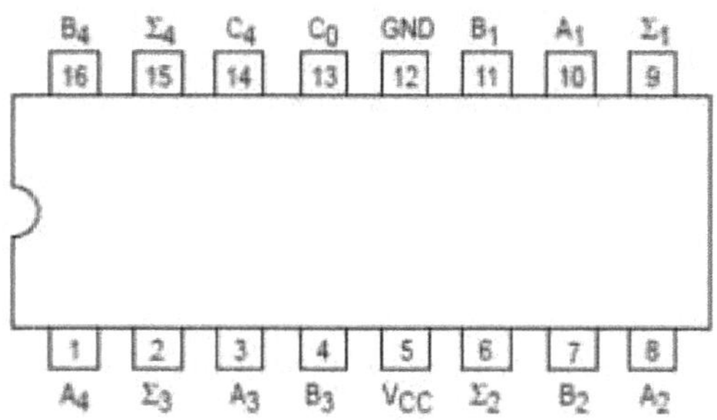

(C) 74LS83A 2진 전가산기

[그림 6-2] 74HC283, 74LS83핀 배치도

(2) 4비트 2진 병렬 감산기

2진수의 감산의 경우 그 결과는 감수에 2의 보수를 사용하였을 때 가산의 결과와 같으므로 실제로 MSI 칩은 존재하지 않고 기존의 가산기를 그대로 사용한다. 이 때 가산하기 전의 수는 2의 보수로 변환하여야 하며 연산 결과의 값도 2의 보수임에 유의해야한다. 병렬 감산기는 [그림 6-2(b)]와 같이 74HC283과 NOT 게이트를 사용하여 구현할 수 있다.

(3) 4비트 2진 병렬 가/감산기

가산과 감산의 연산을 하나의 2진 가산기로 된 하나의 회로로 결합할 수 있다. 이것은 [그림 6-3]과 같이 각 전가산기에 XOR 게이트를 포함시킴으로써 구현된다. 그림에서 입력 M은 연산을 제어하는데 M = "0" 이면 가산기로 동작되고, M = "1" 이면 감산기로 동작된다.

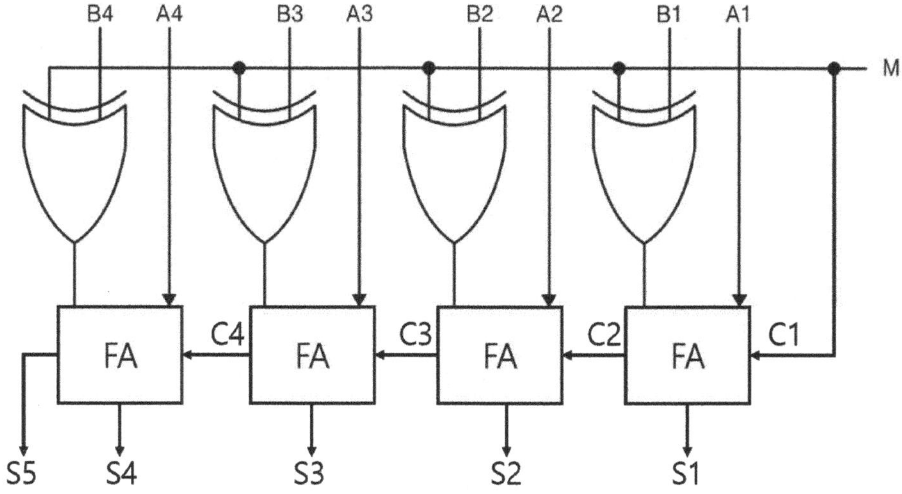

[그림 6-3] 4비트 2진 가감산기 회로

(4) BCD 가산기

우리가 일상적으로 사용하는 수는 10진수 이므로 BCD 연산을 사용하여야 한다. 이 때 2진수 병렬 가산기의 결과에 보상회로를 부가하여야 한다.

일반적으로 2진 연산의 합이 9 이하일 경우에는 BCD 합과 같은 결과를 얻을 수 있지만, 9를 초과하였을 때는 [그림 6-4]와 같이 2진 연산의 결과에 0110을 더해주는 보상회로가 있어야 올바른 BCD 값을 얻을 수 있음을 알 수 있다.

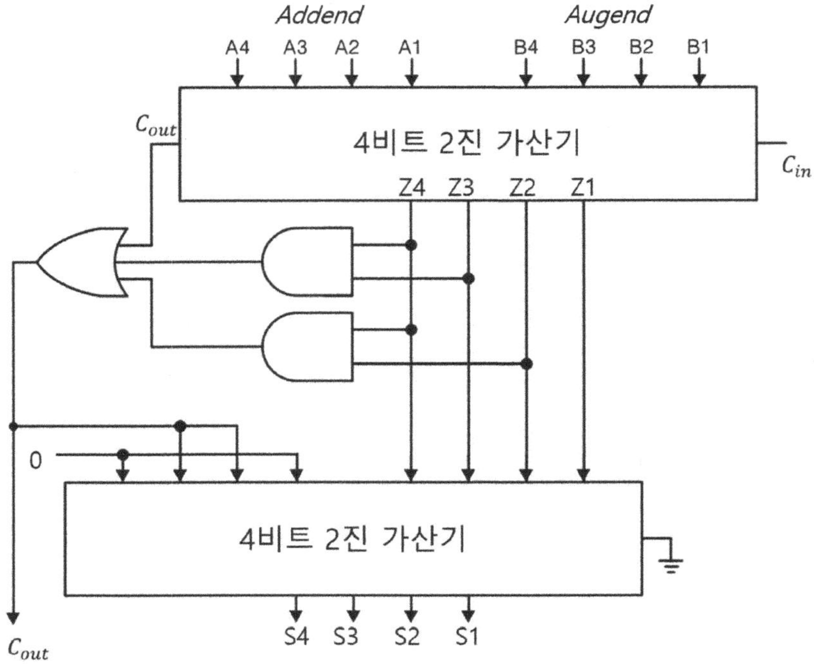

[그림 6-4] BCD 가산기 논리 회로도

3. 실습장비 및 실습부품

실습장비	오실로스코프
	브레드보드
실습부품	74HC08(74LS08) : 2 Input AND 게이트
	74HC32(74LS32) : 2 Input OR 게이트
	74HC86(74LS86) : 2 Input XOR 게이트
	74HC283, 74LS83 : 병렬 가산기

· HC: High Speed C-Mos ( )내: Standard TTL
· 74HC283과 74LS83는 핀 구성이 다름

4. 실습과정

예제1 4비트 2진 가 · 감산기 구현하기

■ 다음 회로를 논리소자를 이용하여 구성하고, [표 6-1]에서 제시한 입력 값을 인가하여 출력 값을 기록하라.

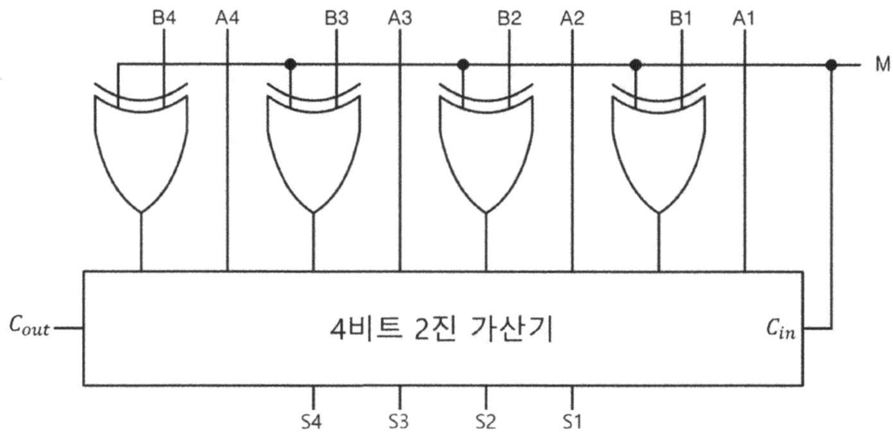

[그림 6-5] 4비트 2진 가 · 감산기 논리 회로

☑ 위의 논리회로를 구성하기 위해 [그림 6-6]에 제시된 칩이 사용되어 진다. 핀 번호를 확인하여 [그림 6-5] 회로도에 입력 단자와 출력단자의 핀 번호를 기재하라. 또한 "M"의 동작 값을 명확히 기재하라.

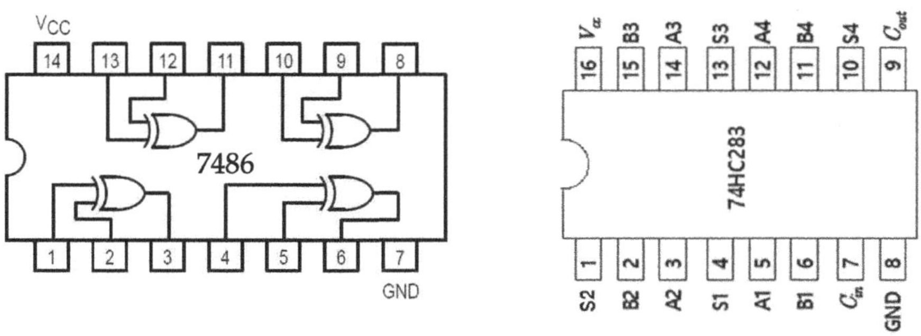

[그림 6-6] 4비트 2진 가 · 감산기 구현을 위해 사용되는 칩

M	입력 신호				출력 신호		
	$A_{(10)}$	A_4 A_3 A_2 A_1	$B_{(10)}$	B_4 B_3 B_2 B_1	$S_{(10)}$	S_4 S_3 S_2 S_1	C_{out}
0	12		4				
	10		4				
	8		4				
	6		4				
	4		4				
	0		4				
1	15		6				
	10		6				
	8		6				
	6		6				
	4		6				
	2		6				

[표 6-1] 4비트 2진 가 · 감산기 동작 결과

예제2 BCD 가산기 구현하기

■ 다음 회로를 논리소자를 이용하여 구성하고, [표 6-2]에서 제시한 입력 값을 인가하여 출력 값을 기록하라.

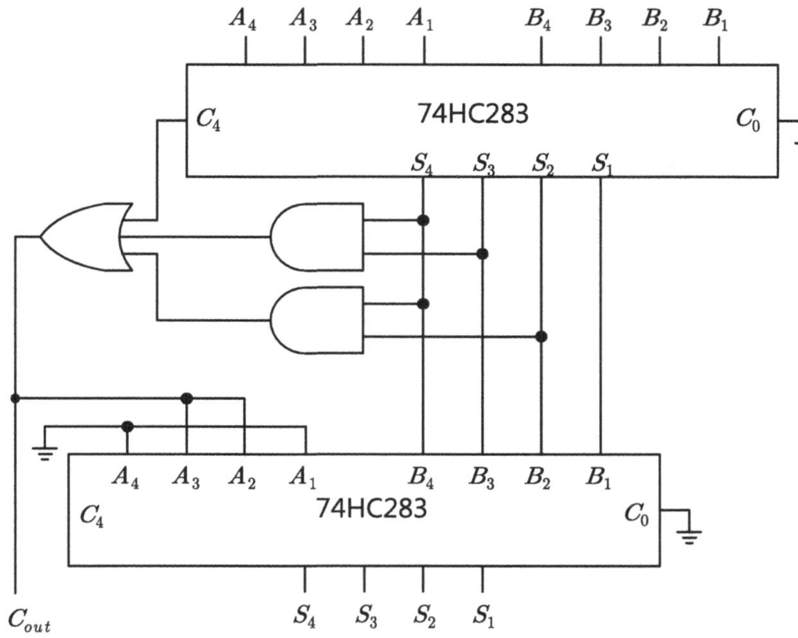

[그림 6-7] BCD 가산기 논리회로

☑ 위의 논리회로를 구성하기 위해 [그림 6-8]에 제시된 칩이 사용되어 진다. 핀 번호를 확인하여 [그림 6-7] 회로도에 입력 단자와 출력단자의 핀 번호를 기재하라.

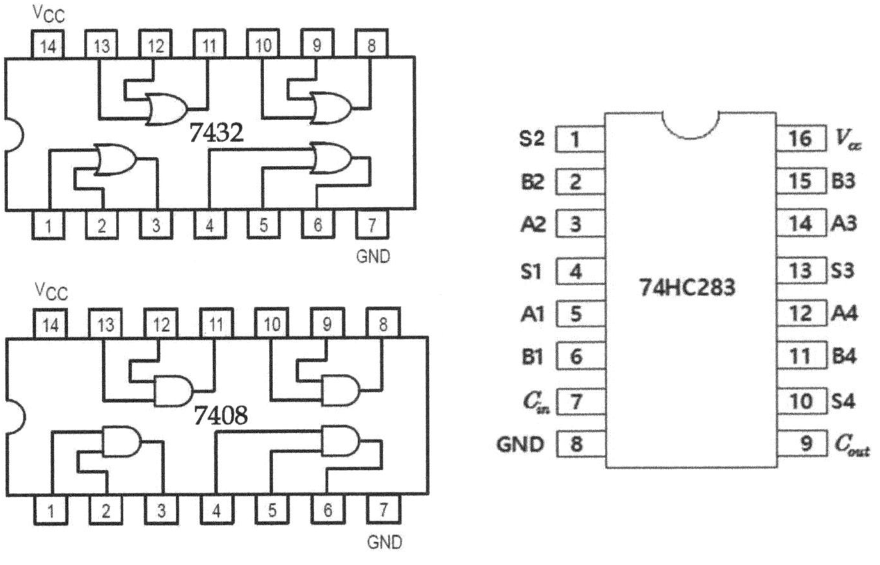

[그림 6-8] BCD 가산기 구현을 위해 사용되는 칩

입력 신호				출력 신호	
$A_{(10)}$	A_4 A_3 A_2 A_1	$B_{(10)}$	B_4 B_3 B_2 B_1	C_{out}	S_4 S_3 S_2 S_1
2	0010	4	0100		
6	0110	1	0001		
8	1000	6	0110		
7	0111	4	0100		
9	1001	6	0110		
7	0111	7	0111		

[표 6-2] BCD 가산기 동작 결과

실습 7 크기 비교기

▷ 크기 비교기

1. 실습 목적

- 크기 비교기의 특성을 이해한다.
- 2비트 크기 비교기의 설계방법을 익힌다.

2. 관련 이론

(1) 크기 비교기(magnitude comparator)

디지털에서 데이터를 취급할 때 두 2진수의 비트 열이 서로 같은지 또는 대소를 비교하는 경우가 발생하며, 이때 두 개의 입력을 서로 비교하여 그 결과를 알려주는데 비교기 회로가 사용된다. [그림 7-1]은 n 비트 비교기의 논리회로 블록도이고 [표 7-1]은 1비트 크기 비교기의 진리표이다.

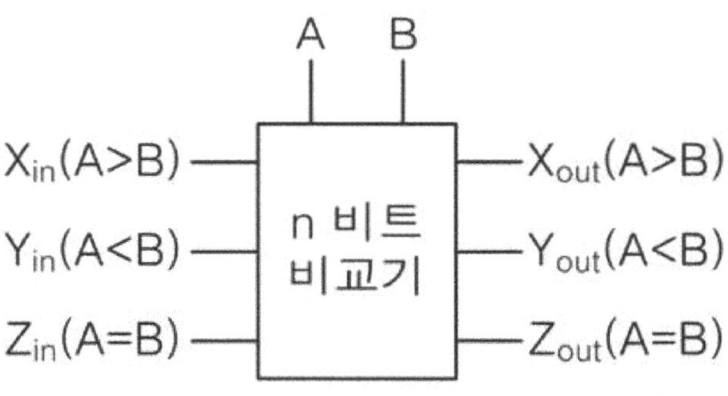

[그림 7-1] n비트 크기 비교기 논리회로 블록도

입력신호		출력신호		
A	B	X (A>B)	Y (A<B)	Z (A=B)
0	0	0	0	1
0	1	0	1	0
1	0	1	0	0
1	1	0	0	1

[표 7-1] 1비트 크기 비교기 진리표

(2) 4비트 크기비교기 74HC85의 구성

4비트 크기비교기인 74HC85을 이용한 비교기를 구성하는 방법을 설명하고 있다. 4비트로 구성된 2개의 입력이 있고 출력은 각입력에 대한 크기 비교 결과를 나타낸다. 직렬연결 입력은 이전 단계의 결과를 나타낸다. 즉 직렬로 두 개의 비교기를 연결할 경우 이전 단계의 결과를 입력한다.

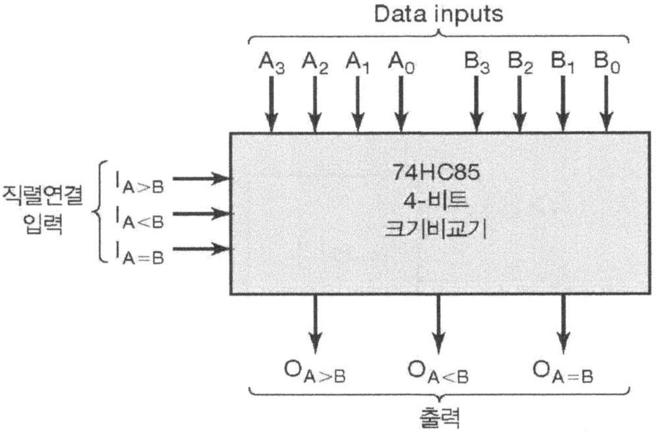

비교 입력				직렬 연결 입력			출력		
A_3, B_3	A_2, B_2	A_1, B_1	A_0, B_0	$I_{A>B}$	$I_{A<B}$	$I_{A=B}$	$O_{A>B}$	$O_{A<B}$	$O_{A=B}$
$A_3>B_3$	X	X	X	X	X	X	H	L	L
$A_3<B_3$	X	X	X	X	X	X	L	H	L
$A_3=B_3$	$A_2>B_2$	X	X	X	X	X	H	L	L
$A_3=B_3$	$A_2<B_2$	X	X	X	X	X	L	H	L
$A_3=B_3$	$A_2=B_2$	$A_1>B_1$	X	X	X	X	H	L	L
$A_3=B_3$	$A_2=B_2$	$A_1<B_1$	X	X	X	X	L	H	L
$A_3=B_3$	$A_2=B_2$	$A_1=B_1$	$A_0>B_0$	X	X	X	H	L	L
$A_3=B_3$	$A_2=B_2$	$A_1=B_1$	$A_0<B_0$	X	X	X	L	H	L
$A_3=B_3$	$A_2=B_2$	$A_1=B_1$	$A_0=B_0$	H	L	L	H	L	L
$A_3=B_3$	$A_2=B_2$	$A_1=B_1$	$A_0=B_0$	L	H	L	L	H	L
$A_3=B_3$	$A_2=B_2$	$A_1=B_1$	$A_0=B_0$	X	X	H	L	L	H
$A_3=B_3$	$A_2=B_2$	$A_1=B_1$	$A_0=B_0$	L	L	L	H	H	L
$A_3=B_3$	$A_2=B_2$	$A_1=B_1$	$A_0=B_0$	H	H	L	L	L	L

H = HIGH 전압 수준
L = LOW 전압 수준
X = 무의미

3. 실습장비 및 실습부품

실습장비	오실로스코프
	브레드보드
실습부품	74HC08(74LS08) : 2 Input AND 게이트
	74HC32(74LS32) : 2 Input OR 게이트
	74HC04(74LS04) : 1 Input NOT 게이트
	74HC86(74LS86) : 2 Input XOR 게이트
	74HC85(74LS85) : 2 Input 4bit 크기비교기

· HC: High Speed C-Mos ( )내: Standard TTL

4. 실습과정

예제1 2비트 크기 비교기 설계하기

■ 2비트 크기 비교기를 설계하기 위한 진리표를 작성하라.

입력		출력		
X	Y	X=Y	X>Y	X<Y
X_1X_2	Y_1Y_2	F_1	F_2	F_3
00	00			
	01			
	10			
	11			
01	00			
	01			
	10			
	11			
10	00			
	01			
	10			
	11			
11	00			
	01			
	10			
	11			

[표 7-2] 2비트 크기 비교기 진리표

■ 작성한 [표 7-2]의 진리표를 보고 카르노 맵을 이용하여 논리식을 간소화하라(완전하게 간소화가 되지 않을 경우 불 법칙 및 정리를 사용하여 간소화하라).

F_1

X_1X_2 \ Y_1Y_2	00	01	11	10
00	0	1	3	2
01	4	5	7	6
11	12	13	15	14
10	8	9	11	10

F_2

X_1X_2 \ Y_1Y_2	00	01	11	10
00	0	1	3	2
01	4	5	7	6
11	12	13	15	14
10	8	9	11	10

F_3

X_1X_2 \ Y_1Y_2	00	01	11	10
00	0	1	3	2
01	4	5	7	6
11	12	13	15	14
10	8	9	11	10

■ 간소화된 논리식에 대한 논리회로를 구현하라.

[그림 7-2] 2비트 크기 비교기 논리회로도

■ [그림 7-2]에서 구현한 논리회로를 IC을 사용하여 브레드보드에 연결하여 동작을 확인하라.

예제2 4비트 크기비교기를 74HC85칩을 사용하여 설계

■ 4비트 크기 비교기를 74HC85칩으로 구성하고 아래표를 작성하라.

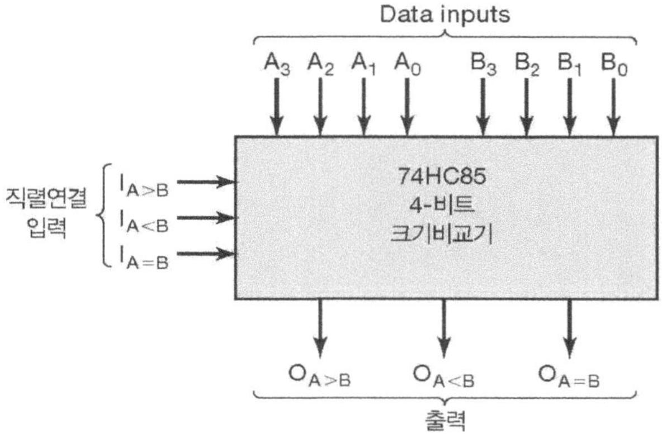

입력(10진)		출력		
A	B	A=B	A>B	A<B
0	0			
5	7			
8	4			
10	14			
9	9			
6	15			

[표 7-3] 4비트 크기 비교기 진리표

■ 두 개의 4비트 크기 비교기 74HC85를 사용하여 8비트 비교기를 설계하라. 그리고 다음 표를 작성하라.

8비트 입력(10진)		출력		
A	B	A=B	A>B	A<B
127	0			
140	231			
220	136			
150	133			
255	127			
160	30			

[표 7-4] 8비트 크기 비교기 진리표

실습 8 인코더와 디코더

▷ 인코더(Encoder), 디코더(Decoder)

1. 실습 목적

- 인코더와 디코더의 동작원리 및 특성을 확인한다.
- 인코더와 디코더의 논리와 회로의 구성 및 동작을 이해한다.

2. 관련 이론

(1) 인코더(Encoder)

인코더(Encoder)

디지털 조합 논리회로에서 2^n개의 입력 신호를 압축된 n개의 2진 출력 신호로 변환하는 논리회로로, 입력된 신호를 부호화하여 출력하기 때문에 부호기라고도 한다. 4×2 인코더는 입력4(2^n)개와 출력 2개로 구성되며 입력 신호에 따라 2진 조합 신호 2개를 출력한다.

입력				출력	
D_3	D_2	D_1	D_0	A	B
0	0	0	1	0	0
0	0	1	0	0	1
0	1	0	0	1	0
1	0	0	0	1	1

(a) 진리표

$$A = D_3 + D_2$$
$$B = D_3 + D_1$$

(b) 논리식

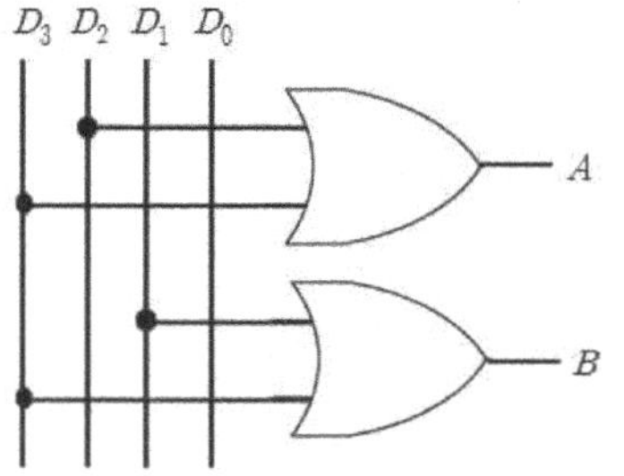

(c) 논리 회로

[그림 8-1] 4×2 인코더

(2) 디코더(Decoder)

디코더(Decoder)

디지털 조합 논리회로에서 n비트의 2진 입력 신호를 2^n개의 서로 다른 출력 신호로 변환하는 논리회로이다. 디코더는 코드를 풀어 늘려주는 회로로 동작하므로 인코더를 통해 암호화된 코드를 해석하거나 컴퓨터가 인식하는 코드를 사람이 읽을 수 있도록 바꿔주므로 복호기 또는 해석기라고도 한다.

입력		출력			
A	B	X_0	X_1	X_2	X_3
0	0	1	0	0	0
0	1	0	1	0	0
1	0	0	0	1	0
1	1	0	0	0	1

(a) 진리표

$$X_0 = \overline{A}\overline{B} \qquad X_1 = \overline{A}B$$
$$X_2 = A\overline{B} \qquad X_3 = AB$$

(b) 논리식

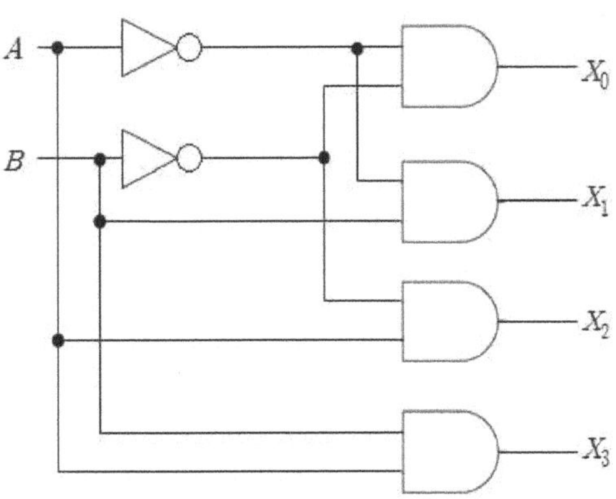

(c) 논리 회로

[그림 8-2] 2×4 디코더

(3) BCD-10 디코더

BCD×10 디코더는 BCD 코드 4비트를 입력하면 출력 Y_0~ Y_9 중 하나가 active-low로 작동한다.

입력				출력									
D	C	B	A	Y_9	Y_8	Y_7	Y_6	Y_5	Y_4	Y_3	Y_2	Y_1	Y_0
0	0	0	0	1	1	1	1	1	1	1	1	1	0
0	0	0	1	1	1	1	1	1	1	1	1	0	1
0	0	1	0	1	1	1	1	1	1	1	0	1	1
0	0	1	1	1	1	1	1	1	1	0	1	1	1
0	1	0	0	1	1	1	1	1	0	1	1	1	1
0	1	0	1	1	1	1	1	0	1	1	1	1	1
0	1	1	0	1	1	1	0	1	1	1	1	1	1
0	1	1	1	1	1	0	1	1	1	1	1	1	1
1	0	0	0	1	0	1	1	1	1	1	1	1	1
1	0	0	1	0	1	1	1	1	1	1	1	1	1
1	0	1	0	1	1	1	1	1	1	1	1	1	1
1	0	1	1	1	1	1	1	1	1	1	1	1	1
1	1	0	0	1	1	1	1	1	1	1	1	1	1
1	1	0	1	1	1	1	1	1	1	1	1	1	1
1	1	1	0	1	1	1	1	1	1	1	1	1	1
1	1	1	1	1	1	1	1	1	1	1	1	1	1

(a) 진리표

$Y_0 = \overline{\bar{D}\bar{C}\bar{B}\bar{A}}$ $\quad Y_1 = \overline{\bar{D}\bar{C}\bar{B}A}$ $\quad Y_2 \equiv \overline{\bar{D}\bar{C}B\bar{A}}$ $\quad Y_3 \equiv \overline{\bar{D}\bar{C}BA}$ $\quad Y_4 = \overline{\bar{D}C\bar{B}\bar{A}}$

$Y_5 = \overline{\bar{D}C\bar{B}A}$ $\quad Y_6 = \overline{\bar{D}CB\bar{A}}$ $\quad Y_7 = \overline{\bar{D}CBA}$ $\quad Y_8 = \overline{D\bar{C}\bar{B}\bar{A}}$ $\quad Y_9 = \overline{D\bar{C}\bar{B}A}$

(b) 논리식

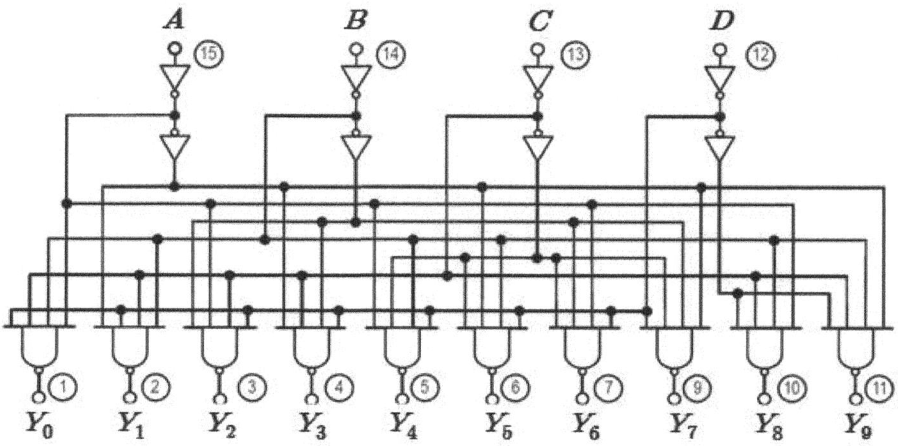

(b) 논리 회로

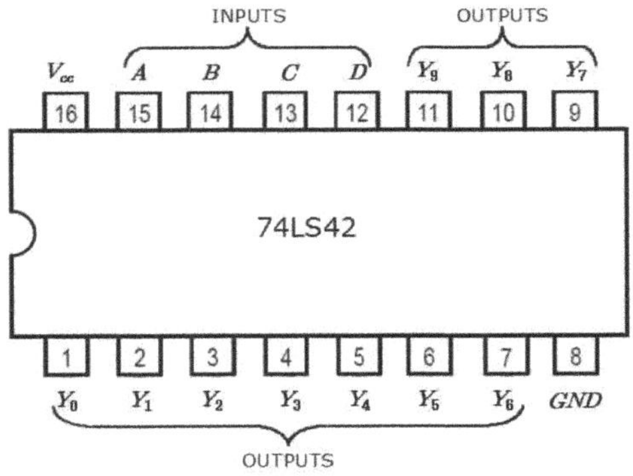

(c) 74LS42 칩 블록도

[그림 8-3] BCD×10 디코더

3. 실습장비 및 실습부품

실습장비	오실로스코프
	브레드보드
실습부품	74HC08(74LS08) : 2 Input AND 게이트
	74HC32(74LS32) : 2 Input OR 게이트
	74HC04(74LS04) : 1 Input NOT 게이트

· HC: High Speed C-Mos ( )내: Standard TTL

4. 실습과정

예제1 2×4 디코더 구현하기

- [그림8-2] 회로는 2×4 디코더회로이다. 그 회로를 수정하여 출력이 유효한지를 구분하는 입력신호(V)를 추가하여 재설계하고 회로를 구현하라. 즉 V=0이면 출력은 0이 되고 1이면 유효신호이다.
- 입력신호에 따른 출력신호를 [표8-1]에 적어라

입력			출력			
A	B	V	X_0	X_1	X_2	X_3
X	X	0				
0	0	1				
0	1	1				
1	0	1				
1	1	1				

[표8-1] 2×4 디코더회로 진리표

예제2 4×2 우선순위 인코더 구현하기

- 우선순위 인코더(priority encoder)는 입력이 여러 개일 때 우선순위를 정하여 우선순위가 높은 입력값에 해당하는 출력 신호를 만들어내는 회로이다.
- [표 8-2]은 4×2 우선순위 인코더를 설계하기 위한 진리표이다. V는 유효한 인코더 신호인지를 구분하는 신호로 인코더의 입력 신호 중 하나는 반드시 1을 포함해야 한다. 즉 입력이 모두 0이면 출력은 0이 되고 1이 하나라도 포함되면 1인 된다. 이 진리표와 같이 동작하는 논리회로를 구현하라.
  - ☑ [그림 8-4] 카르노 맵 작성을 통해 논리식을 간소화하고, [그림 8-5]의 논리 회로를 완성하라.

입력				출력		
I_3	I_2	I_1	I_0	Y_1	Y_0	V
0	0	0	0	x	x	0
0	0	0	1	0	0	1
0	0	1	0	0	1	1
0	0	1	1	0	1	1
0	1	0	0	1	0	1
0	1	0	1	1	0	1
0	1	1	0	1	0	1
0	1	1	1	1	0	1
1	0	0	0	1	1	1
1	0	0	1	1	1	1
1	0	1	0	1	1	1
1	0	1	1	1	1	1
1	1	0	0	1	1	1
1	1	0	1	1	1	1
1	1	1	0	1	1	1
1	1	1	1	1	1	1

[표 8-2] 4×2 우선순위 인코더 진리표

Y_1

I_3I_2 \ I_1I_0	00	01	11	10
00	0	1	3	2
01	4	5	7	6
11	12	13	15	14
10	8	9	11	10

Y_0

I_3I_2 \ I_1I_0	00	01	11	10
00	0	1	3	2
01	4	5	7	6
11	12	13	15	14
10	8	9	11	10

V

I_3I_2 \ I_1I_0	00	01	11	10
00	0	1	3	2
01	4	5	7	6
11	12	13	15	14
10	8	9	11	10

[그림 8-4] 출력 신호의 논리식 간소화를 위한 카르노 맵

[그림 8-5] 4×2 우선순위 인코더 논리 회로

■ [그림 8-5]에 설계된 회로를 구현하고 [표 8-2]에 따라 입력에 대한 출력 값을 적어라.

입력				출력		
I_3	I_2	I_1	I_0	Y_1	Y_0	V
0	0	0	0			
0	0	0	1			
0	0	1	0			
0	0	1	1			
0	1	0	0			
0	1	0	1			
0	1	1	0			
0	1	1	1			
1	0	0	0			
1	0	0	1			
1	0	1	0			
1	0	1	1			
1	1	0	0			
1	1	0	1			
1	1	1	0			
1	1	1	1			

[표 8-2]우선순위 인코더 출력표

실습 9 BCD 7-세그먼트 디코더와 표시기

▷ BCD 7-세그먼트 디코더, 10진 7-세그먼트 표시기

1. 실습목적

2. 관련이론

(1) 7-세그먼트 표시기

7-세그먼트(7-segment)는 LED 8개가 내장되어 다중 출력 기능을 활용한 매우 유용한 소자로 10진법의 수, 또는 Hex 등의 문자화를 위해 사용된다.

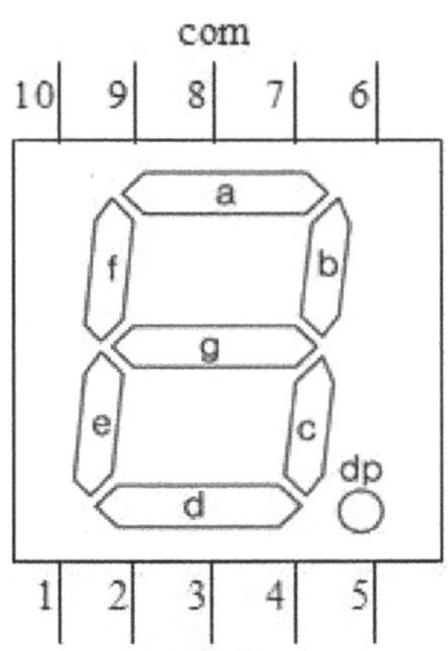

(a) 세그먼트 핀 배열

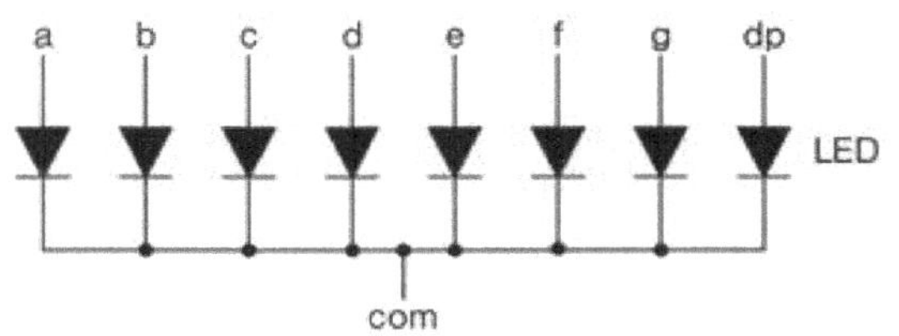

(b) 공통 음극 방식(Common cathode type)

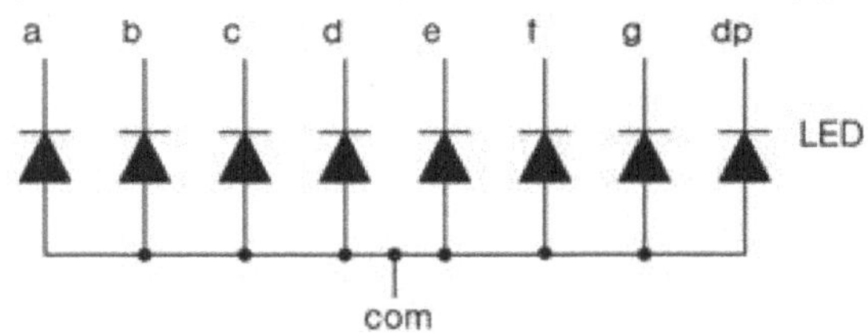

(c) 공통 양극 방식(Common anode type)

(d) 각 숫자에 대한 활성화 세그먼트

[그림 9-1] 7-세그먼트

7-세그먼트는 [그림 9-1(a)]와 같이 7개의 LED를 조합하여 숫자나 문자를 표시하고 1개의 LED로 점을 표시한다. 각 LED는 맨 위부터 시계 방향으로 알파벳 a부터 f까지 순서대로 표시한다.

[그림 9-1(b)]와 [그림 9-1(c)]는 7-세그먼트의 내부 회로 구조로 (b)는 공통 음극 방식(접지 연결)을 (c)는 공통 양극 방식(V_{CC} 연결)을 나타낸다. [그림9-1(d)]는 각 세그먼트를 활성화시켜 10진 숫자를 표현하고 있다.

(5) BCD 7-세그먼트 디코더

BCD 코드로 표시된 정보를 알아보려면 10진수로 바꾸어 7-세그먼트에 표시해 주어야 한다. 이를 위해 74xx47 디코더를 사용한다.
[그림 8-5]는 74LS47의 블록도이다.

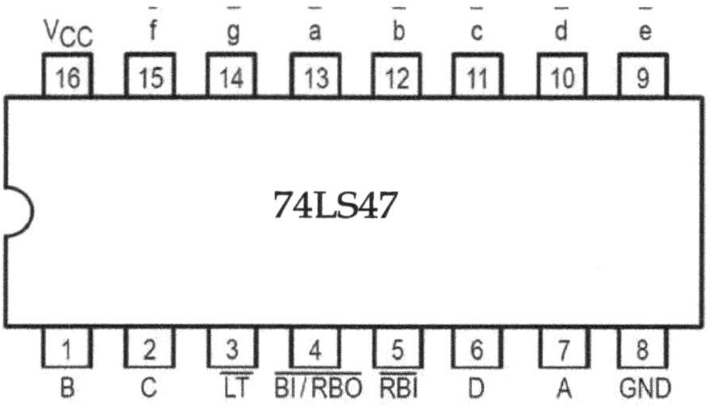

- A, B, C, D : BCD Inputs
- $\overline{a}$ ~ $\overline{g}$: Outputs
- $\overline{RBI}$: Ripple-Blanking Input
- $\overline{LT}$: Lamp-Test Input
- $\overline{BI/RBO}$: Blanking Input or Ripple-Blanking Output

[그림 9-2] 74LS47 블록도 및 핀 이름

[74LS47 디코더의 제어 단자]

- LT(Lamp Test)
  : 입력과 관계없이 출력단자로 Low를 출력하여 모든 세그먼트를 on시킨다. 7-세그먼트를 점검할 때 사용한다.
- BI/RBO(Blanking Input / Ripple Blanking Output)
  : BI 또는 RBO로 사용한다. 이 단자에 Low를 연결하면 BI로 동작한다. 이 경우에는 BCD 코드와 관계없이 출력 단자로 High를 출력하여 모든 세그먼트를 off 시킨다. 그 외의 경우에는 RBO로 동작하며, 이 경우에는 7-세그먼트가 off될 때 Low를 출력한다. 이 기능은 다른 7-세그먼트를 제어할 때 활용된다.
- RBI(Ripple Blanking Input)
  : 데이터 0의 표시 여부를 제어할 때 사용한다. Low를 연결하면 표시할 데이터가 0일 때 'a ~ g' 단자로 High를 출력하여 7-세그먼트를 off시켜 데이터 0을 표시하지 않는다.

3. 실습장비 및 실습부품

실습장비	오실로스코프
	브레드보드
실습부품	74HC08(74LS08) : 2 Input AND 게이트
	74HC32(74LS32) : 2 Input OR 게이트
	74HC04(74LS04) : 1 Input NOT 게이트
	저항 470Ω, 10Ω
	74LS47 (74LS247) Decoder
	7-segment Display(FND : anode)

· HC: High Speed C-Mos ( )내: Standard TTL

예제1 BCD 7-세그먼트 디코더 설계하기

■ BCD 7-세그먼트 디코더를 설계하기 위한 [표 9-1] 진리표를 작성하라 (active-low로 동작하는 디코더로 설계, 표시되지 않는 값은 모두 don't' care로 처리한다).

입력				x출력						
A	B	C	D	$\overline{a}$	$\overline{b}$	$\overline{c}$	$\overline{d}$	$\overline{e}$	$\overline{f}$	$\overline{g}$
0	0	0	0							
0	0	0	1							
0	0	1	0							
0	0	1	1							
0	1	0	0							
0	1	0	1							
0	1	1	0							
0	1	1	1							
1	0	0	0							
1	0	0	1							
1	0	1	0							
1	0	1	1							
1	1	0	0							
1	1	0	1							
1	1	1	0							
1	1	1	1							

[표 9-1] 7-세그먼트 디코더 설계를 위한 진리표

[각 숫자에 대한 활성화된 세그먼트]

■ 작성한 [표 9-1]의 진리표를 보고 카르노 맵을 이용하여 논리식을 간소화하라(완전하게 간소화가 되지 않을 경우 불 법칙 및 정리를 사용하여 간소화하라).

$\overline{a}$

AB \ CD	00	01	11	10
00	0	1	3	2
01	4	5	7	6
11	12	13	15	14
10	8	9	11	10

$\overline{b}$

AB \ CD	00	01	11	10
00	0	1	3	2
01	4	5	7	6
11	12	13	15	14
10	8	9	11	10

$\overline{c}$

AB \ CD	00	01	11	10
00	0	1	3	2
01	4	5	7	6
11	12	13	15	14
10	8	9	11	10

$\overline{d}$

AB \ CD	00	01	11	10
00	0	1	3	2
01	4	5	7	6
11	12	13	15	14
10	8	9	11	10

$\overline{e}$

AB \ CD	00	01	11	10
00	0	1	3	2
01	4	5	7	6
11	12	13	15	14
10	8	9	11	10

$\overline{f}$

AB \ CD	00	01	11	10
00	0	1	3	2
01	4	5	7	6
11	12	13	15	14
10	8	9	11	10

$\overline{g}$

AB \ CD	00	01	11	10
00	0	1	3	2
01	4	5	7	6
11	12	13	15	14
10	8	9	11	10

■ 간소화된 논리식에 대한 논리회로를 구현하라.

A

B

C

D

$\overline{a}$

$\overline{b}$

$\overline{c}$

$\overline{d}$

$\overline{e}$

$\overline{f}$

$\overline{g}$

[그림 9-3] 7-세그먼트 디코더 논리회로 설계

■ [그림 9-3]에서 구현한 논리회로를 IC을 사용하여 브레드보드에 연결하여 동작을 확인하라. 출력은 브래드보드의 LED를 사용하라.

예제2 BCD 7-세그먼트 디코더와 표시기 구현하기

■ [그림 9-4]과 같이 BCD 코드 4비트를 74LS47 디코더로 입력받아 7-세그먼트에 10진수가 표시되는 논리 회로를 구현하라.

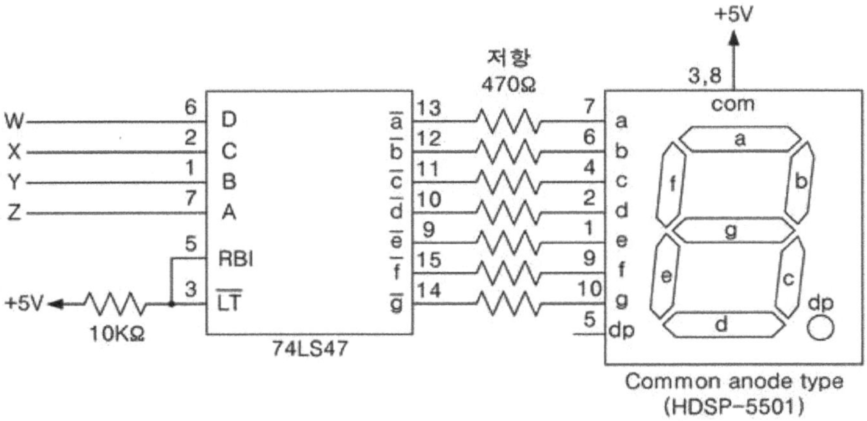

[그림 9-4] BCD 7-세그먼트 디코더 구성도

☑ 74LS47 디코더 출력값을 7-세그먼트 단자에 직접 연결할 경우 과전류가 흘러 7-세그먼트 회로 내부의 LED가 손상될 수 있으므로 [그림 9-4]과 같이 디코더와 7-세그먼트 사이에 직렬저항을 삽입(전류 제한 : 10mA 이내)하여 구성한다.

■ [그림 9-4]의 회로에서 W X Y Z의 입력에 따라 7-세그먼트의 LED 표시기를 확인하라.

W	X	Y	Z	LED 표시기	W	X	Y	Z	LED 표시기
0	0	0	0		0	1	0	1	
0	0	0	1		0	1	1	0	
0	0	1	0		0	1	1	1	
0	0	1	1		1	0	0	0	
0	1	0	0		1	0	0	1	

[표 9-2] BCD 7-세그먼트 표시기 결과

실습 10 멀티플렉서와 디멀티플렉서

▷ 멀티플렉서, 디멀티플렉서

1. 실습 목적

- 멀티플렉서와 디멀티플렉서의 구성, 논리 및 동작특성을 확인한다.
- 멀티플렉서와 디멀티플렉서의 응용 사용 방법을 이해한다.

2. 관련 이론

(1) 멀티플렉서(MultipleXer, MUX)

멀티플렉서(MUltipleXer, MUX)

여러 개의 입력 데이터 중에서 하나를 선택하여 출력으로 내보내는 조합 논리회로이다. 즉, n개의 선택 신호의 조합에 의해 2^n개의 입력 신호 중 하나를 선택하여 출력 신호로 내보내는 회로다. 많은 입력 중 하나를 선택하므로 데이터 선택기(Data Selector) 또는 채널 선택기(Channel Selector)라고도 한다.

2×1 멀티플렉서는 입력 2개 중 하나를 선택선 S에 입력한 값에 따라 출력으로 내보내는 조합논리회로이며, 4×1 멀티플렉서는 입력 4개 중 하나를 선택선 S_0와 S_1에 입력한 값에 따라 출력으로 내보내는 조합논리회로이다.

[그림 10-1]은 2×1와 4×1 멀티플렉서의 기호이며, [그림 10-2]는 2×1 멀티플렉서의 진리표와 논리식, 논리회로이다.

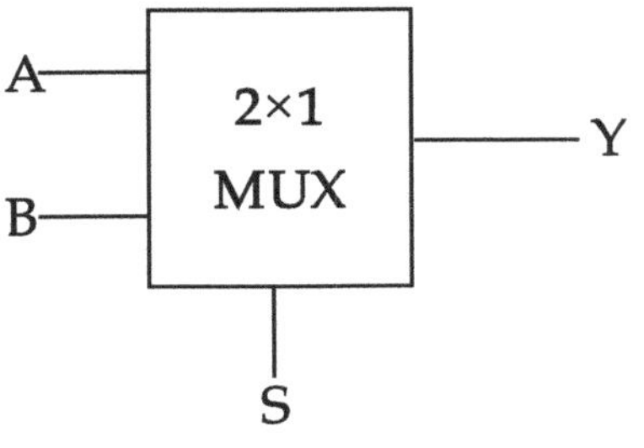

(a) 2×1 멀티플렉서

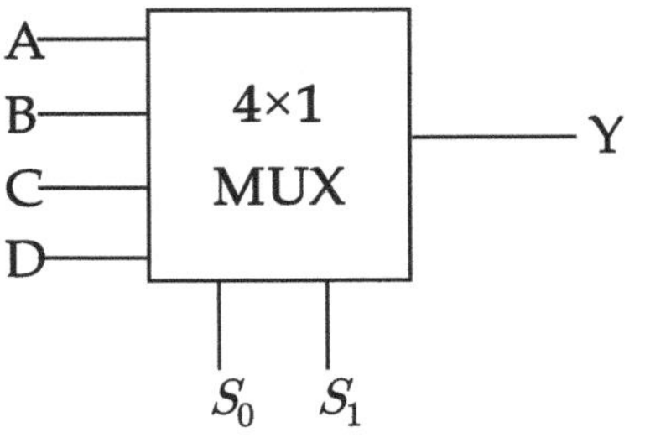

(b) 4×1 멀티플렉서

[그림 10-1] 멀티플렉서 기호

선택	입력	출력
S		Y
0	A	$\overline{S}A$
1	B	SB

(a) 진리표

$$Y=\overline{S}A+SB$$

(b) 논리식

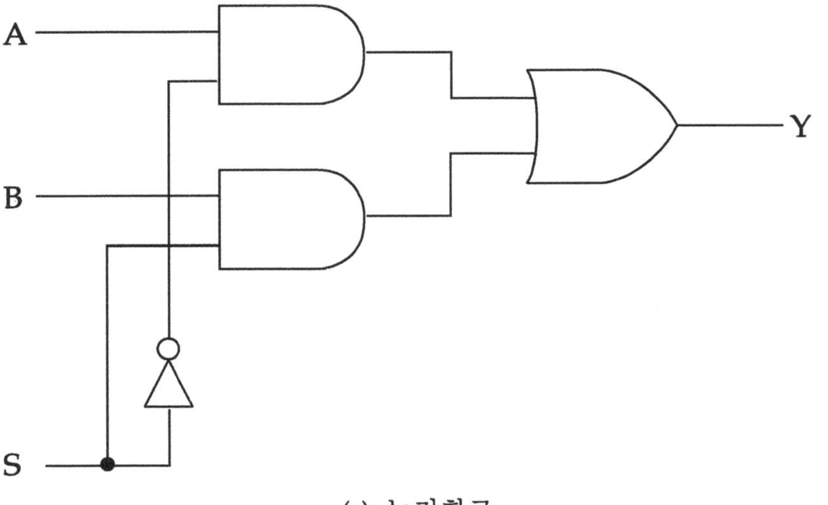

(c) 논리회로

[그림 10-2] 2×1 멀티플렉서

(2) 디멀티플렉서(DemultipleXer, DEMUX)

디멀티플렉서(DemultipleXer, DEMUX)

여러 출력 중에서 하나를 선택하여 데이터를 내보내는 조합회로이다. 즉, 1개의 입력 신호를 2^n개의 출력 신호 중에서 n개의 선택 신호의 조합에 의해 선택하여 출력 신호로 내보내는 회로다. 한 개의 입력이 선택신호에 의해 여러 개의 출력 신호 중에서 하나를 선택하여 전송되므로 데이터 분배기(Data Distributer)라고도 한다.

[그림 10-3]은 1×2와 1×4 디멀티플렉서의 기호이며, [그림 10-4]는 1×2 멀티플렉서의 진리표와 논리식, 논리회로이다.

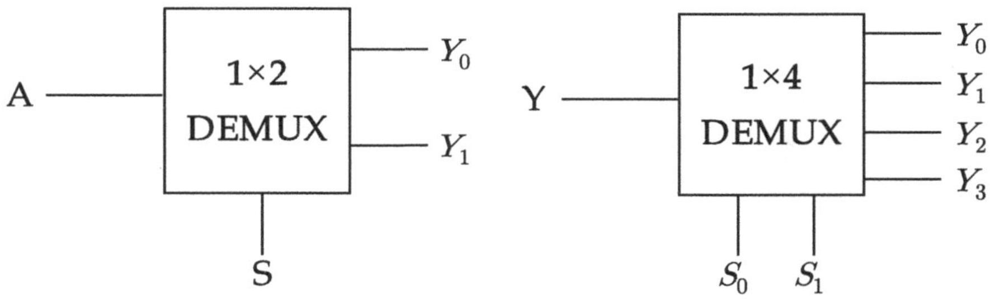

(a) 1×2 디멀티플렉서 (b) 1×4 디멀티플렉서

[그림 10-3] 디멀티플렉서 기호

입력		출력	
S	A	Y_0	Y_1
0	0	0	0
0	1	1	0
1	0	0	0
1	1	0	1

(a) 진리표

$$Y_0 = \overline{S}A$$
$$Y_1 = SA$$

(b) 논리식

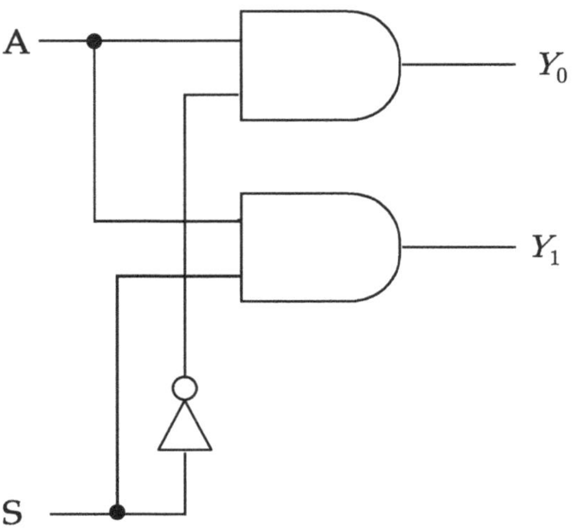

(c) 논리 회로

[그림 10-4] 1×2 디멀티플렉서

3. 실습장비 및 실습부품

실습장비	오실로스코프
	브레드보드
실습부품	74HC08(74LS08) : 2 Input AND 게이트
	74HC32(74LS32) : 2 Input OR 게이트
	74HC04(74LS04) : 1 Input NOT 게이트

· HC: High Speed C-Mos ( )내: Standard TTL

4. 실습과정

예제1 4×1 멀티플렉서 구현하기

■ [그림 10-5]는 4×1 멀티플렉서 논리회로이다. 이 회로를 구현하여 [표 10-1]에서 제시한 입력 값을 입력하여 출력 값을 기록하라.

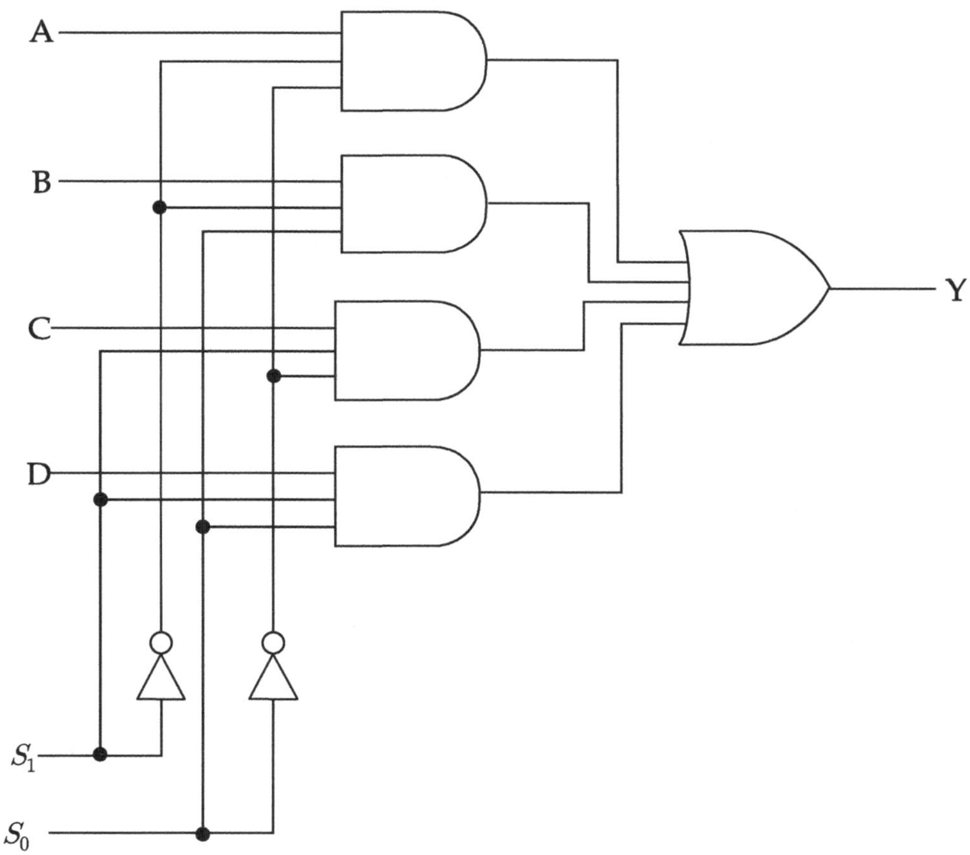

[그림 10-5] 4×1 멀티플렉서 논리회로

입력 데이터				선택신호		출력
A	B	C	D	S_1	S_0	Y
1	0	0	0	0	0	
1	0	0	0	0	1	
1	0	0	0	1	0	
1	0	0	0	1	1	
0	1	0	0	0	0	
0	1	0	0	0	1	
0	1	0	0	1	0	
0	1	0	0	1	1	
0	0	1	0	0	0	
0	0	1	0	0	1	
0	0	1	0	1	0	
0	0	1	0	1	1	
0	0	0	1	0	0	
0	0	0	1	0	1	
0	0	0	1	1	0	
0	0	0	1	1	1	

입력 데이터	선택신호		출력
	S_1	S_0	Y
A, B, C, D	0	0	
	0	1	
	1	0	
	1	1	

[표 10-1] 논리회로 동작 결과

예제2 1×4 디멀티플렉서 구현하기

■ [그림 10-6]은 1×4 디멀티플렉서 논리회로이다. 이 회로를 구현하여 [표 10-2]에서 제시한 입력값에 대한 출력 값을 기록하라.

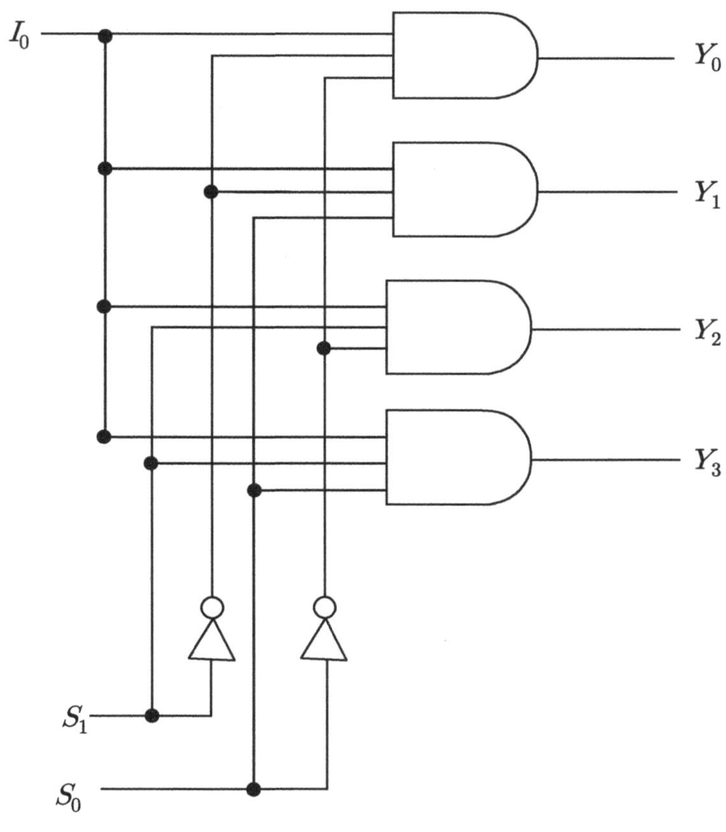

[그림 10-6] 1×4 디멀티플렉서 논리회로

입력 데이터	선택신호		출력			
	S_1	S_0	Y_0	Y_1	Y_2	Y_3
I_0	0	0				
	0	1				
	1	0				
	1	1				

[표 10-2] 논리회로 동작 결과

실습 11 플립플롭

▷ R-S · J-K · D 플립플롭

1. 실습 목적

■ 기억소자로서의 플립플롭의 기본개념을 이해한다.

■ 각종 플립플롭의 원리 및 동작 특성을 실습을 통하여v이해한다.

2. 관련 이론

(1) 플립플롭(flip-flop)

순차논리회로(Sequential Logic Circuit)는 입력에 의해서만 출력이 결정되는 조합논리회로(Combinational Logic Circuit)와는 달리 입력신호 이외에 현재의 출력상태 일부가 입력으로 피드백되어 최종 출력을 결정하는 회로이다. 이러한 순차논리회로의 가장 기본이 되는 회로가 플립플롭(flip-flop)회로이다. 플립플롭(FF:flip-flop)은 쌍안정 멀티 바이브레이터(Bistable multivibrator)라고도 하며, 다음 입력신호가 들어올 때까지 현재의 출력 상태를 계속 유지하는 회로를 말한다. 플립플롭은 1개 이상 2개의 입력이 있으며, 출력은 반드시 2개가 존재하며 두 개의 출력은 서로 상반되는 값을 갖는다. 또한 플립플롭은 메모리 기능을 가지고 있어야 한다. 메모리 소자인 플립플롭은 2진수 1bit를 기억할 수 있는 소자로서 R-S 플립플롭, J-K 플립플롭, D 플립플롭 등이 있다.

플립플롭은 크게 동기식 플립플롭(Synchronous Flip Flop)과 비동기식 플립플롭(Asynchronous Flip Flop)으로 나눌 수 있는데, 비동기식 플립플롭은 입력신호를 가하는 순간에만 출력값이 변하는 플립플롭이고, 동기식 플립플롭은 클럭펄스(Clock Pulse)와 일치된 순간에 동작하는 플립플롭이다. 또한 동기식 플립플롭은 트리거(Trigger)방식에 의하여, 클럭 펄스가 '1'인 동안에 입력이 출력에 영향을 미치는 레벨 트리거(Level trigger) 방식과 클럭 펄스의 상승 에지에서 동작하는 상승 에지 트리거(Positive Edge trigger)방식, 클럭 펄스의 하강 에지에서 동작하는 하강 에지 트리거(Negative Edge trigger)방식으로 나눌 수 있다.

[그림 11-1]은 상업용 R-S Latch(74LS279)의 핀 배치 및 내부 구성도를 나타낸 것이다.

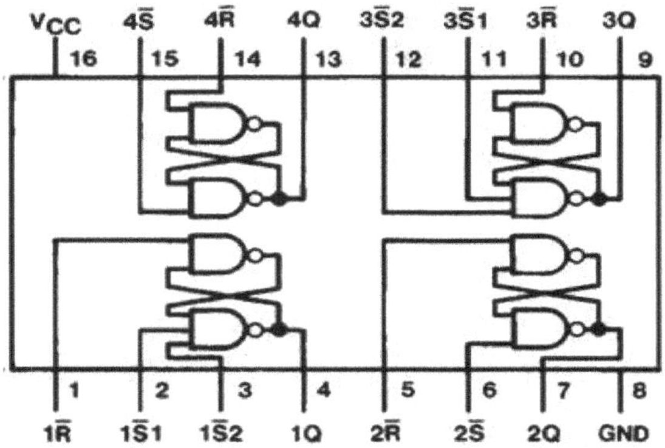

[그림 11-1] 74LS279 RS-FF

① R-S 래치(Latch)

R-S Latch(비동기식 R-S 플립플롭)는 R(Reset)과 S(Set) 두 개의 입력과 서로 보수 관계인 두 개의 Q와 $\overline{Q}$출력을 갖는 논리 소자로서 논리기호, 진리표 및 NOR 게이트를 이용한 논리회로는 [그림 11-2]와 같다.

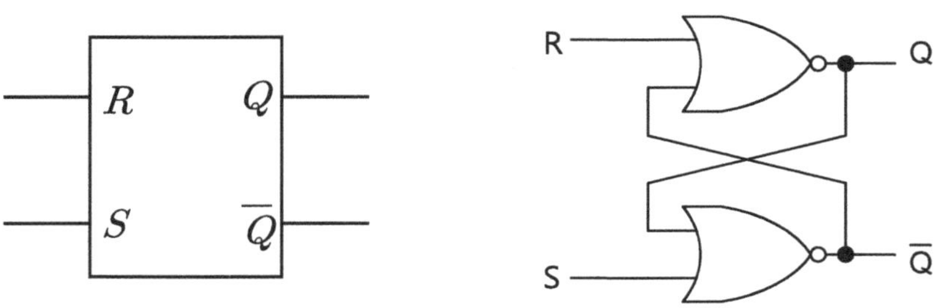

(a) 논리기호 (b) NOR 게이트를 이용한 논리회로

Input		Output		
S	R	Q	$\overline{Q}$	Mode
0	0	Q	Q	상태유지
0	1	0	1	Reset
1	0	1	0	Set
1	1	X	X	금지

(c) 진리표

[그림 11-2] R-S 래치(Latch)

② 동기식 R-S 플립플롭

동기식 R-S 플립플롭은 입력 R(Reset)과 S(Set)가 다른 회로의 동작과 동기를 맞추기 위한 클럭에 의해 동작하는 플립플롭이다. 동기식 RS 플립플롭의 논리기호, NOR 게이트를 이용한 논리회로 및 진리표는 [그림 11-3]과 같다.

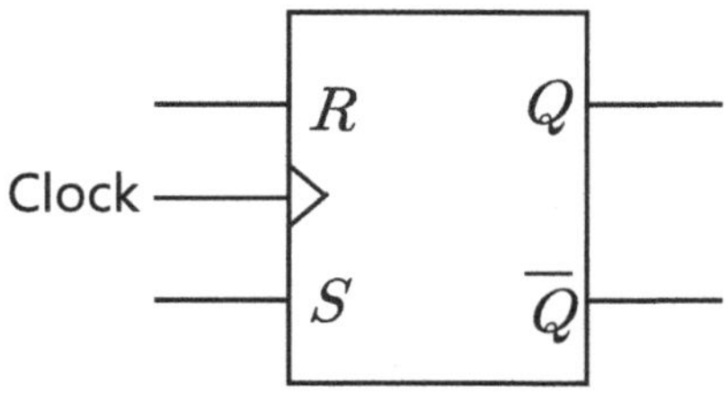

(a) 논리기호

Input			Output
S	R	Clock	Q
0	0	⎍	상태유지
0	1	⎍	0
1	0	⎍	1
1	1	⎍	금지

(b) 진리표

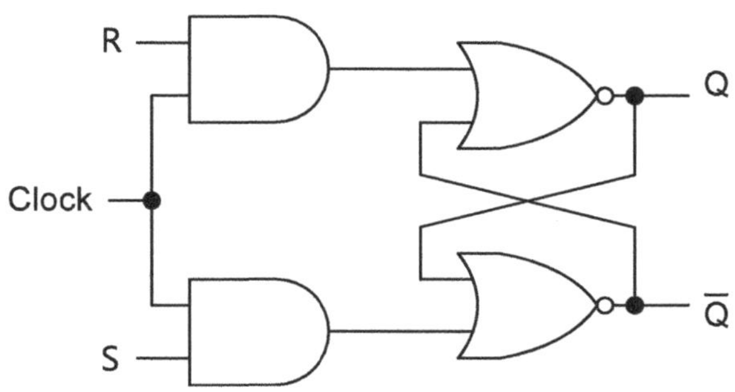

(c) NOR 게이트를 이용한 논리회로

[그림 11-3] R-S 플립플롭

③ D 플립플롭

D 플립플롭은 RS 플립플롭의 개량된 플립플롭으로, 입력이 오직 하나뿐인 플립플롭이다. D(delay) 플립플롭은 현재 상태와 관계없이 D의 입력이 지연되어 그대로 전달되는 플립플롭이다. D 플립플롭의 논리기호, 논리회로, 진리표는 [그림 11-4]와 같다.

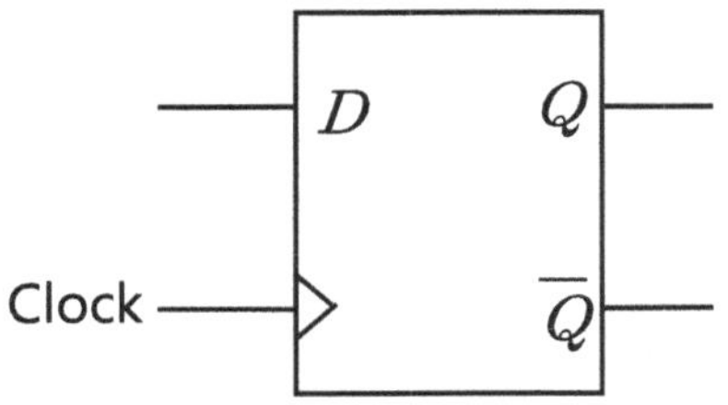

(a) 논리기호

Input		Output
D	Clock	Q
-	×	상태유지
0	⎍	0
1	⎍	1

(b) 진리표

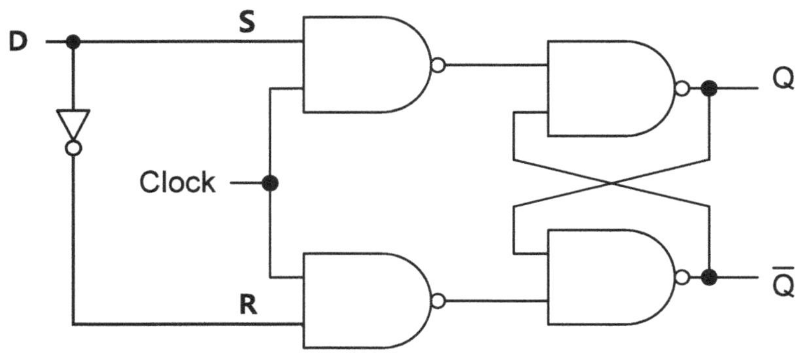

(c) 논리회로

[그림 11-4] R-S 래치(Latch)

④ J-K 플립플롭

J-K 플립플롭은 RS 플립플롭의 변형된 형태로서 J 단자는 S(Set) 단자에 K 단자는 R(Reset) 단자에 해당되는 입력이다. 이 J-K 플립플롭은 R-S 플립플롭에서 금지되어 있는 입력인 J = 1, K = 1인 상태에서도 동작하도록 만든 특징이 있다.

J-K 플립플롭의 논리기호, 논리회로, 진리표는 [그림 11-5]와 같다. 또한 플립플롭이 되먹임(Feed back)으로 인해 발생하는 Racing 현상을 방지하기 위해 사용하는 마스터 슬레이브(Master Slave) 플립플롭은 [그림 11-6]을 참조하라.

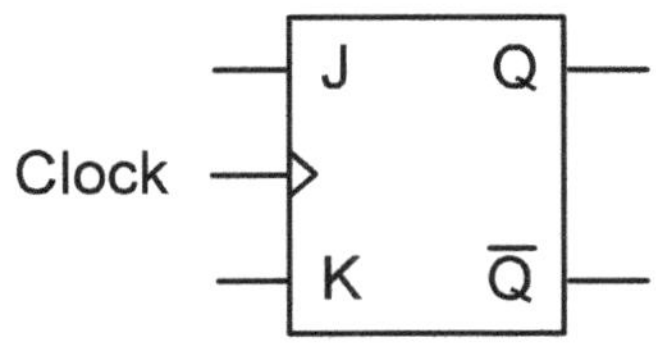

(a) 논리기호

Input			Output	
J	K	Clock	Q	Mode
0	0	⎍	Q_0	상태유지
0	1	⎍	0	Reset
1	0	⎍	1	Set
1	1	⎍	$\overline{Q_0}$	토글

(b) 진리표

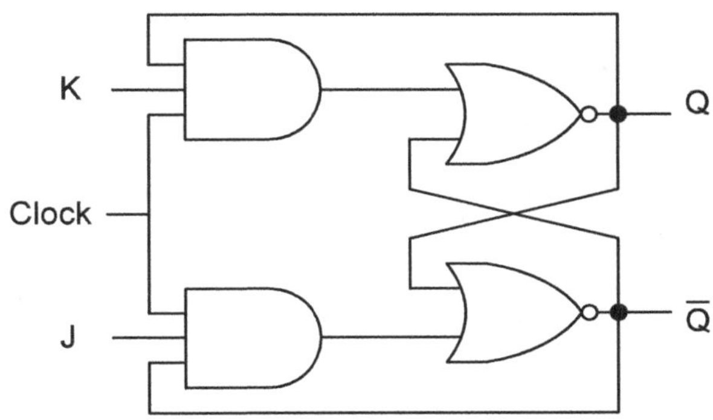

(c) 논리회로

[그림 11-5] J-K 플립플롭

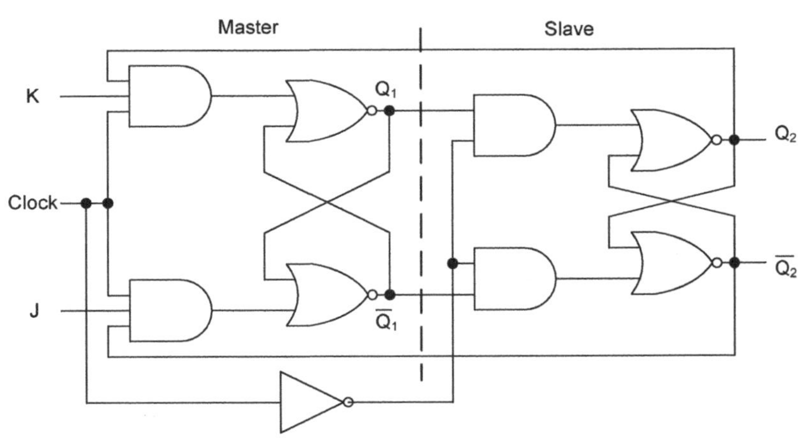

[그림 11-6] Master-slave J-K F/F 내부 구성도

3. 실습장비 및 실습부품

실습장비	오실로스코프
	브레드보드
실습부품	74HC08(74LS08) : 2 Input AND 게이트
	74HC32(74LS32) : 2 Input OR 게이트
	74HC04(74LS04) : 1 Input NOT 게이트
	74HC00(74LS00) : 2 Input NAND 게이트
	74HC10(74LS10) : 3 Input NAND 게이트
	74HC74 (74LS74) : D Flip Flop
	74HC76 (74LS76) : J-K Flip Flop

· HC: High Speed C-Mos ( )내: Standard TTL

4. 실습과정

예제1 클록형 R-S 플립플롭 구현하기(NAND 래치)

■ NAND 게이트를 사용하여 R-S 플립플롭 회로를 [그림 11-7]과 같이 구현하고, [표 11-1]과 같이 값이 인가되었을 때의 동작을 확인하라.

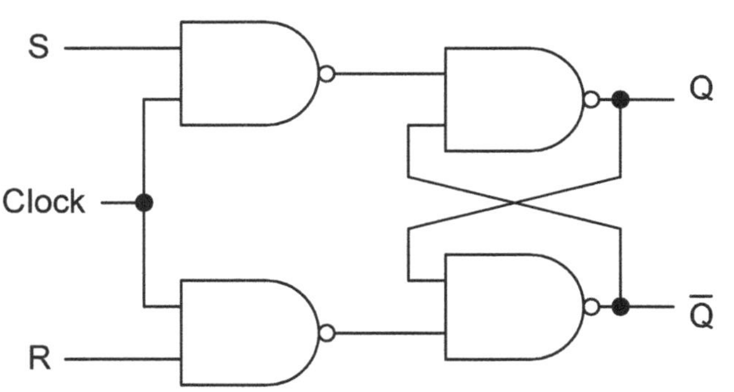

[그림 11-7] NAND 게이트를 사용한 R-S 플립플롭

Input			Output	
S	R	Clock	Q	$\overline{Q}$
0	0	⎍		
0	1	⎍		
1	0	⎍		
1	1	⎍		

[표 11-1] R-S 플립플롭 동작 결과

■ 회로의 clock 입력은 브래드보드의 one-shot 펄스발생기를 사용하라.

예제2 D 플립플롭 구현하기

■ 기본 게이트를 사용하여 D 플립플롭 회로를 [그림 11-8]과 같이 구현하고, [표 11-2]와 같이 값이 인가되었을 때의 동작을 확인하라.

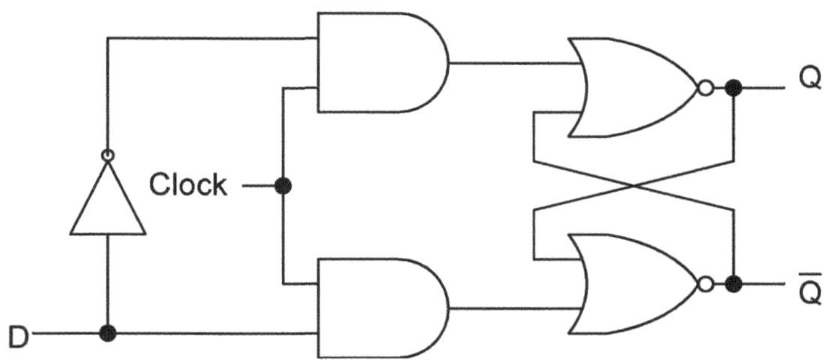

[그림 11-8] 기본 게이트를 사용하여 구현한 D 플립플롭

Input		Output	
D	Clock	Q	$\overline{Q}$
0	___		
1	___		
0	⎍		
1	⎍		

[표 11-2] D 플립플롭 동작 결과

- 회로의 clock 입력은 브래드보드의 one-shot 펄스발생기를 사용하라.
- D 플립플롭 IC 74LS74를 사용하여 [그림 11-9]와 같이 구현하고, [표 11-2]의 결과와 같이 동작되는지 확인하라.(두개의 플립플롭 중 하나의 플립플롭을 사용하여 구현)

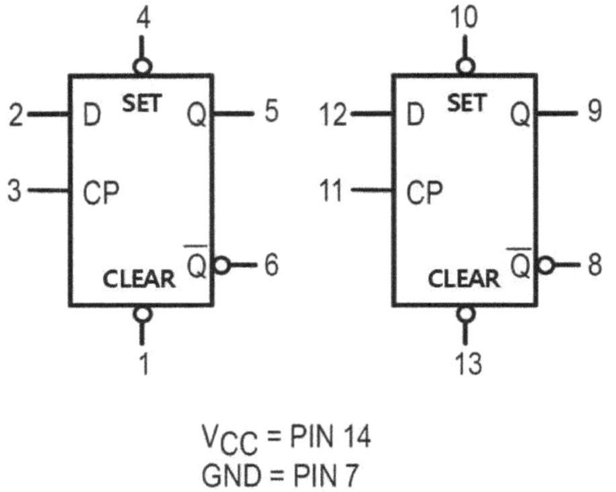

[그림 11-9] 74LS74 IC 블록도

Input		Output	
D	Clock	Q	$\overline{Q}$
0	⎍		
1	⎍		
0	clr		
1	set		

예제3 J-K 플립플롭 구현하기

■ NAND 게이트를 사용하여 J-K 플립플롭 회로를 [그림 11-10]과 같이 구현하고, [표 11-3]과 같이 값이 인가되었을 때의 동작을 확인하라.

Input			Output	
J	K	Clock	Q	$\overline{Q}$
0	0	⎍		
0	1	⎍		
1	0	⎍		
1	1	⎍		

[표 11-3] J-K 플립플롭 동작 결과

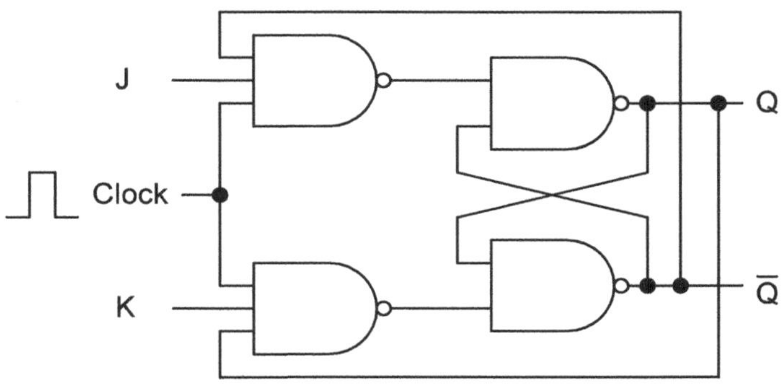

[그림 11-10] NAND 게이트를 사용하여 구현한 J-K 플립플롭

■ 회로의 clock 입력은 브래드보드의 one-shot 펄스발생기를 사용하라.

실습4 마스트 슬레이브 JK 플립플롭 구현하기

■ J-K Flip Flop (74LS76) 칩을 사용하여 마스터 슬레이브 J-K Flip Flop을 [그림 11-11]과 같이 구현하고, [표 11-4]와 같이 값이 인가되었을 때의 동작을 확인하라. [그림 11-12]는 74LS76 IC의 블록도이다.

■ 회로의 clock 입력은 브래드보드의 one-shot 펄스발생기를 사용하라.

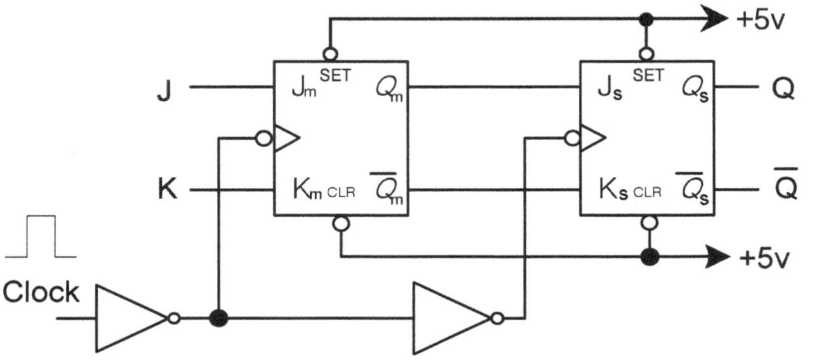

[그림 11-11] 마스터 슬레이브 J-K 플립플롭

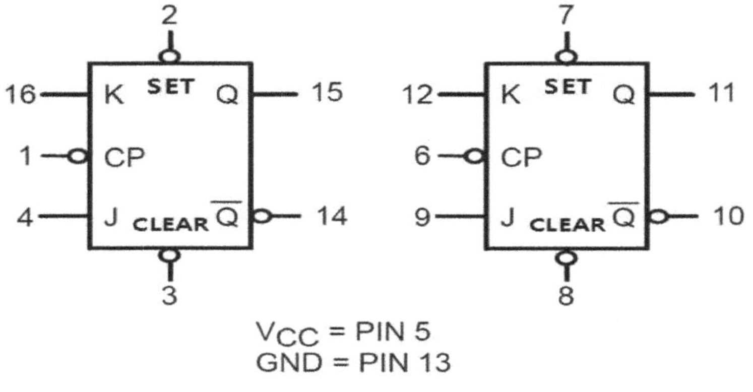

[그림 11-12] 74LS76 IC 블록도

Input			Output	
J	K	Clock	Q	$\overline{Q}$
0	0	⎍		
0	1	⎍		
1	0	⎍		
1	1	⎍		

[표 11-4] 마스터 슬레이브 J-K 플립플롭 동작 결과

실습 12 동기식 카운터

▷ 동기식(병렬) 카운터

1. 실습 목적

■ 동기식 카운터의 구조와 동작 원리를 파악하고, 플립플롭을 응용하여 동기식 카운터의 설계 방법을 익힌다.

2. 관련 이론

카운터는 입력펄스의 숫자를 계수하는데 사용하고, 주파수의 분주, 주기의 측정등 다양한 분야에서 사용되고 있다. 카운터는 한 개의 입력과 n개의 출력이 있으며, 이를 n비트 카운터라고 한다. 즉, 4비트 카운터로는 0부터 15까지 셀 수 있다. 카운터는 클럭과의 동기 방식에 따라서 비동기 카운터와 동기 카운터로 구분된다.

(1) 동기식 카운터(synchronous counter)

동기식 클럭 카운터는 각 단의 플립플롭 클럭펄스에 의해 동시에 트리거되는 카운터이다. 비동기식 리플 카운터 보다 계산 속도가 매우 빠르며, 모든 플립플롭이 클럭신호의 변화와 동시에 트리거 되므로 클럭신호에 의한 전파지연이 없다.

① 동기식 4비트 2진 업 카운터

J-K 플립플롭에서 상태가 J=1, K=1일 때 토글(toggle) 되므로, 2진 계수 역할을 할 수 있다. 추가적인 AND 게이트를 사용해야 하는데, AND 게이트들은 병렬도 상위의 플립플롭에 연결되어 있다. 따라서 비동기 카운터 보다 회로가 복잡하다.

[그림 12-1]의 A에서는 "0" 과 "1"를 반복해서 토글하면 되기 때문에 J, K 입력을 HIGH로 고정한다. B에서는 A가 1일때 토글하면 되므로, A의 출력이 B의 입력 J, K에 입력되면 된다. C에서도 마찬가지로 A가 "1"이고 B가 "1"이면 토글되면 된다. D에서는 A 가 "1" B가 "1" C가 "1" 이 되면

토글된다.

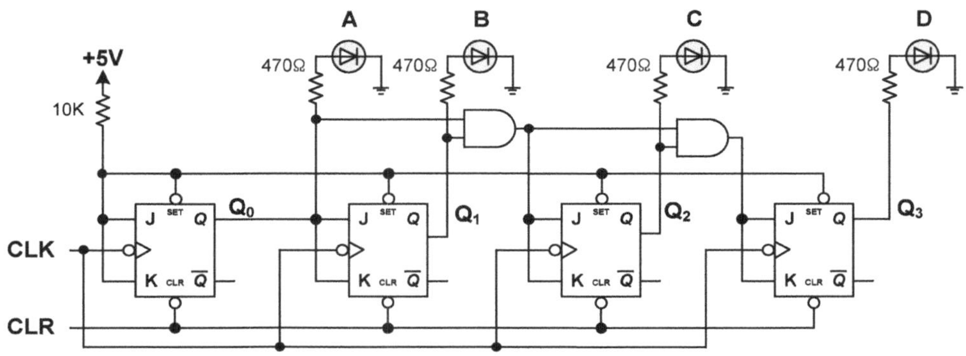

[그림 12-1] 동기식 4비트 2진 업카운터 회로

② 동기식 4비트 2진 다운 카운터

클럭펄스가 들어올 때마다 감소하는 방향으로 셀 수 있는 카운터로 업 카운터를 응용해서 설계할 수 있다. 업 카운터는 Q의 출력을 다음 플립플롭으로 인가하는데 반해, 다운 카운터는 $\overline{Q}$의 출력을 다음 플립플롭의 클럭펄스 입력 신호로 이용한다. Q가 0에서 1로 변할 때 $\overline{Q}$는 1에서 0으로 변하게 되어 다음 플립플롭을 동작시키기 때문에 4비트 2진 다운카운터로 이용할 수 있다.

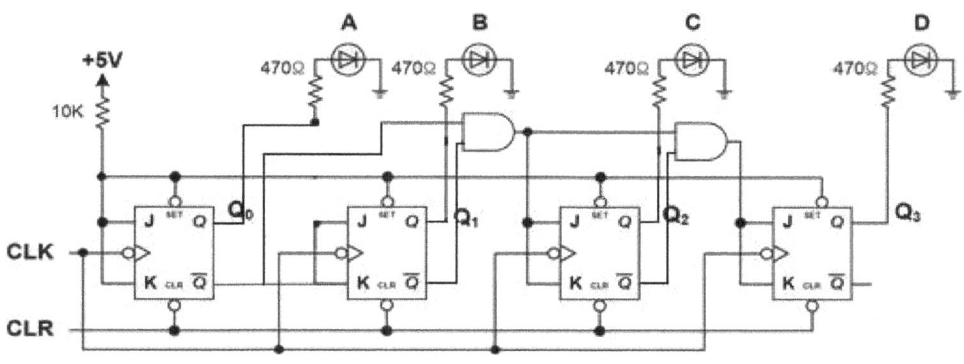

[그림 12-2] 동기식 4비트 2진 다운카운터 회로

3. 실습장비 및 실습부품

실습장비	오실로스코프
	브레드보드
실습부품	74HC08(74LS08) : 2 Input AND 게이트
	74HC00(74LS00) : 2 Input NAND 게이트
	74HC76(74LS76) : J-K Flip Flop
	74HC112(74LS112) : J-K Flip Flop
	LED 발광 다이오드

· HC: High Speed C-Mos ( )내: Standard TTL

4. 실습과정

예제1 동기식 4비트 2진 업 카운터 구현하기

■ 다음 그림과 같은 회로를 구성하라.

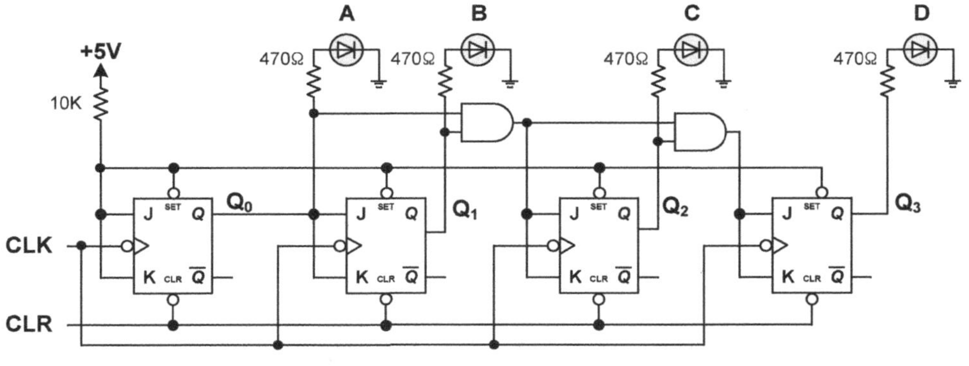

[그림 12-3] 동기식 4비트 2진 업 카운터 회로

① J-K 플립플롭 2개와 AND게이트를 브레드 보드에 꽂는다.
② 각 플립플롭의 전원과 그라운드를 연결한다. (16번핀 : +5V 8번핀 : 0V)
③ [그림 12-3]와 같이 각 플립플롭의 CLK 입력에 one-shot 펄스발생기 혹

은 1Hz의 주파수 발생기에 연결한다. 각 플립플롭의 CLR 단자에 보드의 switch를 연결한다. LED 전류제한 저항은 470Ω ~ 820Ω 범위의 것을 사용한다.

④ 첫 플립플롭의 출력은 다음 단의 플립플롭의 입력으로 연결된다. 세 번째 플립플롭의 입력은 첫 번째 플립플롭과 두 번째 플립플롭의 출력이 AND로 연결되어, 모두 '1'인 경우 입력이 '1'이 된다. 네 번째 플립플롭도 세 번째랑 마찬가지로 첫 번째, 두 번째, 세 번째 모두 '1'이되면 입력이 '1'이 된다.

⑤ 각 플립플롭의 출력을 LED 발광다이오드에 연결한다. LED 연결시 극성에 주의하라.

⑥ [표 12-1]의 입력에 따라 출력을 확인하라.

⑦ Clock에 1Hz 펄스발생기에 연결하고 LED의 출력을 확인하라.

Input		Output			
클럭펄스	CLR	D	C	B	A
-	0				
1	1				
2	1				
3	1				
4	1				
5	1				
6	1				
7	1				
8	1				
9	1				
10	1				
11	1				
12	1				
13	1				
14	1				
15	1				
16	1				

[표 12-1] 동기식 4비트 2진 업 카운터 출력표

⑧ Clock에 1KHz를 입력하고 오실로스코프의 CH1은 입력 Clock연결하라.

⑨ 오실로스코프의 CH2입력에 회로의 출력 A, B, C, D에 교대로 연결하고 그것에 대한 출력파형을 그려라.

예제2 동기식 4비트 2진 다운 카운터 구현하기

■ 다음 그림과 같은 회로를 구성하라.

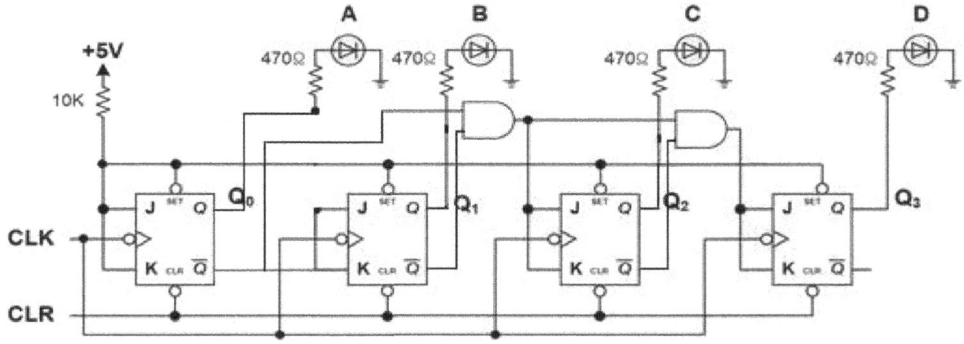

[그림 12-4] 동기식 4비트 2진 다운카운터 회로

① [그림 12-4]과 같이 회로를 연결하라.

② 각 플립플롭의 CLK 입력에 one-shot 펄스발생기 혹은 1Hz의 주파수 발생기에 연결한다. 각 플립플롭의 CLR 단자에 보드의 switch에 연결한다. LED 전류제한 저항은 470Ω ~ 820Ω 범위의 것을 사용한다.

③ 각 플립플롭의 출력을 LED 발광다이오드에 연결한다. LED 연결시 극성에 주의하라.

④ Clock에 1Hz 펄스발생기에 연결하고 LED의 출력을 확인하라. [표 12-2]의 입력에 따라 출력을 확인하라.

Input		Output			
클럭 갯수	CLR	D	C	B	A
-	0				
1	1				
2	1				
3	1				
4	1				
5	1				
6	1				
7	1				
8	1				
9	1				
10	1				
11	1				
12	1				
13	1				
14	1				
15	1				
16	1				

[표 12-2] 동기식 4비트 2진 다운 카운터 출력표

⑤ Clock에 1KHz를 입력하고 오실로스코프의 CH1은 입력 Clock연결하라.
⑥ 오실로스코프의 CH2에 회로의 출력 A, B, C, D에 교대로 연결하고 그 것에 대한 출력파형을 그려라.

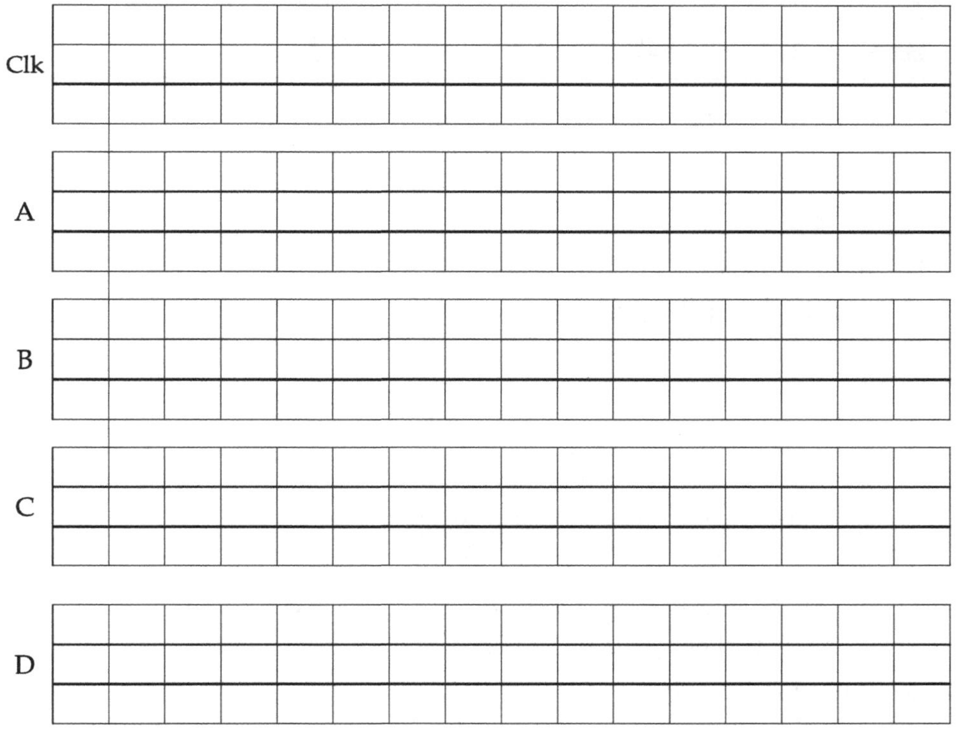
Clk
A
B
C
D

실습 13 비동기식 카운터

▷ 비동기식(리플) 카운터

1. 실습 목적

■ 비동기 카운터의 구조와 동작 원리를 파악하고, 플립플롭을 응용하여 다양한 카운터의 설계 방법을 익힌다.

2. 관련 이론

카운터는 입력펄스의 숫자를 계수하는데 사용하고, 주파수의 분주, 주기의 측정등 다양한 분야에서 사용되고 있다.

카운터는 한 개의 입력과 n개의 출력이 있으며, 이를 n비트 카운터라고 한다. 즉, 4비트 카운터로는 0부터 15까지 셀 수 있다.

카운터는 클럭과의 동기 방식에 따라서 비동기 카운터와 동기 카운터로 구분된다. 비동기 카운터는 직렬 카운터, 동기 카운터는 병렬 카운터라고도 부른다.

비동기 카운터는 계수의 결과가 완전히 안정될 때까지는 시간이 소요되며, clock은 첫단의 플립플롭에만 인가되고, 각 플립플롭의 출력이 다음단의 클럭으로 인가되어 플립플롭을 트리거 시키도록 되어있어서 리플(ripple) 카운터라고도 부른다. 반면에 동기 카운터는 모든 플립플롭에 clock이 동시에 인가되어 계수속도가 빠르다는 장점이 있지만 비동기 카운터에 비해서 회로가 복잡하다.

(1) 비동기식 카운터(asynchronous counter)

① 비동기식 4비트 2진 업 카운터(up counter)

비동기식 4비트 2진 카운터는 외부 클럭펄스가 첫단의 플립플롭에만 인가된다. 여기서 모든 플립플롭은 J-K플립플롭을 사용하는데, J=1, K=1을 인가 함으로써 T플립플롭으로 동작한다. 둘째단의 플립플롭은 첫단의 플립플롭의 Q_0에 의해서 트리거 되고, 셋째단의 플립플롭은 둘째단의 Q_1에 의해서 트리거 되며, 넷째단의 플립플롭은 셋째단의 Q_2에 의해서 트리거 된다.

[그림 13-1]은 비동기식 4비트 2진 업 카운터의 논리도이다.

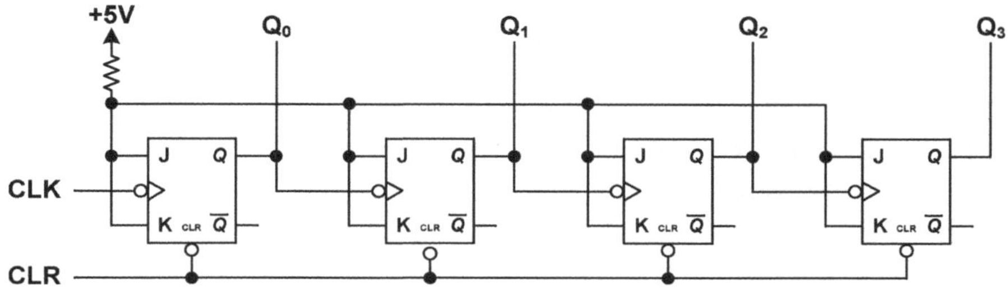

[그림 13-1] 4비트 2진 비동기식 업 카운터

먼저 각 플립플롭의 초기 상태를 0으로 리셋 시킨 다음, 첫 번째 클럭펄스를 인가한다. 펄스가 1에서 0으로 떨어지는 순간(falling edge) 첫단의 플립플롭의 출력은 0에서 1로 변한다. [표 13-1]은 4비트 2진 비동기식 업 카운터의 상태표이다.

클럭	Q_3	Q_2	Q_1	Q_0
0	0	0	0	0
1	0	0	0	1
2	0	0	1	0
3	0	0	1	1
4	0	1	0	0
5	0	1	0	1
6	0	1	1	0
7	0	1	1	1
8	1	0	0	0
9	1	0	0	1
10	1	0	1	0
11	1	0	1	1
12	1	1	0	0
13	1	1	0	1
14	1	1	1	0
15	1	1	1	1
16	0	0	0	0

[표 13-1] 4비트 2진 비동기식 업카운터 상태표

② 비동기식 4비트 2진 다운 카운터(down counter)

클럭펄스가 들어올 때마다 증가하는 방향으로 하나씩 계수하는 업 카운터에 비해서 반대로 클럭펄스가 들어 올 때마다 감소하는 방향으로 셀 수 있는 카운터를 다운 카운터, 감산 카운터라고 한다. 다운 카운터는 업 카운터를 응용해서 설계 할 수 있다. 업 카운터는 Q의 출력을 다음 플립플롭으로 인가하는데 반해, 다운 카운터는 $\overline{Q}$의 출력을 다음 플립플롭의 클럭 펄스 입력 신호로 이용한다. Q가 0에서 1로 변할 때 $\overline{Q}$는 1에서 0으로 변하게 되어 다음 플립플롭을 동작시키기 때문에 4비트 2진 다운 카운터로 이용할 수 있다.

모든 플립플롭들은 1로 프리셋(preset)시켜 두고 클럭펄스가 들어 올때마다 출력은 하나씩 감소된다.(1111:15 -> 0000:0)

[그림 13-2]는 비동기식 4비트 2진 다운 카운터의 논리도이며 [표 13-2]는 4비트 2진 비동기식 다운 카운터의 상태표이다.

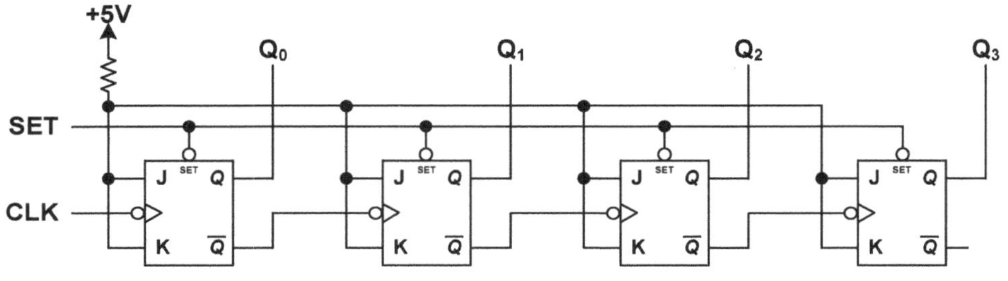

[그림 13-2] 비동기식 4비트 2진 다운 카운터

클럭	Q_3	Q_2	Q_1	Q_0	클럭	Q_3	Q_2	Q_1	Q_0
0	1	1	1	1	8	0	1	1	1
1	1	1	1	0	9	0	1	1	0
2	1	1	0	1	10	0	1	0	1
3	1	1	0	0	11	0	1	0	0
4	1	0	1	1	12	0	0	1	1
5	1	0	1	0	13	0	0	1	0
6	1	0	0	1	14	0	0	0	1
7	1	0	0	0	15	0	0	0	0

[표 13-2] 비동기식 4비트 2진 다운 카운터 상태표

③ 비동기식 BCD 카운터

BCD 카운터는 일상생활에서 익숙한 10진수를 기반으로 한 10진 카운터이다. 0에서 10까지 순차적으로 계수를 한 후 다시 0 으로 돌아가는 카운터이다. 4개의 플립플롭을 이용하여 설계 할 경우, 총 16가지의 상태를 가지는데, 여기서 10개의 상태만을 가지도록 설계 한 것이다. '1010' 코드가 계수되면 카운터를 클리어 하여 다시 '0000'으로 돌아가도록 설계한다. [표 13-3]은 BCD 카운터의 상태표이다.

클럭	Q_3	Q_2	Q_1	Q_0	CLR
0	0	0	0	0	1
1	0	0	0	1	1
2	0	0	1	0	1
3	0	0	1	1	1
4	0	1	0	0	1
5	0	1	0	1	1
6	0	1	1	0	1
7	0	1	1	1	1
8	1	0	0	0	1
9	1	0	0	1	1
10	1	0	1	0	0
11	0	0	0	0	1
12	0	0	0	1	1

[표 13-3] BCD 카운터 상태표

[표 13-3]에서 나타내듯이 $Q_3 Q_1$=11 일 때 $\overline{CLR}$ =1 이다.

$$\overline{CLR} = Q_3 Q_1,\ CLR = \overline{Q_3 Q_1}$$
$$Clear = CLR \cdot \overline{Q_3 Q_1}$$

Clear를 적용해서 재구성한 회로가 [그림 13-3]이다. [그림 13-4]에서 나타내듯이 짧은 순간에 '1010'에서 '0000'으로 변한다.

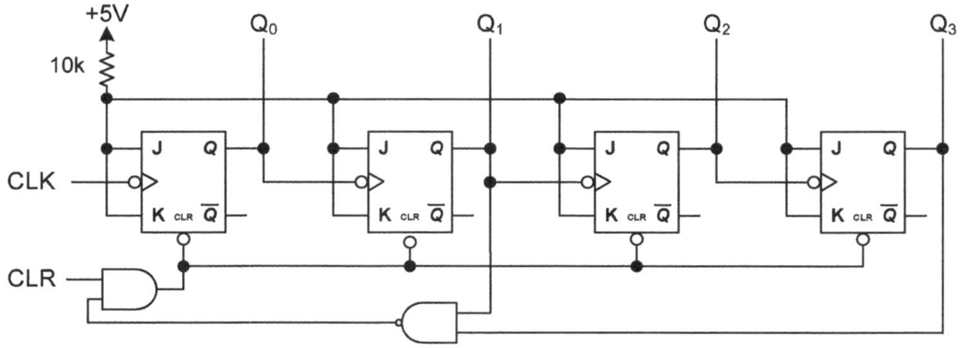

[그림 13-3] 비동기식 4비트 BCD 카운터

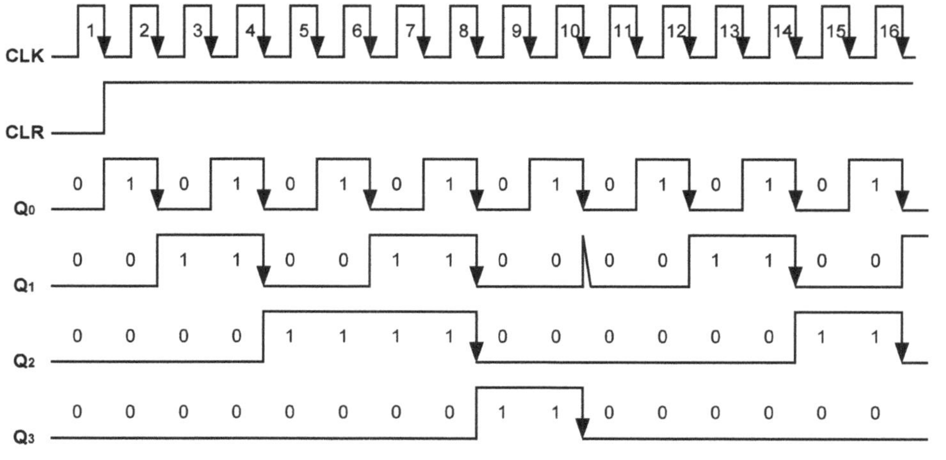

[그림 13-4] 비동기식 BCD 카운터의 타이밍도

3. 실습장비 및 실습부품

실습장비	오실로스코프
	브레드보드
실습부품	74HC08(74LS08) : 2 Input AND 게이트
	74HC00(74LS00) : 2 Input NAND 게이트
	74HC76(74LS76) : J-K Flip Flop
	74HC112(74LS112) : J-K Flip Flop

· HC: High Speed C-Mos ( )내: Standard TTL

4. 실습과정

예제1 비동기식 4비트 2진 업 카운터 구현하기

■ 다음 그림과 같은 회로를 구성하라.

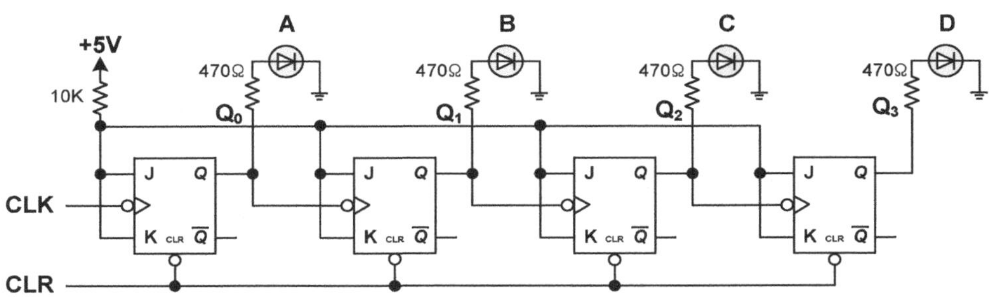

[그림 13-5] 비동기식 4비트 2진 업 카운터

① [그림 13-5]과 같이 회로를 연결하라.

② 각 플립플롭의 CLK 입력에 one-shot 펄스발생기 혹은 1Hz의 주파수 발

생기에 연결한다. 각 플립플롭의 CLR 단자에 보드의 SW에 연결한다. LED 전류제한 저항은 470Ω ~ 820Ω 범위의 것을 사용한다.

③ 각 플립플롭의 출력을 LED 발광다이오드에 연결한다. LED 연결시 극성에 주의하라.

④ Clock에 1Hz 펄스발생기에 연결하고 LED의 출력을 확인하라.
[표 13-4]의 입력에 따라 출력을 적어라.

Input		Output			
클럭 갯수	CLR	D	C	B	A
-	0				
1	1				
2	1				
3	1				
4	1				
5	1				
6	1				
7	1				
8	1				
9	1				
10	1				
11	1				
12	1				
13	1				
14	1				
15	1				
16	1				

[표 13-4] 비동기식 4비트 2진 업 카운터 출력표

⑤ Clock에 1KHz를 입력하고 오실로스코프의 CH1은 입력 Clock연결하라.

⑥ 오실로스코프의 CH2에 회로의 출력 A, B, C, D에 교대로 연결하고 그것에 대한 출력파형을 그려라.

Clk
A
B
C
D

예제2 비동기식 4비트 2진 다운 카운터 구현하기

■ 다음 그림과 같은 회로를 구성하라.

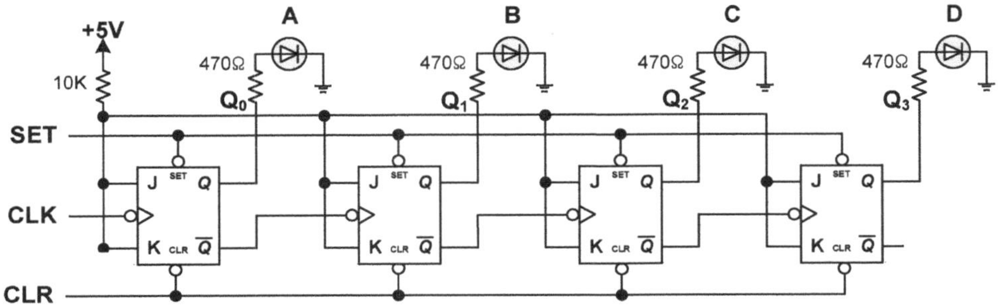

[그림 13-6] 비동기식 4비트 2진 다운 카운터

① [그림 13-6]과 같이 회로를 연결하라.

② 각 플립플롭의 CLK 입력에 one-shot 펄스발생기 혹은 1Hz의 주파수 발생기에 연결한다. 각 플립플롭의 CLR 단자에 보드의 switch에 연결한다. LED 전류제한 저항은 470Ω ~ 820Ω 범위의 것을 사용한다.

③ 각 플립플롭의 출력을 LED 발광다이오드에 연결한다. LED 연결시 극성에 주의하라.

④ Clock에 1Hz 펄스발생기에 연결하고 LED의 출력을 확인하라.
[표 13-5]의 입력에 따라 출력을 확인하라.

Input		Output			
클럭 갯수	CLR	D	C	B	A
-	0				
1	1				
2	1				
3	1				
4	1				
5	1				
6	1				
7	1				
8	1				
9	1				
10	1				
11	1				
12	1				
13	1				
14	1				
15	1				
16	1				

[표 13-5] 비동기식 4비트 2진 다운카운터 출력표

⑤ Clock에 1KHz를 입력하고 오실로스코프의 CH1은 입력 Clock연결하라.

⑥ 오실로스코프의 CH2에 회로의 출력 A, B, C, D에 교대로 연결하고 그것에 대한 출력파형을 그려라.

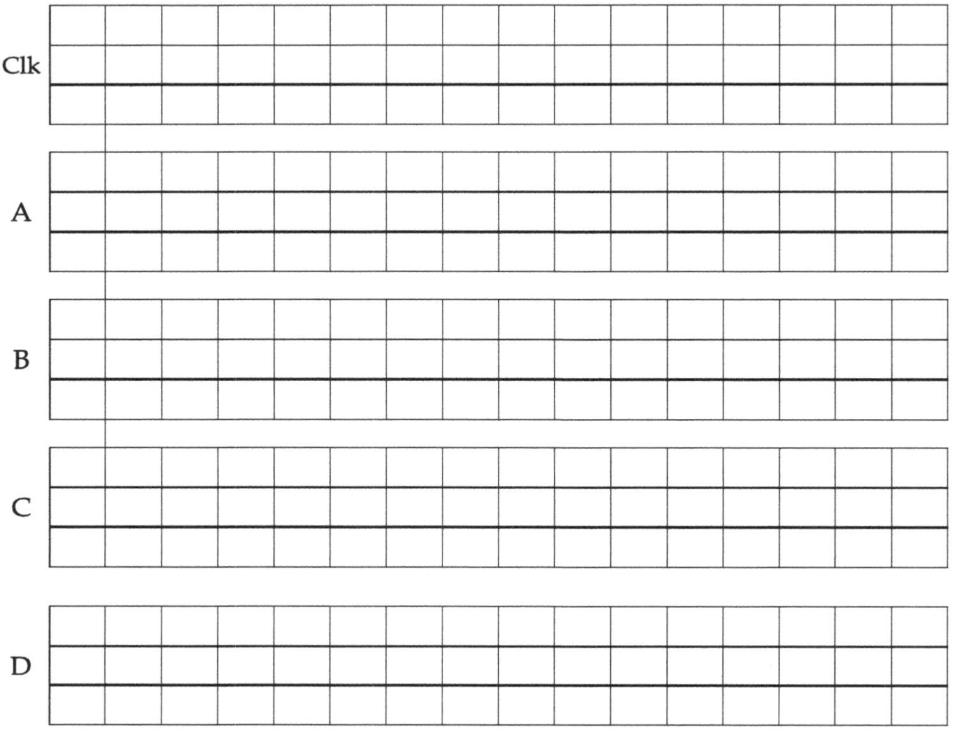
Clk
A
B
C
D

예제3 비동기식 BCD 카운터 구현하기

■ 다음 그림과 같은 회로를 구성하라.

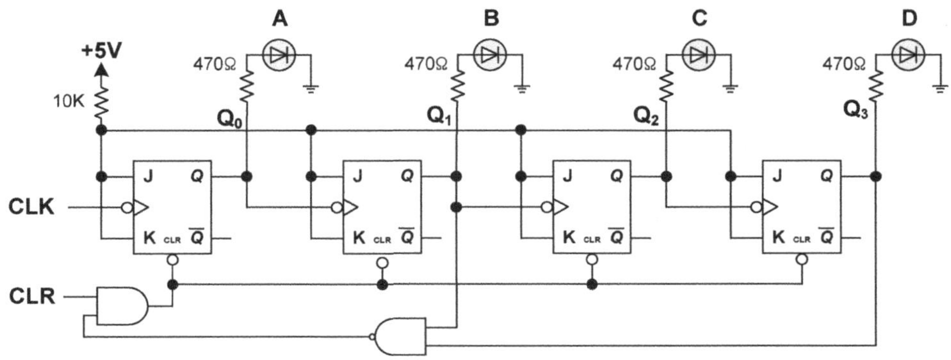

[그림 13-7] 비동기식 BCD 카운터

① [그림 13--7]과 같이 회로를 연결하라. 각 플립플롭의 preset 입력은 +5V에 연결하라.

② 각 플립플롭의 CLK 입력에 one-shot 펄스발생기 혹은 1Hz의 주파수 발생기에 연결한다. 각 플립플롭의 CLR 단자는 위의 회로와 같이 AND게이트를 통해서 보드의 SW에 연결하라.

LED 전류제한 저항은 470Ω ~ 820Ω 범위의 것을 사용한다.

③ 각 플립플롭의 출력을 LED 발광다이오드에 연결한다. LED 연결시 극성에 주의하라.

④ Clock에 1Hz 펄스발생기에 연결하고 LED의 출력을 확인하라.

[표 13--6]의 입력에 따라 출력을 적어라.

Input		Output			
클럭 갯수	CLR	D	C	B	A
-	0				
1	1				
2	1				
3	1				
4	1				
5	1				
6	1				
7	1				
8	1				
9	1				
10	1				
11	1				
12	1				
13	1				

[표 13-6] 비동기식 BCD 카운터 출력표

⑤ Clock에 1KHz를 입력하고 오실로스코프의 CH1은 입력 Clock연결하라.

⑥ 오실로스코프의 CH2에 회로의 출력 A, B, C, D에 교대로 연결하고 그것에 대한 출력파형을 그려라.

Clk
A
B
C
D

실습 14 임의의 MOD 카운터와 시프트 register

▷ Modulus-n counter, shift Register

1. 실습 목적

- J-K 플립플롭을 이용하여, 비동기 및 동기 n진 계수 회로의 구성 원리를 통해서 플립플롭의 응용방법을 향상시킨다.
- 레지스터의 기본원리에 대해 알아보고, 시프트 레지스터(shift register)를 이용하여 카운터의 동작을 이해한다.

2. 관련 이론

(1) 임의의 MOD counter(modulus-n)

세트(SD)과 리셋(CD)을 이용해서 2^m진 이하의 카운터를 구성하는 카운터 회로를 modulus-n 카운터 회로라고 한다.

① 비동기 n진 카운터 회로

ripple counter로 n진 카운터 회로를 설계하는 경우에는 일반적으로

$$2^{m-1} \le n \le 2^m$$

을 만족하는 m을 구한다. 여기서 m은 설계에 필요한 플립플롭의 개수이다. 이것을 사용하여 2^m진 카운터 회로를 만든 다음 n-1에 대한 2진수를 구한다. n-1일 때 1인 모든 플립플롭의 출력(Q)과 카운터 회로의 CP입력으로 NAND 게이트를 사용한다.

● 3진 계수회로

3진 계수회로에서는 [표 14-1]과 같이 Q_1, Q_2가 모두 1인 상태, 즉 $Z=\overline{Q_A \cdot Q_B}=0$ 일 때 Q_1, Q_2를 모두 클리어 되어서 '00'이 되면 된다. 이것을 회로로 구성하면 [그림 14-1]과 같이 조합회로를 작성한 NAND 게이트의 출력을 CLR에 입력하면 된다.

10진수	Q_B	Q_A
0	0	0
1	0	1
2	1	0
	1	1

[표 14-1] 진리표

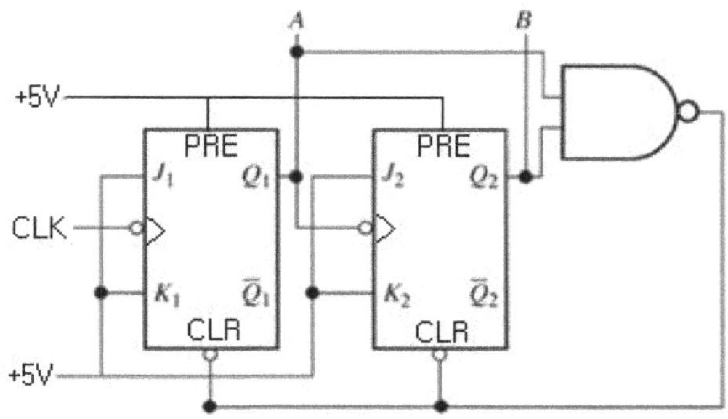

[그림 14-1] 비동기 3진 카운터 회로

② 동기 n진 계수회로

동기 순서 회로의 설계는 상태의 천이표(transistion table)를 만들어서 현재 상태에서의 입력에 따라서 다음상태가 어떻게 결정되는지를 알아야 한다.

● 5진 계수회로

[그림 14-2]는 상태도를 나타낸다. 상태도는 클럭이 들어올 때 마다 상태가 변화되어 카운터가 동작하는 상황을 보여준다. [표 14-2]는 current state → next state 상태 변화를 나타내는 표이다. Karnaugh 맵을 이용하여, 각 플립플롭의 J, K입력에 대한 논리식을 결정한다.

5진 계수회로의 논리식은 다음과 같다.

$$J3 = Q2i \cdot Q1i, K3 = 1$$
$$J2 = \overline{Q1i}, K2 = Q1i$$
$$J1 = \overline{Q3}, K1 = 1$$

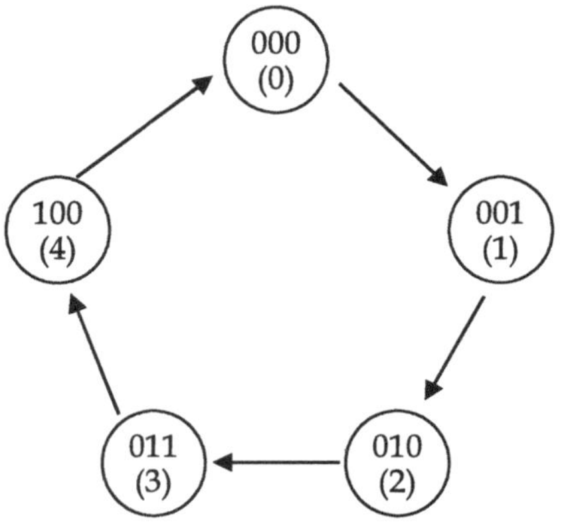

[그림 14-2] 상태도

현재 상태			다음 상태		
Q_2	Q_1	Q_0	Q_2	Q_1	Q_0
0	0	0	0	0	1
0	0	1	0	1	0
0	1	0	0	1	1
0	1	1	1	0	0
1	0	0	0	0	0

[표 14-2] 다음-상태표

(2) Register

일반적인 디지털 데이터는 1 비트 이상의 비트열로 구성되어 있으므로 데이터를 저장하기 위하여 여러 개의 플립플롭이 필요하다. 여러 비트의 정보를 저장하기 위하여 플립플롭과 새로운 전송시기와 방법을 제어하는 게이트로 이루어진 회로를 레지스터라고 한다. 클럭을 인가하여 좌 · 우측으로 시프트 하여 2진수의 나눗셈이나, 곱셈 연산을 수행하는데 사용한다. 그리고 병렬데이터를 단일 회선을 통해 전송하고, 원래 데이터로 환원하기 위해서도 사용한다.

카운터도 입력펄스가 들어오면 정해진 순서에 따라서 변하는 레지스터이다. 시프트 레지스터는 플립플롭을 직렬로 접속하여 만들어지며, 한 플립플롭의 출력은 다음 단 플립플롭의 입력에 접속한다.

① 4비트 우측 시프트레지스터

플립플롭에 기억된 정보를 클럭펄스에 의하여 우측으로 이동시킬 수 있는 레지스터를 우측 시프트 레지스터라 한다. 일명 링 카운터라고도 한다.

② 4비트 좌측 시프트레지스터

플립플롭에 기억된 정보를 클럭펄스에 의하여 좌측으로 이동시킬 수 있는 레지스터를 좌측 시프트 레지스터라 한다.

③ 존슨카운터

시프트레지스터 구조에서 최종 플립플롭의 반전 출력이 입력단 플립플롭에 서로 교차해서 연결되는 것을 제외하고는 다른 연결은 같다. 다른 표현으로는 트위스트 링 카운터라고도 한다.

3. 실습장비 및 실습부품

실습장비	오실로스코프
	브레드보드
실습부품	74HC08(74LS08) : 2 Input AND 게이트
	74HC00(74LS00) : 2 Input NAND 게이트
	74HC04(74LS04) : 1 Input NOT 게이트
	74HC76(74LS76) : J-K Flip Flop

· HC: High Speed C-Mos ( )내: Standard TTL

4. 실습과정

예제1 비동기 3진 카운터 구현하기

■ JK 플립플롭을 사용하여 다음 [그림 14-3]과 같은 회로를 구성한 후 [표 14-3]을 참고하여 클록펄스를 순차적으로 인가하면서 출력 A, B 상태를 확인하라.

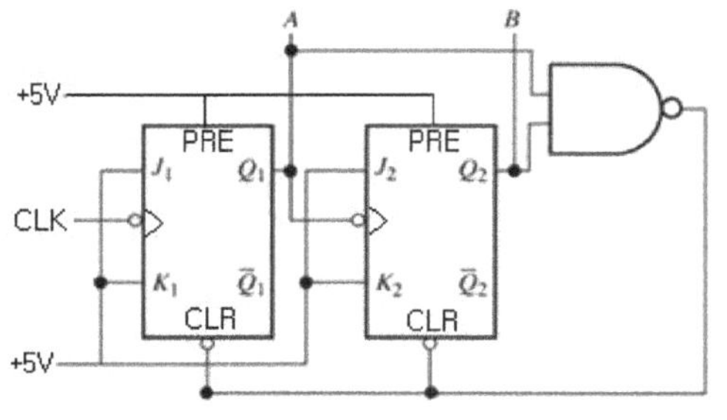

[그림 14-3] 비동기 3진 카운터 회로

클록 갯수	B	A
1		
2		
3		
4		
5		
6		

[표 14-3] 출력표

① Clock은 1Hz의 보드에 있는 주파수 발생기를 사용하라. 그리고 오실로스코프의 CH1은 입력 Clock연결하라.
② 회로의 출력 A, B는 브래드보드의 LED 발광다이오드에 연결하라.
③ [표 14-3]에 따라 클럭이 입력될 때 출력 A, B를 적어라.
④ Clock에 1KHz를 입력하고 오실로스코프의 CH1은 입력 Clock연결하라.
⑤ 오실로스코프의 CH2에 회로의 출력 A, B에 교대로 연결하고 그것에 대한 출력파형을 그려라.

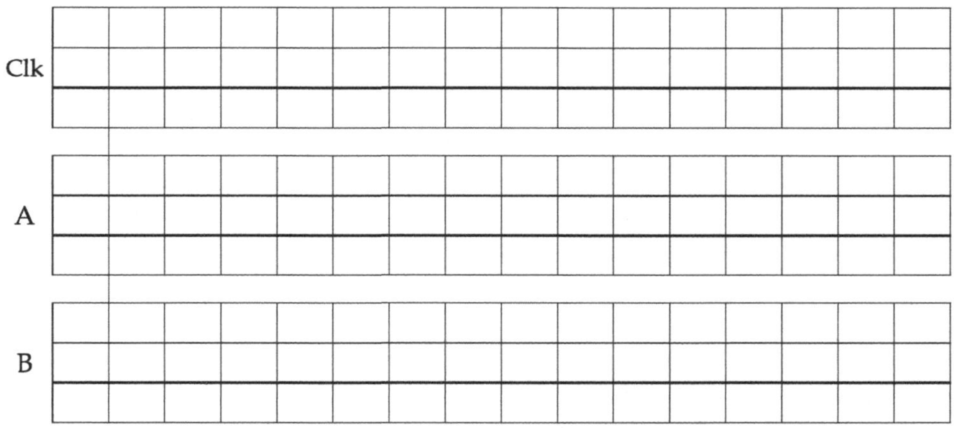

예제2 동기 5진 카운터 구현하기

■ 다음 [그림 14-4]와 같은 회로를 구성한 후 [표 14-4]를 참고하여 클록펄스를 순차적으로 인가하면서 출력 A, B, C 상태를 기록하라.

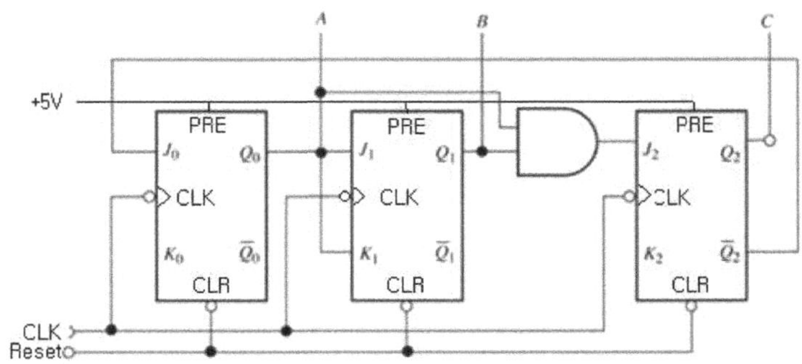

[그림 14-4] 동기 5진 카운터 회로

클록 갯수	C	B	A
1			
2			
3			
4			
5			
6			

[표 14-4] 출력표

① Clock은 1Hz의 보드에 있는 주파수 발생기를 사용하라. 그리고 오실로스코프의 CH1은 입력 Clock연결하라.

② 회로의 출력 A, B는 브래드보드의 LED 발광다이오드에 연결하라.

③ [표 14-4]에 따라 클럭이 입력될 때 출력 A, B를 적어라.

④ Clock에 1KHz를 입력하고 오실로스코프의 CH1은 입력 Clock연결하라.

⑤ 오실로스코프의 CH2에 회로의 출력 A, B에 교대로 연결하고 그것에 대한 출력파형을 그려라.

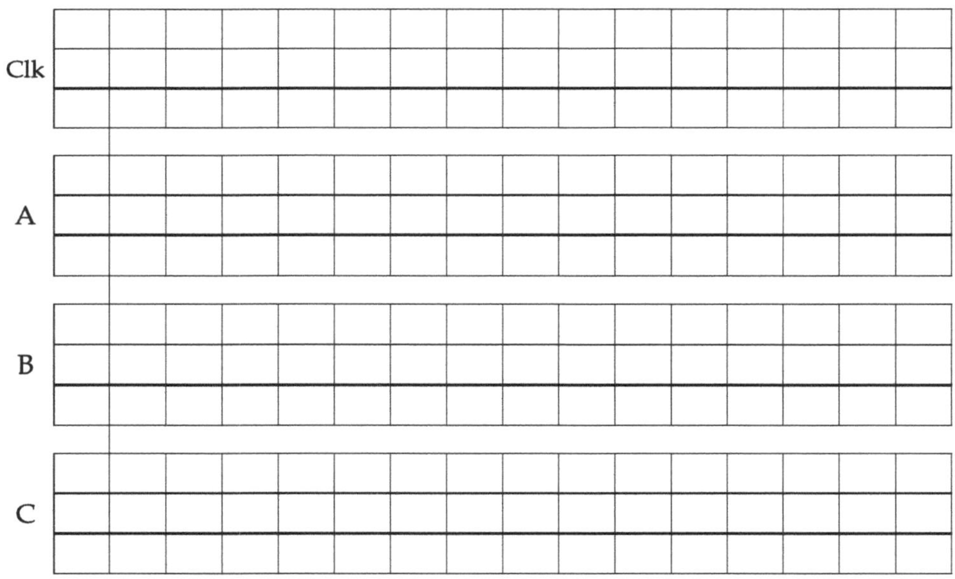

■ 다음 [그림 14-5]와 같은 회로를 구성한 후 [표 14-5]를 참고하여 클록펄스를 순차적으로 인가하면서 출력 A, B, C, D 상태를 기록하라.

■ 플립플롭의 초기치를 0 0 0 1로 만들기 위해 PRESET과 CLEAR 단자를 활용하라.

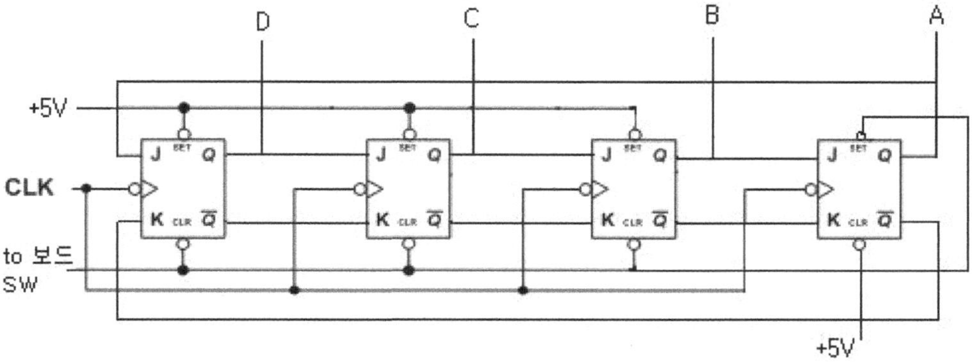

[그림 14-5] 4비트 우측 시프트 레지스터 회로

클럭 (개수)	출력			
	D	C	B	A
0(초기치)				
1				
2				
3				
4				
5				
6				
7				
8				
9				
10				

[표 14-5] 시프트 레지스터 출력표

■ 위의 표에서 존슨카운터의 출력상태는 모두 몇 개가 되는지 확인하라.

예제4 존슨카운터 구현하기

- 다음 [그림 14-6]과 같은 회로를 구성한 후 [표 14-6]을 참고하여 클록펄스를 순차적으로 인가하면서 출력 A, B, C, D 상태를 기록하라.
- 브래드보드의 switch를 각 플립플롭의 CLEAR 단자에 연결하라. 초기치는 모두 0으로 만든다.

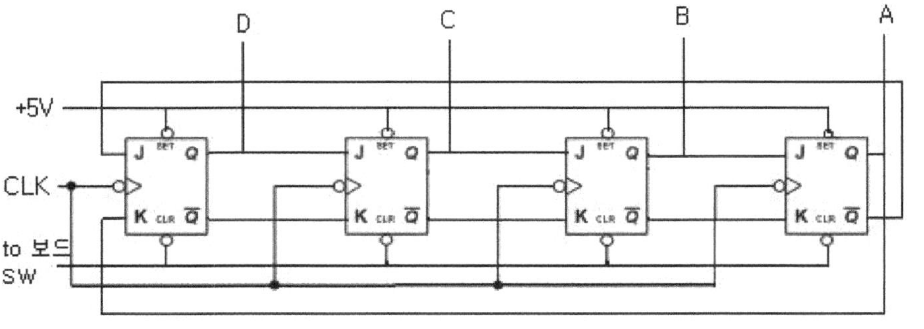

[그림 14-6] 존슨 카운터 회로도

클럭 (개수)	출력			
	D	C	B	A
0(초기치)				
1				
2				
3				
4				
5				
6				
7				
8				
9				
10				
11				
12				
13				
14				
15				
16				

[표 14-6] 존슨 카운터 출력표

■ 위의 표에서 존슨카운터의 출력상태는 모두 몇 개가 되는지 확인하라.

실습 15 PLD(Programmable Logic Device)

▷ PAL, GAL

1. 실습 목적

- PLD가 무엇인지 파악하고, PLD의 종류중의 하나인 PAL, GAL Chip을 활용하여 논리 회로를 설계 하고 검증해보자.

2. 관련 이론

PLD는 로직을 프로그램으로 설계할 수 있는 소자로서, 마치 C언어를 쓰듯이 부울(Bool) 함수로 이루어진 소스프로그램을 작성하여 PLD에 퓨징과정을 거치면 그때부터 그 소자는 부울함수에 명시된 대로의 로직 동작을 하는 소자이다.

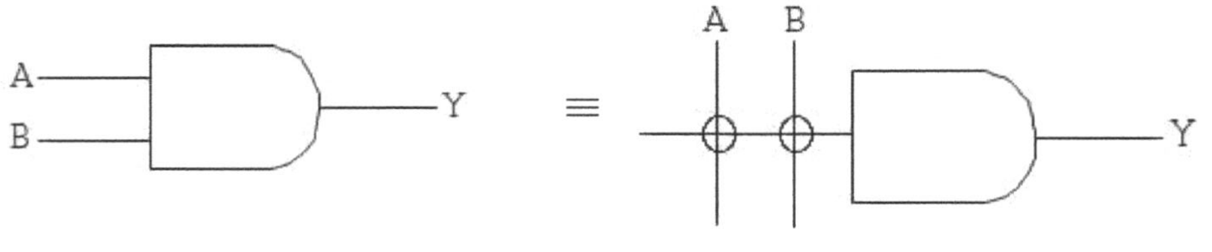

[그림 15-1] PLD에서의 입력 표기법

(1) PLD 의 장점

① 설계가 쉽다.

회로 설계를 납땜작업, 선 연결작업과 같은 번거로운 작업을 하지 않아도 적인 기법, 즉 프로그램으로 로직을 설계 할 수 있다. 또한 회로를 직접 만들어 보지 않고 S/W로 시뮬레이션하는 기법이 제공되어 디버깅이 쉽다. PLD 로직의 연결 상태를 지우고 쓸 수 있어서 편리하다.

② 보드의 면적을 줄일 수 있다.

TTL로 회로를 구성하면, 쓰이지 않는 TTL의 한 소자 내에 필요한 기능

이외의 과도한 기능을 남기어 놓고 쓰는 경우가 많다. PLD는 TTL보다 직접도가 높기 때문에 소형화된 제품을 만들기에 유리하다. 그리고 한 개의 PLD가 여러 개의 TT을 대신 할 수 있어서 더 효율적이다.

③ 회로 복제를 방지한다.

TTL을 사용하여 제품을 만들면 회로의 내용을 PCB 패턴과 사용된 소자를 보면 알아낼 수 있어서 불법적인 회로의 복사를 막기가 어렵다. PLD는 소자 안에 프로그램의 내용을 보기 어렵기 때문에 불법적인 복사를 막을 수 있다.

(2) PLD의 원리

예를 들어 $Y=A \cdot B+A \cdot \overline{B}$ 로 이루어지는 부울 함수를 구현해 보자. '·' AND 게이트, '+'는 OR 게이트, '−'는 NOT 게이트이다.

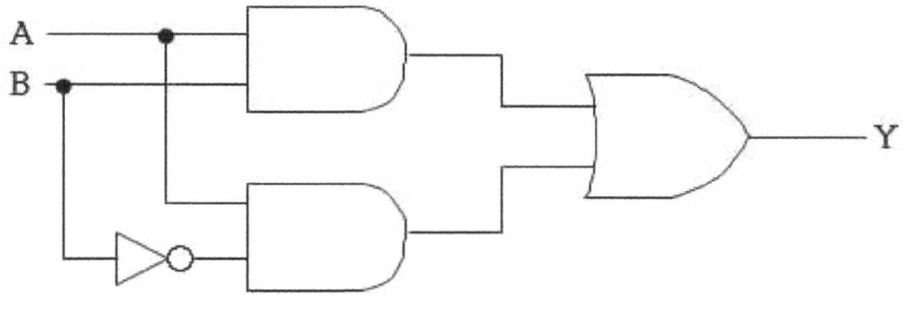

[그림 15-2] 부울함수를 구현하기 위한 회로도

PLD는 교차 지점을 프로그램으로 구현할 수 있는 AND와 OR를 기본 구성요소로 갖고 있다. '+' 교차점은 연결점이 끊어진 상태이고, '⊕' 기호는 연결되어 있는 상태이다.

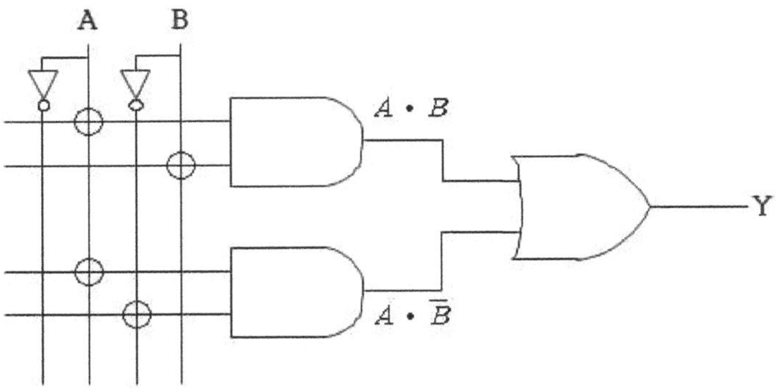

[그림 15-3] PLD로 구성된 가상함수

(3) PLD의 종류

① PAL

입력에 연결된 AND 배열은 프로그램을 할 수 있지만, 출력에 연결된 OR 배열은 고정되어 있다. PAL은 일반적인 기술로서, AND 배열만 프로그램 가능하기 때문에 유연성이 다소 떨어진다. 단점으로는 한번밖에 프로그램 할 수 없고 비교적 소비 전력이 크다.

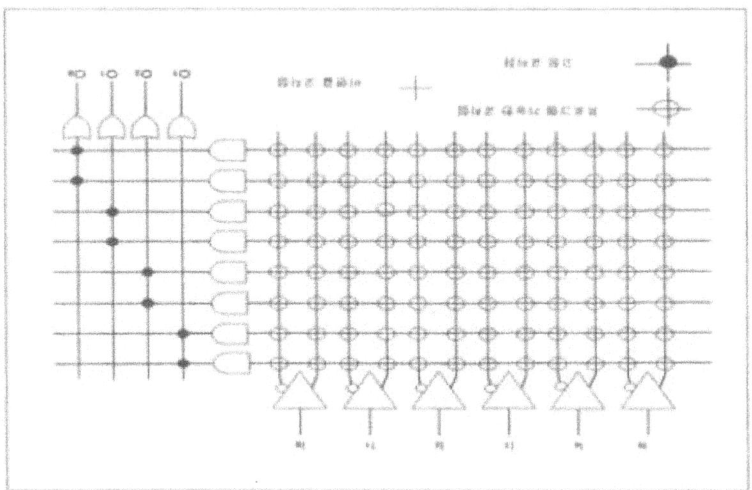

[그림 15-4] PAL 내부의 회로 구성

② GAL

PAL 구조와 같은 "programmable AND -fixed OR" 구조이지만 PAL은 한번 프로그램하면 그 내용을 변경할 수 없지만, GAL은 지우고 다시 쓸 수 있는 기능과, 출력의 형태를 마음대로 결정할 수 있고, 내부로직의 내용을 읽지 못하게 하는 보안 기능도 가지고 있다.

③ PROM

PROM은 입력의 AND 배열은 고정되어 있고, 출력측의 OR배열을 프로그램 할 수 있다.

(4) PLD 설계

PLD는 TTL과 달리 그 기능이 미리 정해지지 않았기 때문에 회로를 구성하기 위해서는 먼저 프로그램 절차를 거쳐야한다.

① 소스프로그램의 작성

일반적인 문서 편집기를 통해서 문서파일로 만든다.

② 컴파일

로직 컴파일러는 소스 프로그램을 PLD를 프로그램할 수 있는 전용 장비에 로드할 수 있는 형태의 파일로 만든다. 이렇게 만들어진 파일의 형식이 JEDEC 파일이며, 컴퓨터에서 PLD프로그래머 장비로 다운로드 된다.

③ 퓨징

프로그래머 장비에서 PLD를 프로그램하는 일을 퓨징 혹은 프로그래밍한다고 한다.

④ 대상보드에 장작

(5) 로직 프로그램 언어-ABEL

PLD를 효과적으로 프로그램하기 위해서는 PLD 제조업체 혹은 PLD 관련장비 개발업체에서 제공하는 PLD 프로그램 언어를 사용해야한다. 대표적으로 Data I/O사의 ABEL, Logical Devices 사의 CUPL 등이 있다.

3. 실습장비 및 실습부품

실습장비	PC(Windows OS)
	S/W : ispLEVER
실습부품	ROM WRITER
	GAL16V8A

예제1 ABEL 언어를 이용한 반가산기 설계

■ 다음 [그림 15-5]와과 같은 회로를 구성하라.

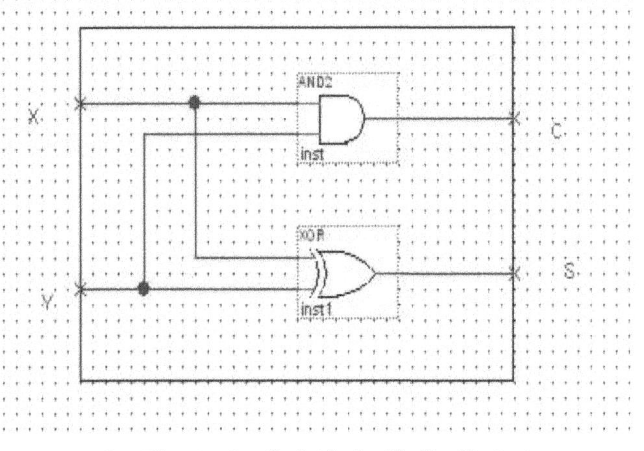

[그림 15-5] 반가산기 설계 회로도

ispNEVER 시뮬레이터 사용법

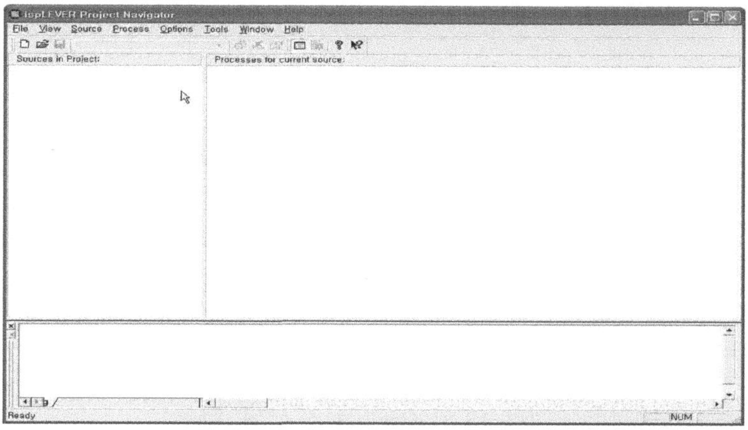

[그림 15-6] ipsNEVER 실행화면

Project -> New Project

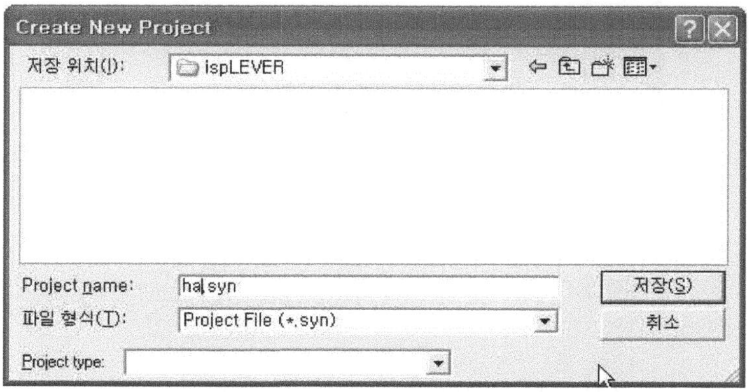

[그림 15-7] New Project 생성

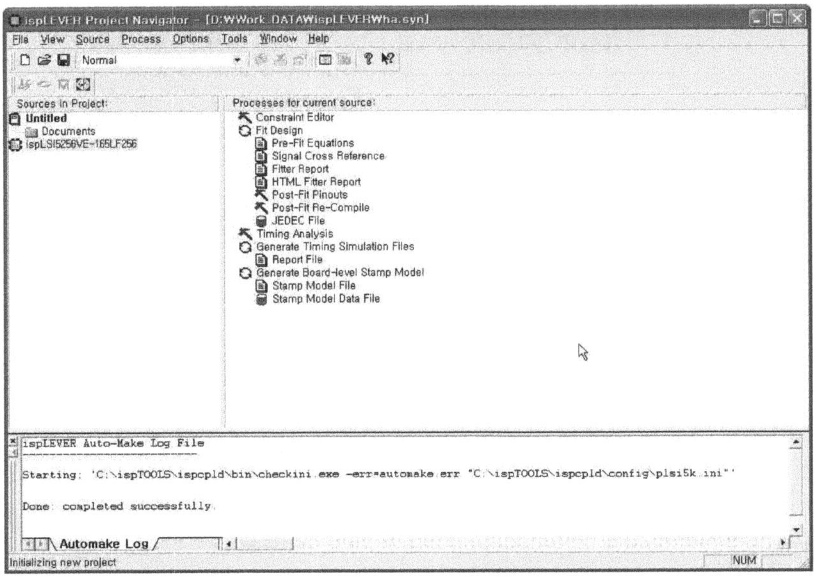

[그림 13-8] Project 생성된 화면

Device 설정

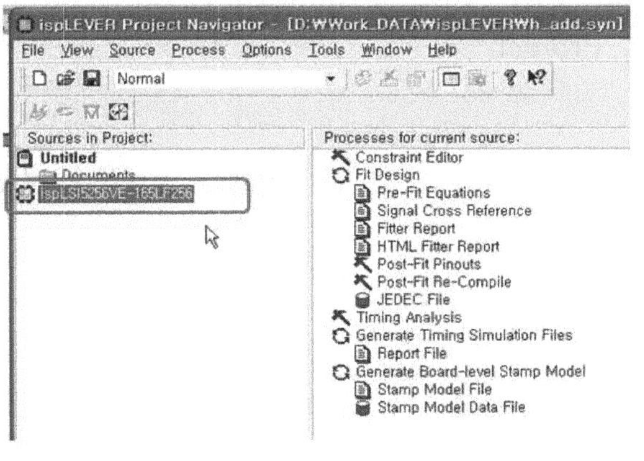

[그림 13-9] 디바이스 설정 화면(더블 클릭)

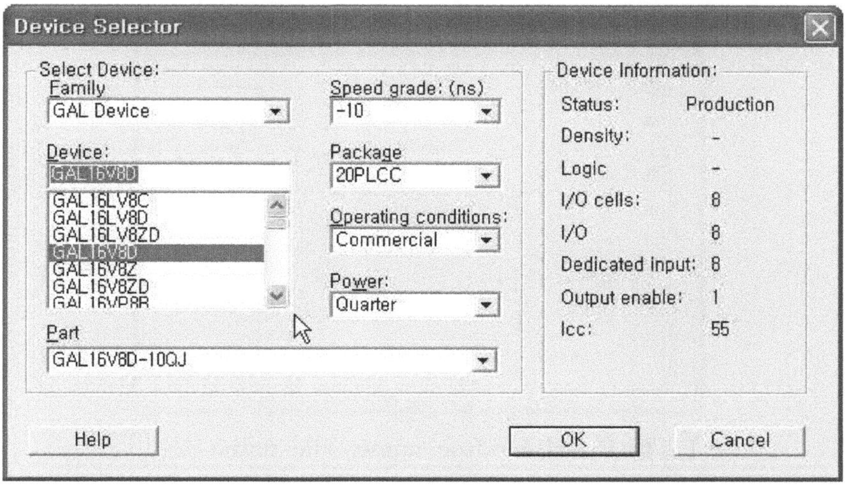

[그림 15-10] Device 선택

Source -> New -> ABEL-HDL Module

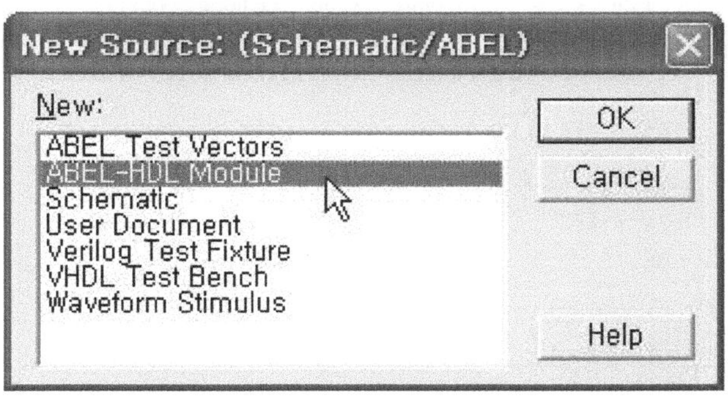

[그림 15-11] ABLE-HDL Module 생성

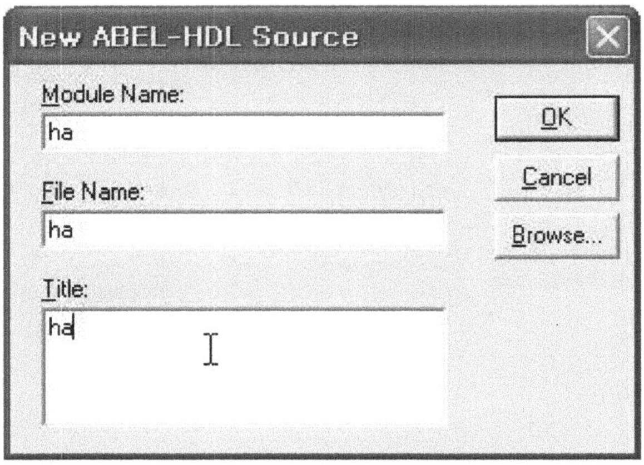

[그림 15-12] Module name, File name 설정

Source code 작성

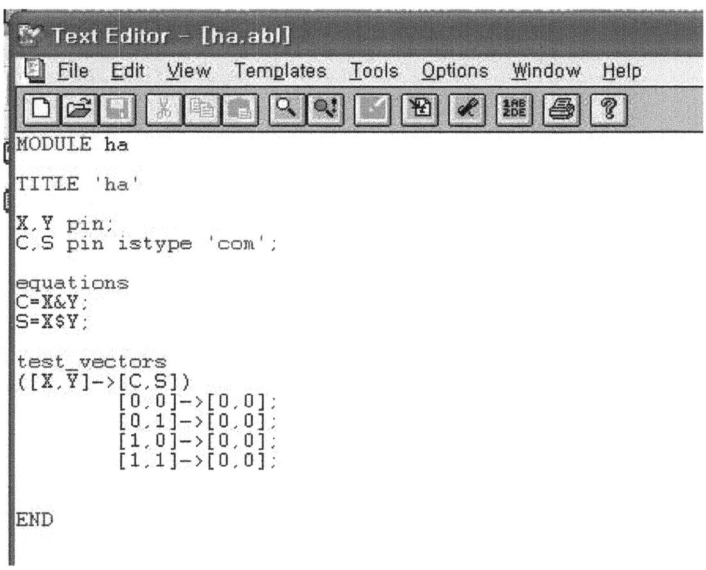

[그림 15-13] Source code 작성

Compile & Functional simulation

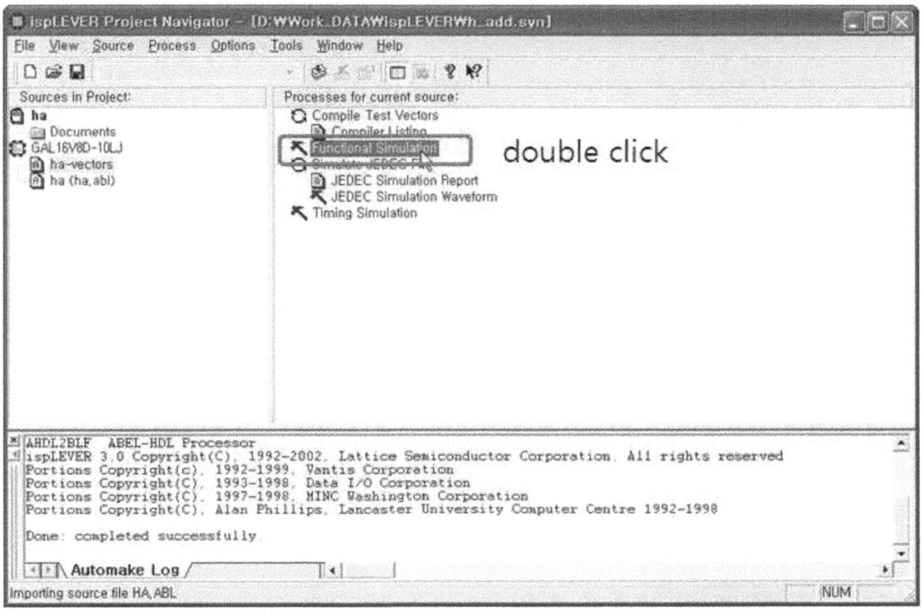

[그림 15-14] Functional simulation

simulate -> run

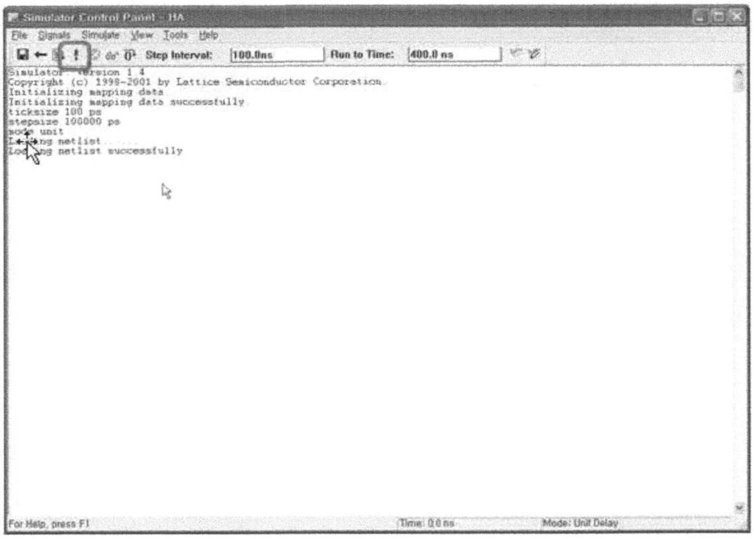

실행

실행 결과 파형 확인

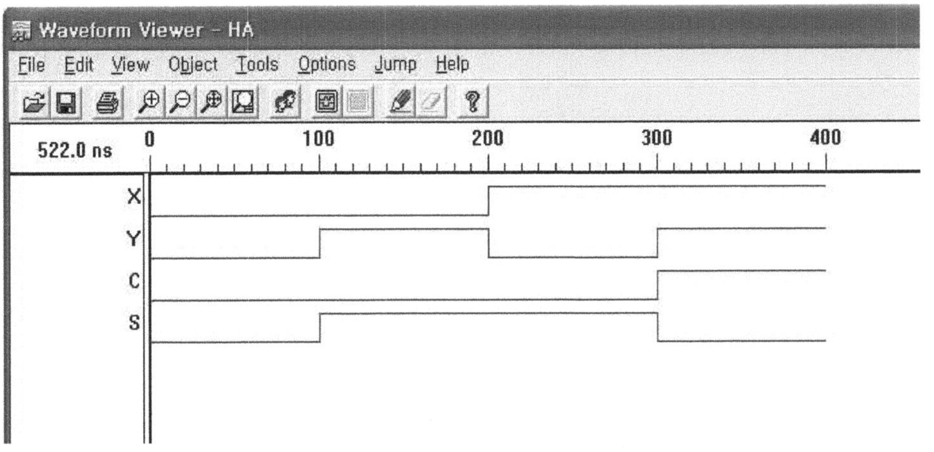

[그림 15-15] 실행 결과 파형 확인

■ 위의 [그림 15-15]의 파형을 확인하여 [표 15-1]에 파형 결과를 작성하라.

ns	input		output	
0	X	Y	C	S
100				
200				
300				
400				

[표 15-1] 출력 결과표

예제2 ABEL 언어를 이용한 전가산기 설계

■ 다음 [그림 15-16]과 같은 회로를 구성하라.

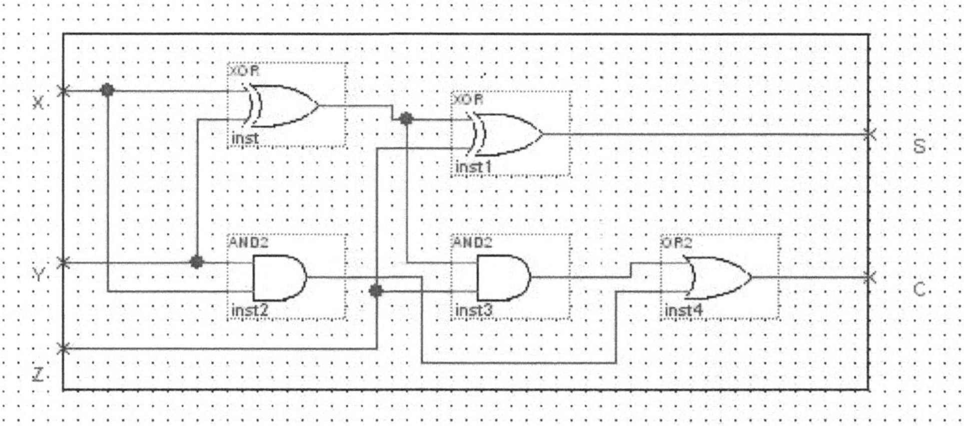

[그림 15-16] 전가산기 설계 회로도

■ 실습1의 과정을 참고하여 설계한 후 [그림 15-17]과 같은 파형이 발생하였는지 확인하고, [표 15-2]에 파형 결과를 작성하라.

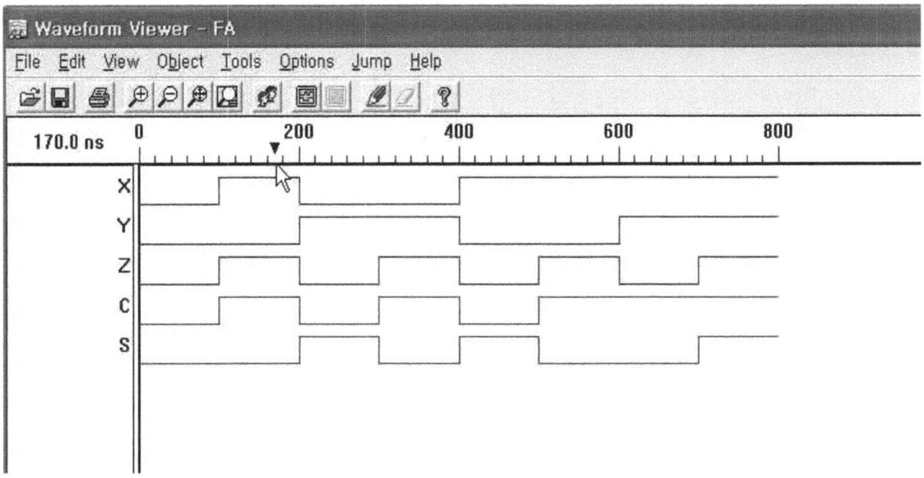

[그림 15-17] FA 결과 파형

ns	input			output	
0	X	Y	Z	C	S
100					
200					
300					
400					
500					
600					
700					
800					

[표 15-2] 출력 결과표

프로젝트: 디지털시계 설계(분, 초)

시계회로 Parts List

순위	품명	규격	수량	비고
1	IC	74LS08	1	U6
2	IC	74LS247	6	U4,U5,U8,U9
3	IC	74LS390	4	U2,U3,U7
4	IC	74HC4060	1	U1
5	Resistor	560Ω, 1/4W, ±5%	42	R4~R31
6	Resistor	4.7KΩ, 1/4W, ±5%	1	R3
7	Resistor	100KΩ, 1/4W, ±5%	1	R2
8	Resistor	10MΩ, 1/4W, ±5%	1	R1
9	Capacitor	22pF, 50VDC, Ceramic	2	C1,C2
10	Capacitor	0.1uF, 50VDC, MONO	12	C4~C13
11	Capacitor	100uF, 16V, 전해	1	C3
12	CRYSTAL	32.768KHz 발진기	1	Y1
13	FND LED	HDSP5501, Common Anode, Red	6	SEG1~SEG4
14	Toggle SW	AT1D-2M3, PCB용, SPDT	1	SW1
15	PCB(UNIV)	BA13, 130cmx170mm, 단면 EPOXY	1	
16	IC Socket	14 pin	1	
17	IC Socket	16 pin	11	
18	Retset SW	push botton switch	1	

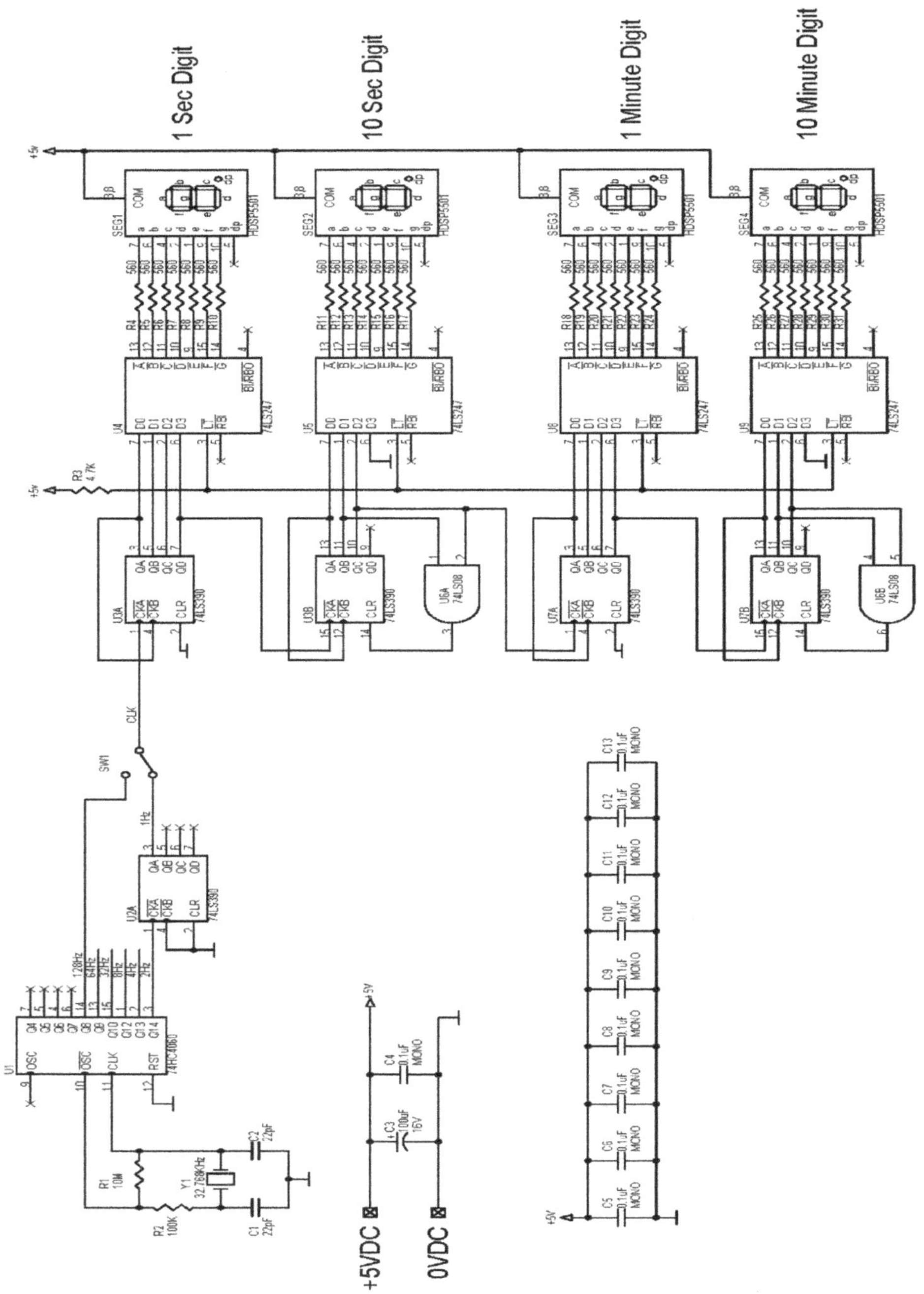

[그림] 디지털 시계회로(분, 초) 논리회로도

제 4 장

실습장비 소개

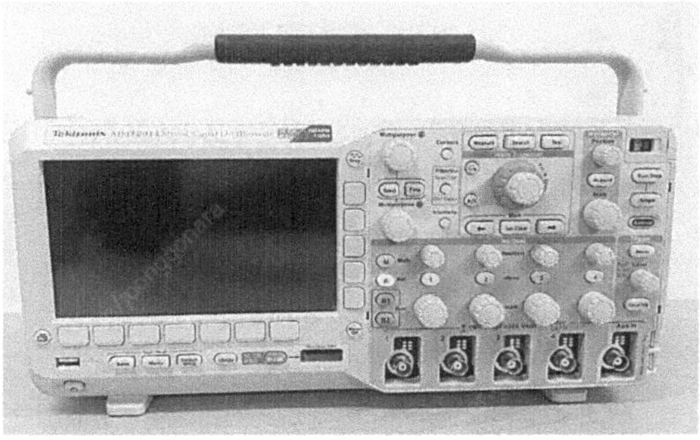

실습장비

1. 테스터

테스터는 전류, 전압, 저항 등 기본적인 전기량의 측정을 겸하여 할 수 있는 간편한 측정기이다. 보통 테스터(Tester)라 부르기도 하고, 전압계(Voltmeter), 저항계(Ohmmeter), 전류계(Miliammeter)의 종합 계기라는 의미에서 VOM(Volt-Ohm-Milliamphere meter)이라 부르기도 한다. 테스터는 내부적으로 직류전류계(구동부), 분류기, 분압기 및 저항측정용 전지로 구성되며, 외부적으로 눈금(Scale), 기능스위치(Function Switch 또는 Selector Switch), 배율기(Multiplier 또는 Range Selector), 저항영점조정기(Zero Aduster) 및 측정단자(Terminals)로 구성 된다. 보통 기능스위치와 배율기가 겸용으로 되어 있는 경우가 많으며, 대개의 테스터로는 전압은 약 100V 이내, 전류는 약 250mA 이내, 저항은 약 20MΩ 정도까지 측정할 수 있다. 최근에는 전기량을 지침으로 읽게 되어 있는 아날로그(Analog) 멀티미터 이외에 측정량을 직접 수치로 읽을 수 있는 디지털(Digital) 멀티미터도 많이 사용되고 있다.

1) 테스터의 구동원리

테스터의 구동원리는 영구자석 사이에 가동형 코일이 놓여 있고, 코일 끝에는 지침이 달려 있다. 자기장 속에 놓여 있는 코일에 전류가 흐르면, 그 코일은 Fleming의 왼손법칙에 의해서 힘을 받아 회전하게 되므로, 이에 연결된 지침도 회전한다. 코일에 흐르는 전류 I, 자속 B, 코일의 높이와 폭을 각각 L과 R이라 할 때, 코일

$$F=IL \times B \qquad (3.1)$$

이다. 이 때, 코일의 감긴 권선수가 N이라 하면, 회전 토크(Torquie)의 크기 T는

$$T=RLBNI \qquad (3\text{-}2)$$

이 된다. 이 식에서 R, L, B, N은 모두 고정되어 있는 양이기 때문에 토크 T는 결국 전류 I에 비례하게 된다. 따라서, 지침의 회전 정도는 흐르는 전류의 양을 나타나게 되며, 이 때 지침은 코일의 회전을 제어하는 용수철의 복원력이 코일이 받는 힘 F와 평형을 이룰 때까지 움직이게 된다. 이와 같은 원리에 의해서 전류를 측정할 수 있고, 저항에 흐르는 전류가 전압에 비례

하는 것을 이용하면 전압측정도 가능해 진다. 저항의 크기는 멀티미터(Multimeter)안에 있는 별도의 고정된 전원에 의하여, 저항에 흐르는 전류를 측정함으로써 측정할 수 있다.

2) 테스터와 디지털 멀티미터의 기능

(1) 테스터의 기능

테스터는 최대눈금이 50~100μA의 진류전류계와 여러 개의 분류기, 분압기, 전환 스위치 등으로 구성되며 저항을 측정할 때는 계기 내부에 들어 있는 전지가 사용되는데 테스터의 대표적인 구조는 [그림 4-1]과 같고 각 부분의 기능과 사용법은 다음과 같다.

① 트랜지스터 검사 소켓

트랜지스터 검사시 소켓에 표시된 각 극성 간의 정확한 위치에 시험할 트랜지스터의 극성을 맞추어 삽입한다.

② 트랜지스터 판정 지시장치

적색 및 녹색 램프로 되어 있어 적색이 켜지면 양품의 PNP극성의 트랜지스터이고 녹색이 켜지면 양품의 NPN극성의 트랜지스터이다. 2개의 램프가 점멸되면 측정트랜지스터의 극간이 개방상태의 고장임을 알려 주며 둘다 점멸되지 않으면 컬렉터-이미터 간의 단락 고장을 뜻한다.

③ 입력소켓

각종 전기량을 측정할 때 측정리드를 삽입하는 단자로(+), (-)극성에 유의해야 한다.

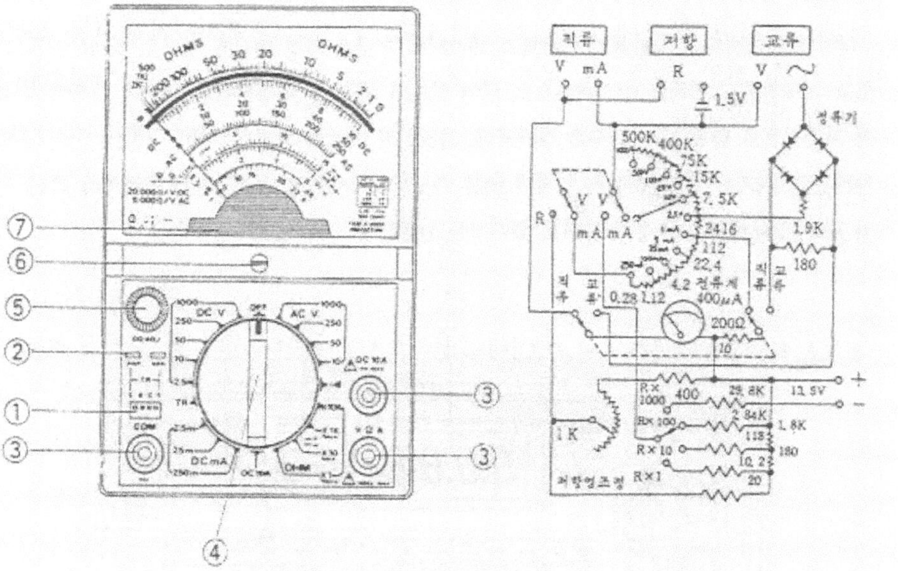

[그림 4-1] 테스터의 구조와 내부회로

④ 전환 스위치

이 스위치에 의하여 모든 측정기능과 측정범위를 바꿀 수 있으며 좌우 어느 방향으로 돌려도 된다. 대체로 좌측이 직류전압, 직류전류, 우측이 교류전압, 저항 선택으로 되어 있다. 이 전환 스위치는 기능스위치와 배율기의 겸용이다.

⑤ 0Ω 조정기

저항측정시 측정용 리드선을 단락시키면 단자 사이의 저항은 0Ω이 된다. 이 때 눈금판의 우측에 있는 눈금 0의 위치에 지침을 일치시켜야 하므로 이것을 맞추는 데 사용한다.

⑥ 지침 영점 조정기

측정 전 반드시 지침이 왼쪽 0점에 있는지 확인하고 필요시 조정한다.

⑦ 눈금판

전환스위치의 위치에 따라 계기의 지침이 가리는 점의 지시치를 읽기 위하여 직류 전압, 전류 및 교류 전압, 저항눈금 등 측정범위별로 다중 눈금으로 되어 있다.

(2) 디지털 멀티미터의 기능

1. 제품 소개

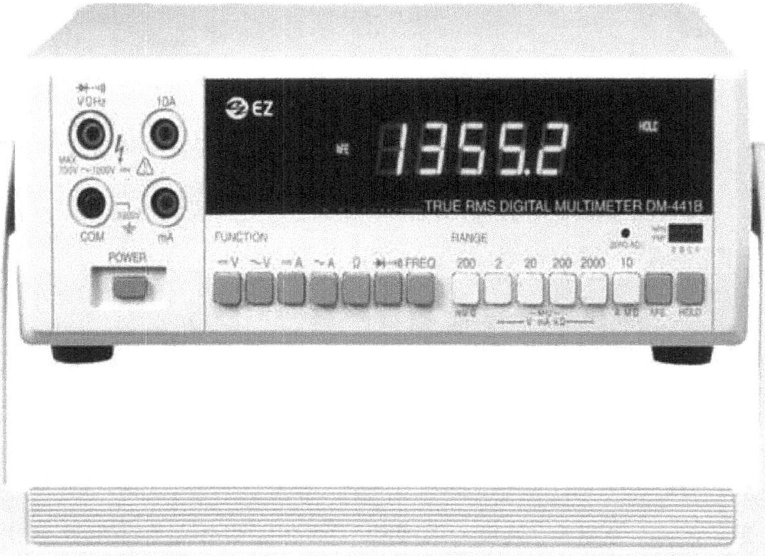

[그림 4-2] DM-441B 멀티미터

⊙ DM-441B는 $4\frac{1}{2}$디지트, 발광다이오드(LED) 표시 방법의 휴대용 및 선반형의 겸용 디지털 멀티미터입니다.

⊙ DM-441B는 기본적인 교류/직류 전압, 교류/직류 전류, 저항 뿐만 아니라 트랜지스터 전류증폭률, 다이오드, 주파수 그리고 도통시험 까지 할 수 있는 디지털 멀티미터입니다.

⊙ 교류신호에 대한 TRUE RMS 측정방식

TRUE RMS는 순수 사인파가 아닌 노이즈성 교류파까지 쉽고 정확하게 측정 할 수 있는 유일한 측정방식입니다.

⊙ 안전(SAFETY) 및 전자기 양립성(EMC)규격 승인(TUV)
본 제품은 SAFETY 및 EMC 규격 규정에 의거해 설계, 생산된 제품입니다.

2. 사용방법

※ 주의 : 사용시 전원을 켠 후 약 15분 정도의 예열 시간이 경과한 후 사용하십시오.

2-1. 일반적 사양

⊙ $4\frac{1}{2}$디지트 : 20,000 카운트 LED(발광다이오드)
⊙ 가능 측정 횟수 : 2.5회/초
⊙ 입력 과부하에 대한 보호 회로 내장
⊙ 이중 적분 방식의 아날로그-디지털 변환기
⊙ 과입력 지시 : 디지트 깜빡임
⊙ 교정기간 : 1년
⊙ 온도 : 동작온도 : 0℃ ~ 50℃(상대습도 80%이하)
저장온도 : -20℃ ~ 60℃(상대습도 70%이하)
정확성 보증온도 : 23℃ ± 5℃
⊙ 전원 전압 : 103V ~ 126V, 50Hz/60Hz
206V ~ 252V, 50Hz/60Hz
⊙ 소비전력 : 10Watt
⊙ 크　기 : 25.0cm × 9.25cm × 25.1cm
⊙ 무　게 : 1.5Kg

3. 측정방법

사용방법에서 DM-441B의 성능 및 제한 범위 그리고 일반 사용자가 간단히 보수 유지 할 수 있는 방법에 대해 설명합니다.

3-1. 영점조정

사용자가 측정하기전 직류전압 200mV에 놓고서 입력을 단락시켜 전면판에 있는 0점 조정자(Zero Adj)를 사용하여 표시값을 "0"으로 조정해주고 측정하면 정확한 측정값을 얻을 수 있습니다.

3-2. 입력 과부하 보호

※ 주의 : 최대입력 제한 범위를 초과하면 제품에 손상을 줄 수 있습니다. 이 보호 회로는 높은 에너지 펄스의 단락으로부터 일시적 보호에 지나지 않습니다.

3-3. 입력 전원 설정

표준품의 전압설정은 115V 또는 230V, 50Hz/60Hz 중 하나가 선택됩니다. 115V 또는 230V, 50Hz/60Hz 변압기는 본 제품의 뒷부분에 있는 선택 스위치로 입력 전원과 같은 전압으로 필히 선택되어야 합니다.

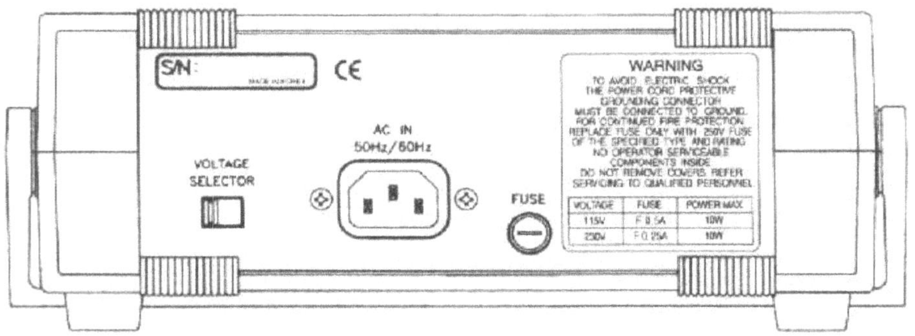

[그림 4-3] DM-441B 후면부

3-4. 전원 스위치

전원 스위치는 본 제품의 전면부 왼쪽에 있습니다. 이는 푸쉬-푸쉬 스위치 방식으로 전원을 입력(ON)코자 할 때는 스위치를 누르고, 차단(OFF)시 다시 한번 누르면 됩니다.

3-5. 전압측정

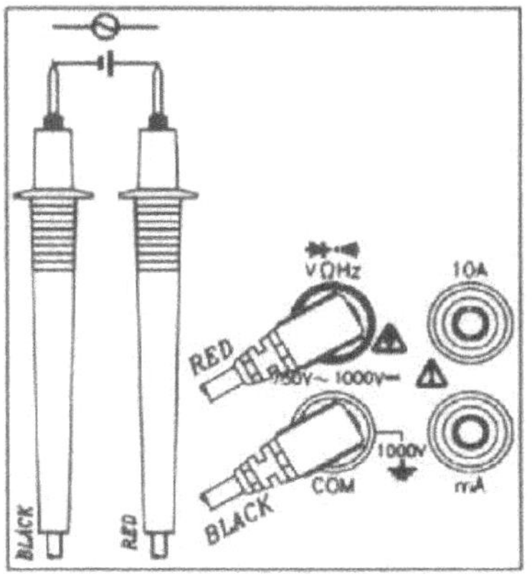

① COMMON 단자에 검정색 리드를 그리고 붉은색 리드는 VΩHz단자에 연결시킵니다.
② 전압 측정시에는 ⎓V/hFE 또는 ~V 스위치를 선택합니다.
③ 그리고 레인지 선택은 안전을 고려해 최상위 레인지를 선택합니다.
④ 측정하고자 하는 부위에 리드를 대고 나타난 값을 읽으면 됩니다.

선택된 레인지 보다 높은 값이 인가되면 '0.000'이 계속적으로 깜빡거립니다. 교류 및 직류 전압 영역에서의 임피던스는 약 10MΩ이고, AC전압의 주파수 대역을 50Hz ~50KHz입니다.

3-6. 전류 측정

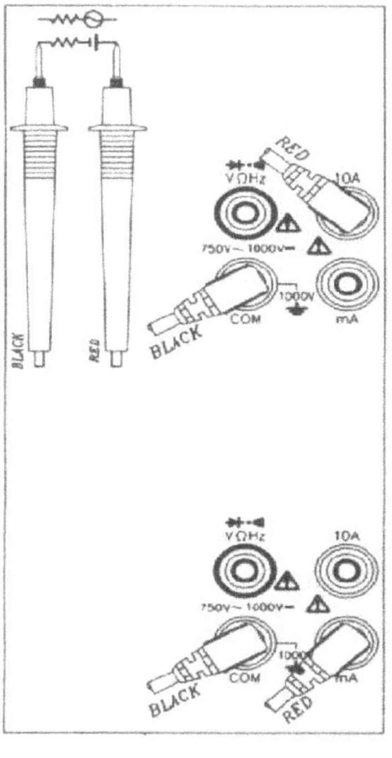

① 측정하고자하는 전류값을 대략적으로도 모른다면 붉은색 리드는 10A 단자에 COMeks자에는 검정색 리드를 연결하며 mA 단자 선택이 가능한 전류에 대해선 붉은색리드를 이에 연결시킵니다.
② 전압 측정시에는 ⎓V/hFE 또는 ~V 스위치를 선택합니다.
③ 최상위 레인지를 선택합니다. 이후 적당한 레인지를 선택하면 됩니다.
④ 특정 부위에 리드를 대고 표시된 값을 읽습니다.

선택된 레인지 보다 높은 값이 인가되면 '0.000'이 계속적으로 깜빡거립니다. 교류 전류에서 허용주파수는 50Hz ~20KHz입니다.
전류 측정시 멀티미터의 내부 저항은

"BURDEN전압"으로 불리는 멀티미터 입력 단자를 통해 전압을 움직이게 됩니다.

여기서의 전압 강하는 매우 낮지만 측정에 있어서의 정확도에 영향을 끼칠 수 있습니다.

3-7. 저항 측정

① 검정색 리드는 COMMON단자, 붉은색 리드는 VΩHz에 삽입하세요.
② Ω 기능 스위치를 선택하세요.
③ 적당한 레인지를 선택하세요.
④ 측정하고자 하는 부위에 리드를 대고 그 값을 읽습니다. 레인지를 초과하는 값이 입력되면 "0.000"이 깜빡거립니다.

*저항 측정 시, 테스트 리드를 반대로 연결시키면 "-"가 표시가 되나 측정 시에는 고려하지 마십시오.

※ 주의 : 정확한 저항값을 얻기 위해선 피측정 회로의 전원을 차단해, 모든 캐피시터를 충분히 방전시킨 후에 저항을 측정하십시오.

3-8. 주파수 측정

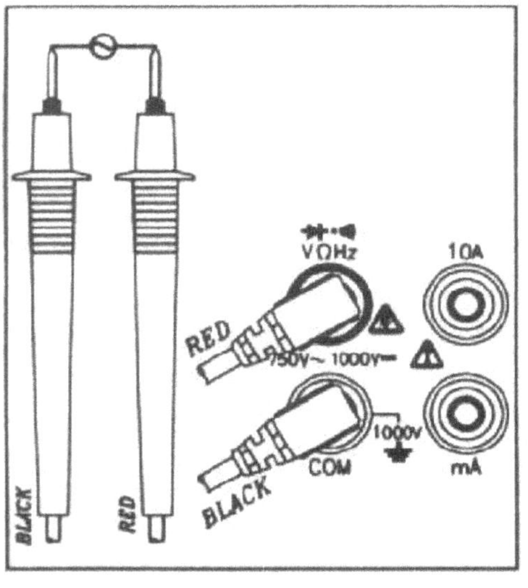

① 검정색 리드는 COMMON 단자, 붉은색 리드는 VΩHz단자에 삽입하세요.
② 그리고 FREQ 기능 스위치를 선택하세요.
③ 적당한 레인지를 선택하세요.
④ 측정 부위에 리드를 대고 그 값을 읽으세요. 동조에 필요한 입력 최소 전압은 100mV(RMS) 이상이어야 합니다. 만약 입력신호가 100mV 이하이면 주파수 측정이 어렵게 됩니다.

3-9. 트랜지스터 전류증폭률 (hEE)측정

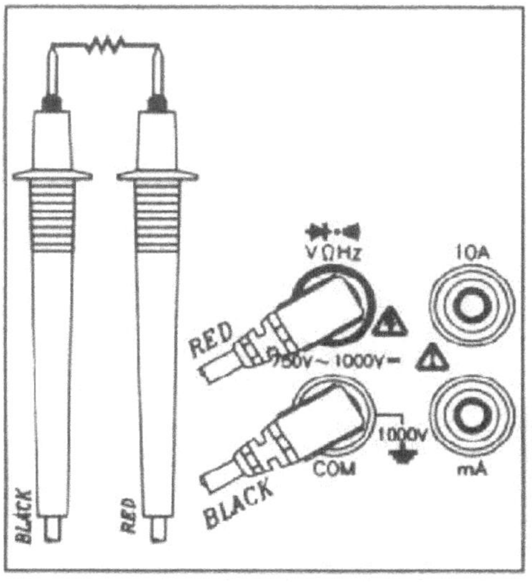

① hFE 측정시에는 ⎓V/hFE 스위치를 선택합니다.

② hFE 레인지를 선택하세요.

③ 트랜지스터 타입(NPN, PNP)을 구분해 전면부 우측에 있는 소켓의 적당한 삽입부에 트랜지스터 리드를 삽입합니다. 베이스 전류 3.5μA. 콜렉터-에 미터간의 전압 4.5V의 측정 상태에서의 전류 증폭률(hFE)를 나타냅니다.

3-10. 다이오드 시험

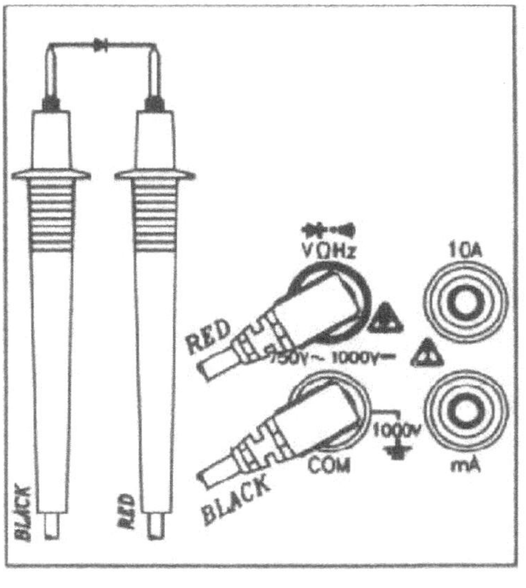

① 검정색 리드는 COMMON단자 붉은색 리드는 VΩHz단자에 삽입하십시오.

② ⯈⊢ •))) 스위치를 선택하십시오. 순방향 전위차가 전압으로 표시됩니다.

시험조건 : 순방향 직류 전류(1mA) 역방향시 000.0이 깜빡입니다.

3-11. 도통시험

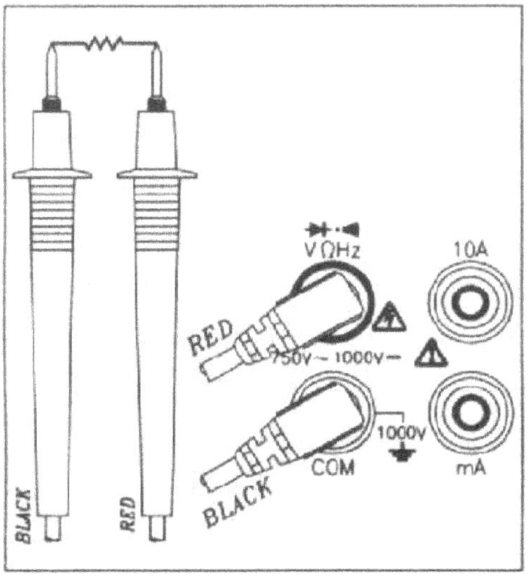

① COMMON 단자에 붉은색 리드를 삽입하고 붉은색 리드는 V ΩHz단자에 삽입하십시오.
② 스위치를 선택하십시오, 저항의 도통 범위는 200Ω이하입니다.

※ 주의 : 피측정 회로상의 캐패시터를 모두 방전시킨 후에 전원을 차단하고 도통 시험을 하십시오.

3-12. 데이터 유지 기능

측정된 값은 “HOLD" 스위치에 의해 화면에 그대로 유지되며, 한번 더 “HOLD" 스위치를 누르면 해제됩니다.
*레인지 측정값이 초과 시 HOLD 스위치를 누르면 LED는 나타나지 않습니다.

3-13. 손잡이

핸들의 위치가 4단계로 분리되며, 하나의 위치는 멀티미터를 운방할 때 사용되며, 나머지 세워치는 작업대에서 편리한 경사각을 이루기 위해 사용됩니다.

2. 직류전원 공급기

본 실습에서는 0-30V 범위의 연속가변이 되는 2개의 출력과 고정전압 5V(2A)의 출력을 갖는 가변 전압안정 직류전원 공급기를 사용한다. 일반적으로 사용되는 전원 공급기는 다음과 같은 특징을 갖는다.

전면의 조정부는 ON-OFF 스위치(대부분 표시등이 부착되어 있다), 출력전압 조정을 위한 회전식 다이얼, 두 개 또는 세 개의 출력 잭 등으로 이루어져 있다. 두 개의 출력 잭이 있는 경우 하나는 +로 다른 하나는 -로 표시되어 있다. 세 개의 출력 단자가 있는 경우 각각의 단자는 +,-, GND로 표시되어 있다. 출력전압은 + 단자와 - 단자 사이에서 얻어지며, GND는 계기의 접지 단자이다. + 출력과 - 출력을 독립적으로 조정할 수 있는 전원공급기도 있으며, + 출력은 + 단자와 GND 단자 사이에서 그리고 - 출력은 - 단자와 GND 사이에서 얻어진다. 이와 같은 전원 공급기는 ±30V의 전압을 출력한다.

또 다른 조정단자로 전류조정을 위한 회전식 다이얼이 있으며, 이 조정단자는 전원 공급기의 전류출력을 제한하기 위해 사용된다. 전원 공급기의 전류조정 단자는 0에서 3A 사이의 임의의 전류양으로 제한할 수 있다. 이와 같은 전류제한은 실습회로에 과도한 전류가 흐르는 것을 방지 하는데 유용하다.

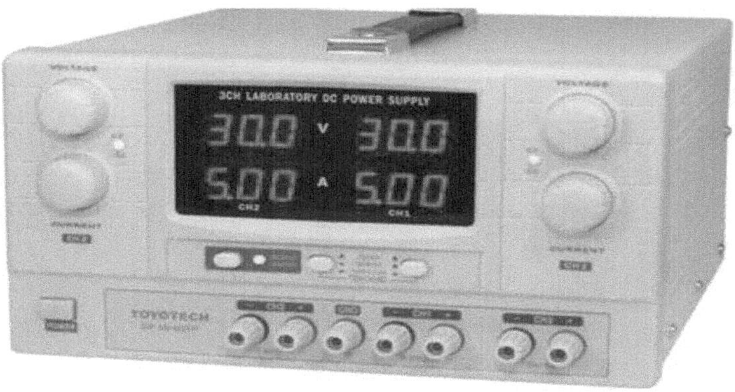

[그림 4-4] 직류전원 공급기

실습실에서 사용되는 전원 공급기는 전면에 전압계가 부착되어 있고, 단자에서 출력되는 전압을 표시한다. 직류전원 공급기를 회로에 연결할 때는 회로의 극성을 먼저 확인해야 하며, 이렇게 함으로써 부품이나 계기에 가해질 수 있는 손상을 방지할 수 있다.

3. 오실로스코프 사용법(gds-1000)

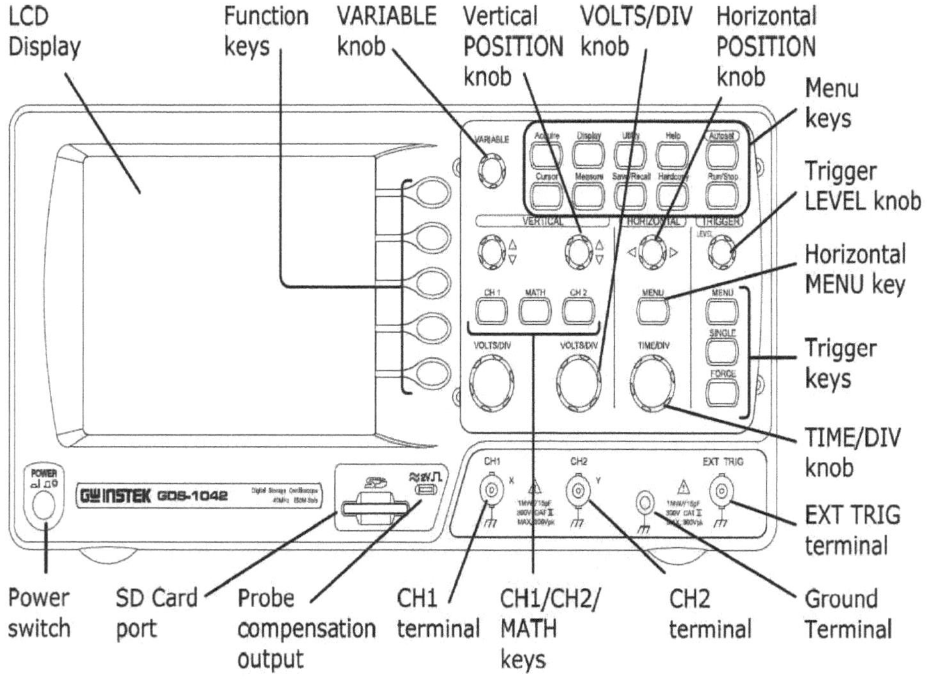

[그림 4-5] 오실로스코프

메뉴 이름	메뉴 모양	기능 설명
F1(최상)~F5(최하)	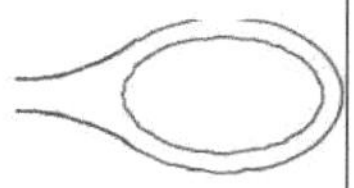	LCD 디스플레이의 좌측에서 나타나는 기능을 작동시킨다.
가변노브		값을 증감하여 다음 또는 이전의 파라미터로 이동한다.
포착 키	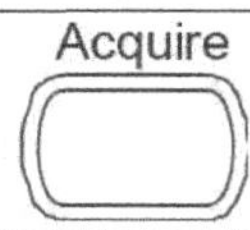	파형의 포착 형태를 설정한다.
화면스위치		화면을 설정할 때 사용한다.
커서·키	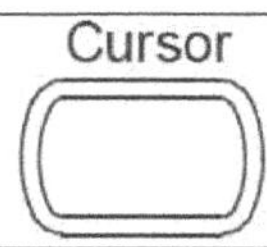	커서 측정을 실행 한다.
유틸리티 키	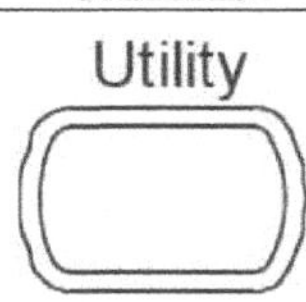	하드 카피 기능 구성, 스템상황, 메뉴 언어 선택, 자체 교정을 실행, 프로브 보상 신호 설정하는 기능.
도움·키	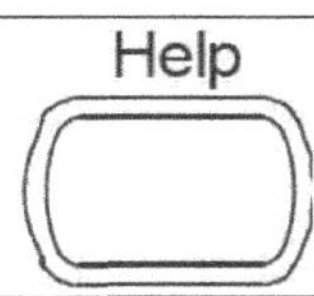	화면상의 기능에 도움이 필요할 때 사용한다.
자동설정 키	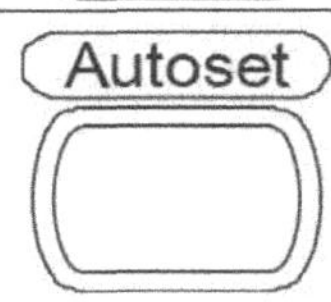	자동으로 입력 신호를 수평, 수직과 트리거를 설정하여 파형을 포착한다.
계측 키	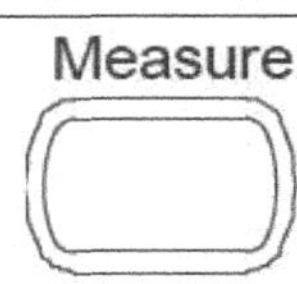	자동으로 파형을 측정하는 기능.

저장/불러내는 키		이미지, 파형 또는 패널 설정을 저장하고, 불러낸다.
하드 카피 키		이미지, 파형 또는 패널 설정 값을 SD 카드로 복사한다.
트리거 레벨·노브		트리거 위치를 설정 한다.
싱글 트리거 키	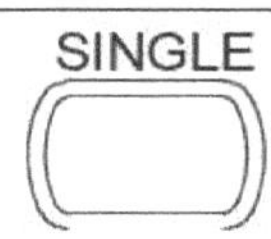	파형을 한번만 포착하는 기능에 이용한다.
트리거 포스 키	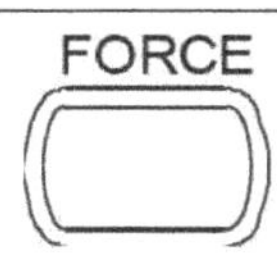	트리거 상태에 관계없이 한 번만 입력 신호를 얻는다.
수평 위치 노브	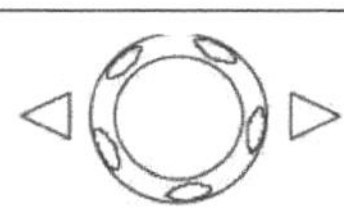	수평으로 파형을 이동한다.
TIME/DIV 노브	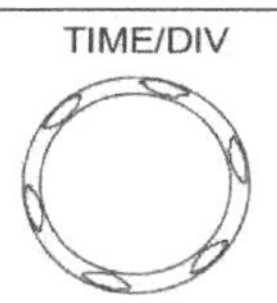	가로축의 시간을 설정하여 파형을 보기 편하게 설정 한다.
수직 위치 노브	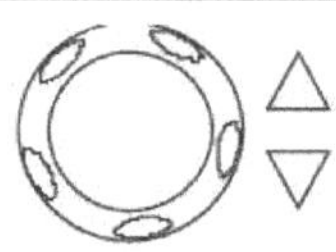	수직으로 파형을 이동한다.
VOLTS/DIV	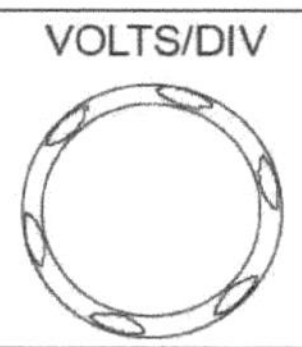	세로축의 전압을 설정하여 파형을 보기 편하게 설정 한다.

연산 기능 키	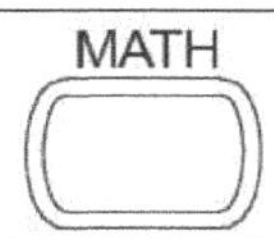	연산 조작을 실행한다.
프로브 보상 출력		프로브를 조상 또는 데모하기 위해 2Vp-p 정방형의 신호를 출력한다.

* 파형 포착하기

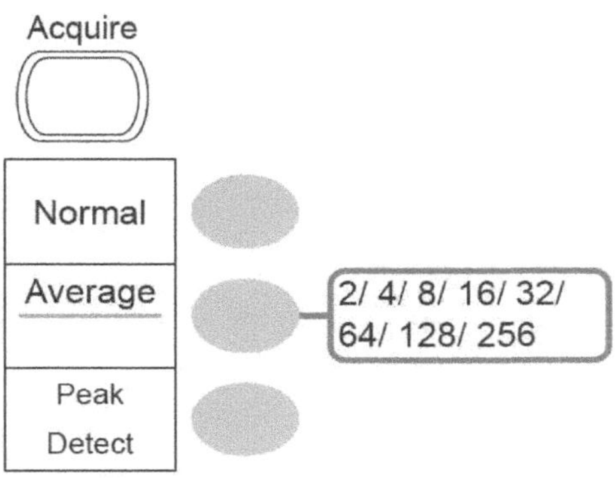

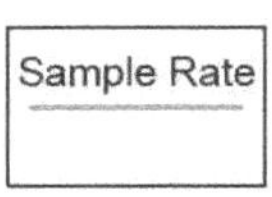

① 취득 모드를 선택한다.

② Normal~Peak-Detect 중에서 선택한다.

③ 혹은 평균수를 선택한다.

*연산하기

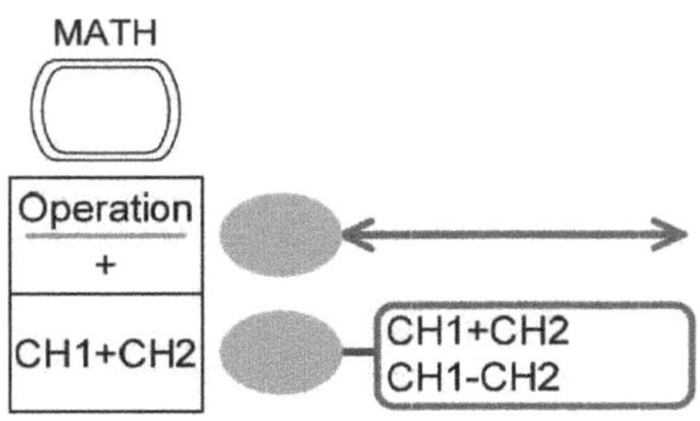

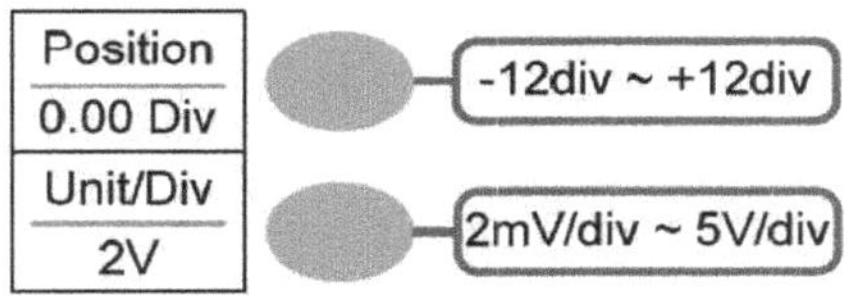

① 연산 버튼을 누른다.
② 연산 조작 타입(+/-)을 선택한다.
③ 결과의 위치를 선택한다.

*자동으로 파형 포착하기

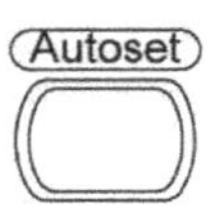

자동적으로 신호와 설정된 크기를 찾아낸다.

*이미지로 저장하기

하드카피 버튼을 이용한다(유틸리티 메뉴에서 하드카피 기능을 미리 설정해 둬야 한다.).

*커서를 이용한 시간 측정

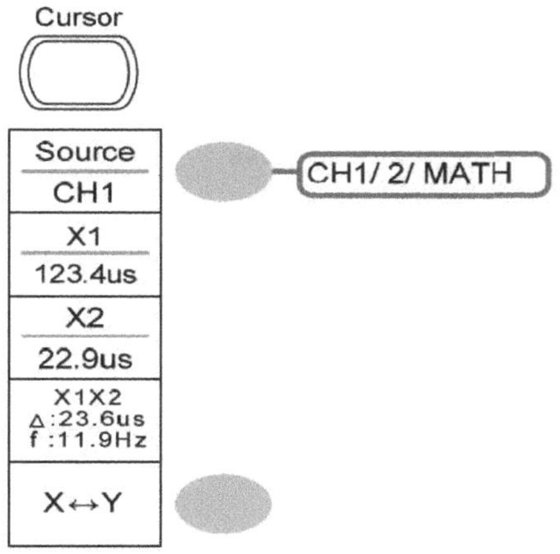

① 커서 버튼을 누른다.
② X1, X2 커서를 이용하여 이동하고 시간을 측정한다.

*커서를 이용한 전압 측정

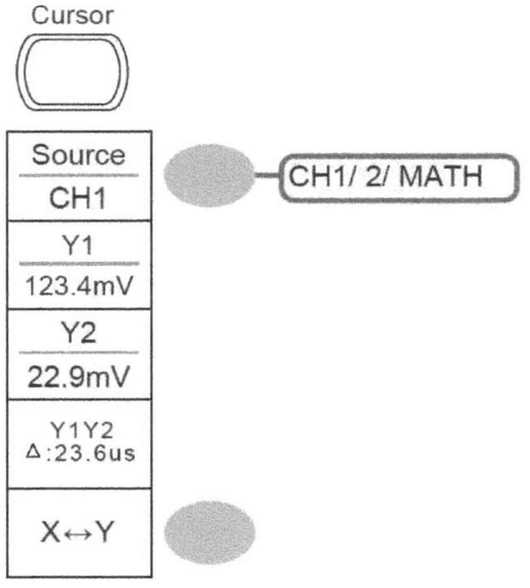

① 커서 버튼을 누른다.
② Y1, Y2 커서를 이용하여 이동하고 전압을 측정한다.

*파형의 저장과 재생방법

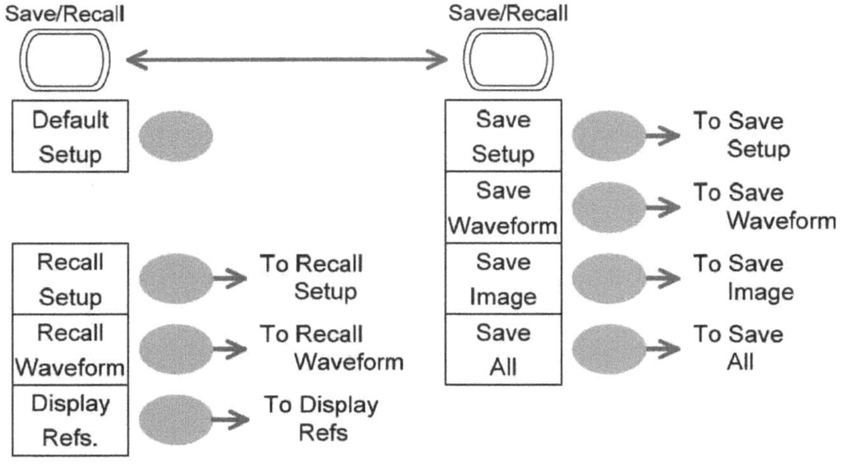

① Save/Recall 버튼을 누른다.

② 저장하거나 불러낼 형태(파형 또는 이미지)를 선택한다.

③ 모든 형태로 저장할때는 "Save All"을 선택한다.

*파라미터를 이용한 자동 측정

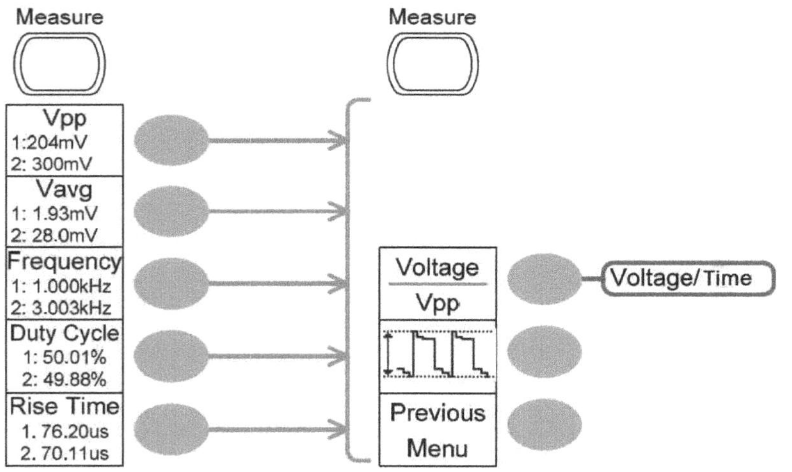

① 자동측정을 진행하기 위해 "Measure" 버튼을 누른다.

② 5가지를 동시에 측정할 수 있으며 측정항목은 오른쪽 F1~F5의 회색 버튼을 눌러서 변경할 수 있다.

4. 브래드 보드

1) PANEL

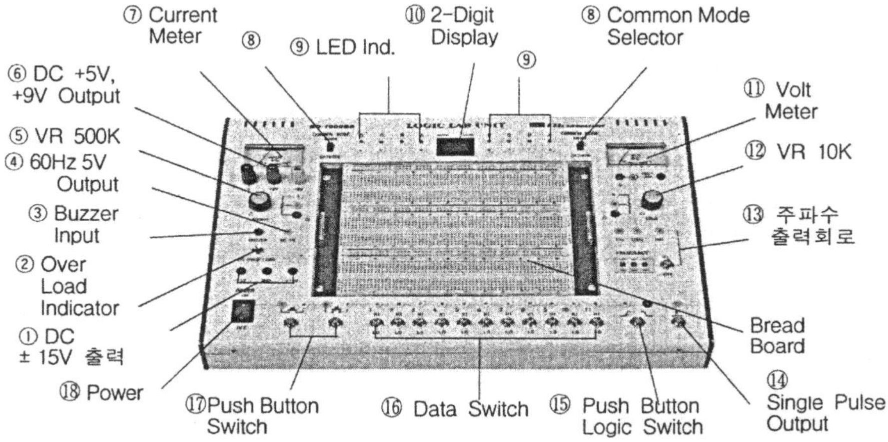

[그림 4-6] 브레드 보드 PANEL

2) BREAD BOARD 구조

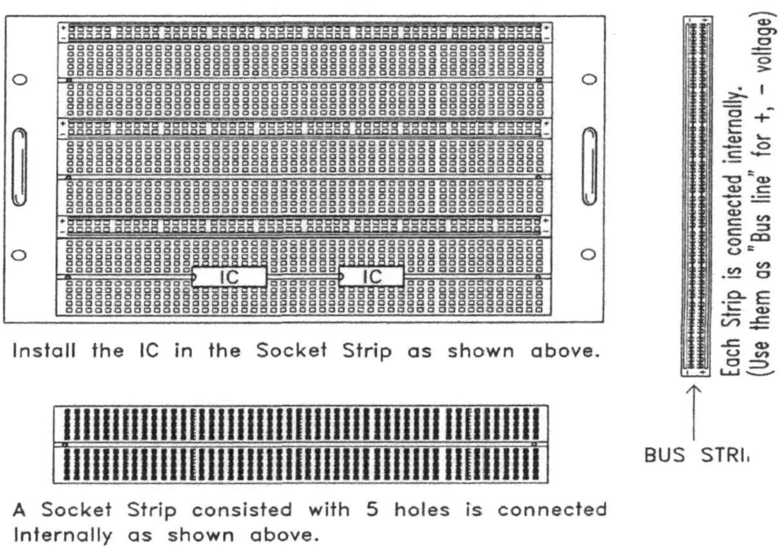

[그림 4-7] 브레드 보드 Socket

(1) LOGIC LAB ED-1000BS의 개요

MODE ED 1000-BS LAB UNIT는 각종 Digital IC를 사용한 회로의 설계 및 실습을 위하여 제작된 장비이다. 또한 이 뿐만 아니라 Transistors 및 Linear IC 회로의 설계와 실습에도 사용할 수 있다. 이 Logic Lab Unit의 특징은 Digital 회로의 실습에 필요한 각종 주변 장치를 자체에 갖추고 있으며 모든 장치들의 부착 위치는 능률적인 실습을 할 수 있도록 고안되어 있다.

전원은 220V에서 사용 가능하며 실습시에 필요한 DC 전원 공급기를 내장하고 있다.

(2) PANEL의 기능 설명

① DC ±15V 출력

DC 전원 공급 출력으로 OP-Amp +, - 양전을 공급하는데 사용한다.
±15V .... 50mA(Ripple 10mV Max.)

② DC OVER LOAD

DC 5V 출력이 Over Load시 Buzzer의 울림과 함께 불이 들어 온다.

③ BUZZER

Buzzer 입력 jack으로 2~5V, 1mA 이하의 Driver 전력에 의하여 동작한다. 그리고 DC 출력이 Over Load에도 Buzzer가 울리게 되어 있다.

④ ~60Hz 출력

AC 5V (RMS)가 출력되며 이는 AC 60Hz를 이용하여 Clock Signal 및 Time Base 등으로 사용할 수 있도록 하였다.

⑤ 가변저항기 500kΩ

회로 실습시에 시정수 가감 또는 입력 Level 가변 등에 이용할 수 있다.

⑥ DC +5V, +9V Output

DC 전원 공급 출력으로 Digital회로 실습시에는 +5V의 전원을 공급하고, +9V의 전원은 Analogue회로 실습시 사용한다. +5V, +9V ..... 0.5A(Ripple 10mV Max.)

⑦ 전류계

이 전류계는 +5V 출력회로에 직렬로 들어 있으며, 이는 5V의 부하 전류를 지시한다.

⑧ COMMON MODE SWITCH

LED Indicator의 입력극성을 선택하는 스위치이다. 즉 입력이 “0”일 EO나 TTL의 Open Collector 출력에서 LED에 불이 들어오게 하려면 이 COMMON MODE 스위치를 “ANODE"에 하고 입력이 “1”일 때 LED에 불이 들어오게 하려면 이 스위치를 “CATHODE."에 두어야 한다.

⑨ LED INDICATOR

이는 좌우 4개씩 8개로써 BCD 입출력이나 8bit Binaly 입출력 또는 개별적으로 Digital 회로의 출력이나 입력상태를 Monitor 해볼 수 있게 한다.

⑩ 2-Digital Display

2-Digital로써 Binary 입력에 따라 Decimal Number 0~9 및 A~F까지 지시한다.

⑪ 전압계

내부저항 100kΩ으로 0~15V 범위를 지시한다.

⑫ VR 10kΩ

Logic 회로 실습 시 임의 사용한다.

⑬ 주파수 출력

Digital 회로에 필요한 연속 Clock을 제공할 수 있다. 이는 1Hz, 10Hz는 구형파 출력이 동시에 출력된다. 가변 주파수 출력은 Toggle 스위치의 위치에 따라서 1Hz~999Hz와 1kHz~999kHz의 구형파가 출력된다.

⑭ Single Pulse Output

이 스위치는 Control Logic 입력 등을 제공할 수 있다. 이 스위치를 누르면 1ms의 Sing Pulse가 출력된다.

⑮ PUSH 버튼 Logic Switch

이 스위치는 Control Logic 입력 등을 제공할 수 있다. 이 스위치를 누르면 Positive Edge (_/‾)와 Negative Edge (‾_)의 출력을 나타낸다.

⑯ DATA Switch

11개의 Toggle 스위치들은 모두 "0"과 "1" (즉 L과 H)의 Logic Level를 출력한다. 이들은 Digital회로의 Data 입력이나 Control 입력을 임의로 조작하면서 실습할 수 있게 한다. 이들 Logic Level를 출력하는 모든 스위치는 접점 Debounce 회로를 가지고 있다.

⑰ PUSH 버튼 Switch

2개의 이 버튼 스위치의 접점은 Ground Common이 되지 않은 Floating 상태의 접점출력을 나타낸다. 회로의 중간에 직렬 삽입하여 ON-OFF 조작 등을 시킬 수 있다.

⑱ POWER SWITCH

이 스위치는 AC 입력전원 (200Volt)을 ON-OFF 한다.

(3) 사 용 방 법

(1) 사용전 주의사항

① AC 입력전원 전압이 200V인가 확인한다.

② 본 LAB UNIT를 보관 시킬 때에는 먼지가 많은 장소나 열이 많은 곳에 두지 말아야 한다.

③ Lab Unit의 Bread-Board에 사용되는 Jump Wire는 Wire 직경이 0.6~0.8 mm내의 굵기를 사용하여야 한다.

④ Lab Unit에 회로 조립이 완료되었을 때에는 배선상태를 재확인하고 IC의 1번 PIN의 위치와 IC의 Vcc(또는 Vdd) 전압 극성 등을 재확인하라. 그리고 전원 스위치를 "ON" 시키고 이때 전류계의 지시가 과전류를 지시하지 않는지 확인하라.

(2) 동작순서

① 전원 스위치를 OFF 시켜둔다.

② BREAD-BOARD의 전원 BUS Strip에 전원 +5V와 GND를 연결시켜둔다.

【참고】 대개 IC의 Vcc(또는 Vdd) 전압은 14번 또는 16번 Pin이고 GND는 7번 또는 8번 Pin이므로 전원 BUS (+), (-)의 위치를 그림과 같이 연결되도록 하면 편리할 것이다.

③ BREAD-BOARD상에 먼저 IC 및 기타 부품을 적당한 간격과 상호간 연결이 쉽게 진행될 수 있도록 배치해 둔다. 이때 함께 고려할 것은 Logic 스위치 및 LED Indicator 등의 연결과 조작이 편리하도록 배치한다.

④ IC 및 부품들의 배치가 끝났으면 Jump Wire를 사용 배선을 해나간다.

【참고】 배선의 색깔을 기능별로 구분하여 사용한다면 나중에 회로 점검시 대단이 편리할 것이다.

+5V ……… 적색　　출력 ……… 백색　　GND ……… 검정색
입력 ……… 황색　　기타 ……… 녹색

⑤ 이상 회로조립이 끝난 후에는 다시 한번 배선상태를 점검하라. 그리고 이상이 없다면 전원 스위치를 "ON"하라. 이때 주의할 것은 어떤 연결의 잘못이나 합선 등으로 DC 전원이 쇼트되거나 IC의 출력이 Ground 될 수도 있기 때문에 전류계의 부하전류의 지시가 Over Load가 아닌지 확인하여야 한다. 만일 과전류를 지시한다면 전원 스위치를 끌고 회로를 점검하라.

⑥ 모든 점검이 끝났으면 DATA스위치 및 기타 Indicator들을 적절히 이용하여 실습을 진행시킨다.

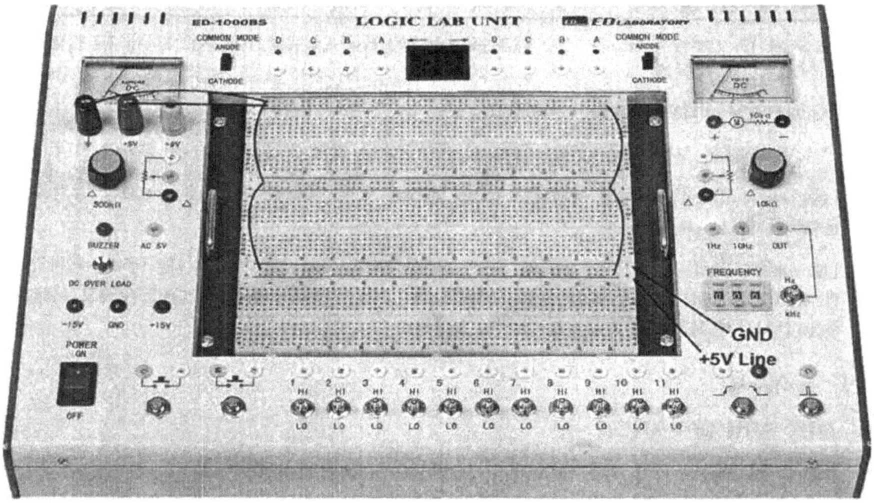

[그림 3-8]전원 BUS STRIP에 +5V와 GND를 연결하여 놓은 모양

4) SPECIFICATIONS

Power Supply ·· 5V, 9V, 0.5A ±15V 50mA

Number Display ······················ 2-digit (Hexadecimal number indicator)

Indication Polarity ································ Anode/Cathode Selectable Common Mode

가변 Clock Pulse Output ········ PLL 방식으로 3 Digits 주파수 선택가능.

········ 주파수대역(Hz / kHz)선택가능 : Toggle

······ 1Hz~999Hz, 1kHz~999kHz(H : 4.5V, L : 0,2V approx.)

고정 Clock Pulse Output ·· 1Hz, 10Hz

Logic 스위치 ·· 11 Toggle, 2 Push 스위치

Control 스위치 ·· 1 Push S.W Floating Contact

Single Pulse Generator ·· 1 Push 스위치
Buzzer ································ Low Power Driver(+3V~7V 1mA or Less)
Bread Board ···················· Socket Strip (630 Hole) : 3개, Bus strip : 4개
사용온도 ·· 0~45℃, 80% RH 이하
Protection ······································ DC Over Load Alarm Indication
입력전원 ·· AC 220V, 50/60Hz
Dimension ···262(W)×70(H)×115(D)mm

제 5 장

부 록

IC DATA SHEET

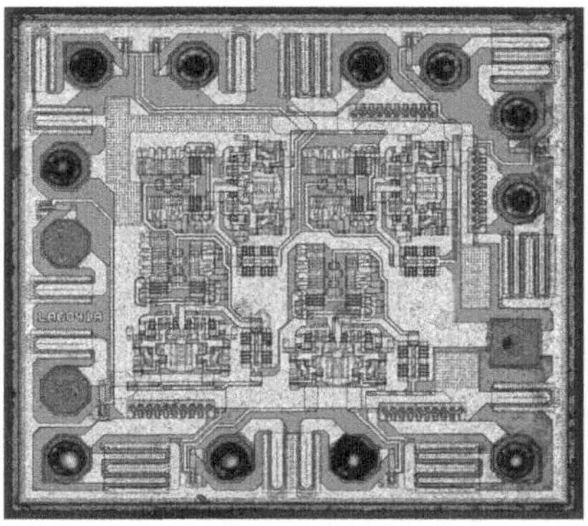

SN74LS00

MOTOROLA

QUAD 2-INPUT NAND GATE

- ESD > 3500 Volts

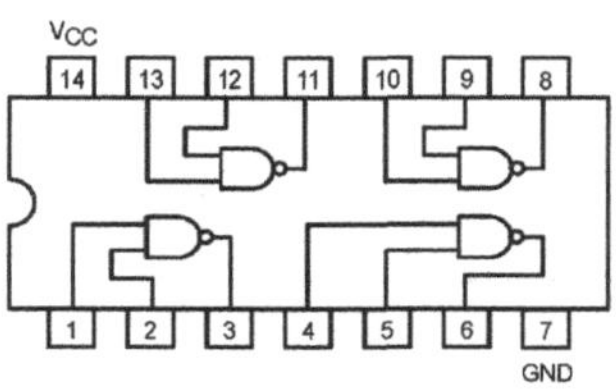

SN54/74LS00

QUAD 2-INPUT NAND GATE

LOW POWER SCHOTTKY

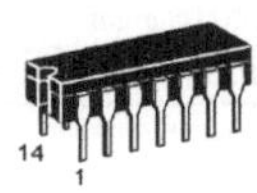

J SUFFIX
CERAMIC
CASE 632-08

N SUFFIX
PLASTIC
CASE 646-06

D SUFFIX
SOIC
CASE 751A-02

ORDERING INFORMATION

SN54LSXXJ Ceramic
SN74LSXXN Plastic
SN74LSXXD SOIC

GUARANTEED OPERATING RANGES

Symbol	Parameter		Min	Typ	Max	Unit
V_{CC}	Supply Voltage	54 74	4.5 4.75	5.0 5.0	5.5 5.25	V
T_A	Operating Ambient Temperature Range	54 74	−55 0	25 25	125 70	°C
I_{OH}	Output Current — High	54, 74			−0.4	mA
I_{OL}	Output Current — Low	54 74			4.0 8.0	mA

SN54/74LS00

DC CHARACTERISTICS OVER OPERATING TEMPERATURE RANGE (unless otherwise specified)

Symbol	Parameter		Limits			Unit	Test Conditions
			Min	Typ	Max		
V_{IH}	Input HIGH Voltage		2.0			V	Guaranteed Input HIGH Voltage for All Inputs
V_{IL}	Input LOW Voltage	54			0.7	V	Guaranteed Input LOW Voltage for All Inputs
		74			0.8		
V_{IK}	Input Clamp Diode Voltage			−0.65	−1.5	V	V_{CC} = MIN, I_{IN} = −18 mA
V_{OH}	Output HIGH Voltage	54	2.5	3.5		V	V_{CC} = MIN, I_{OH} = MAX, V_{IN} = V_{IH} or V_{IL} per Truth Table
		74	2.7	3.5		V	
V_{OL}	Output LOW Voltage	54, 74		0.25	0.4	V	I_{OL} = 4.0 mA; V_{CC} = V_{CC} MIN, V_{IN} = V_{IL} or V_{IH} per Truth Table
		74		0.35	0.5	V	I_{OL} = 8.0 mA
I_{IH}	Input HIGH Current				20	µA	V_{CC} = MAX, V_{IN} = 2.7 V
					0.1	mA	V_{CC} = MAX, V_{IN} = 7.0 V
I_{IL}	Input LOW Current				−0.4	mA	V_{CC} = MAX, V_{IN} = 0.4 V
I_{OS}	Short Circuit Current (Note 1)		−20		−100	mA	V_{CC} = MAX
I_{CC}	Power Supply Current Total, Output HIGH				1.6	mA	V_{CC} = MAX
	Total, Output LOW				4.4		

Note 1: Not more than one output should be shorted at a time, nor for more than 1 second.

AC CHARACTERISTICS (T_A = 25°C)

Symbol	Parameter	Limits			Unit	Test Conditions
		Min	Typ	Max		
t_{PLH}	Turn-Off Delay, Input to Output		9.0	15	ns	V_{CC} = 5.0 V C_L = 15 pF
t_{PHL}	Turn-On Delay, Input to Output		10	15	ns	

SN74LS02

MOTOROLA

QUAD 2-INPUT NOR GATE

SN54/74LS02

QUAD 2-INPUT NOR GATE
LOW POWER SCHOTTKY

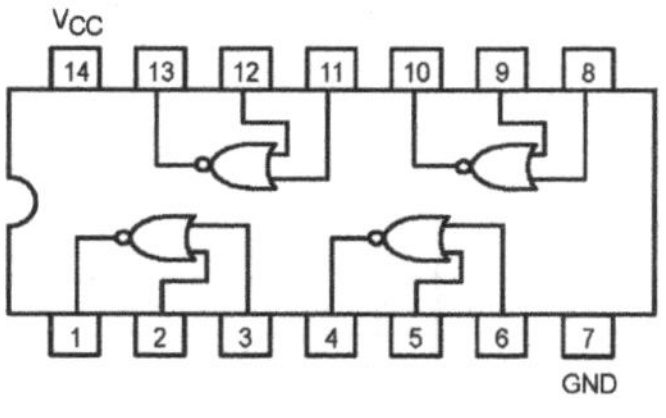

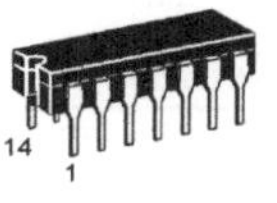

J SUFFIX
CERAMIC
CASE 632-08

N SUFFIX
PLASTIC
CASE 646-06

D SUFFIX
SOIC
CASE 751A-02

ORDERING INFORMATION

SN54LSXXJ Ceramic
SN74LSXXN Plastic
SN74LSXXD SOIC

GUARANTEED OPERATING RANGES

Symbol	Parameter		Min	Typ	Max	Unit
V_{CC}	Supply Voltage	54 74	4.5 4.75	5.0 5.0	5.5 5.25	V
T_A	Operating Ambient Temperature Range	54 74	−55 0	25 25	125 70	°C
I_{OH}	Output Current — High	54, 74			−0.4	mA
I_{OL}	Output Current — Low	54 74			4.0 8.0	mA

SN54/74LS02

DC CHARACTERISTICS OVER OPERATING TEMPERATURE RANGE (unless otherwise specified)

Symbol	Parameter		Limits Min	Limits Typ	Limits Max	Unit	Test Conditions
V_{IH}	Input HIGH Voltage		2.0			V	Guaranteed Input HIGH Voltage for All Inputs
V_{IL}	Input LOW Voltage	54			0.7	V	Guaranteed Input LOW Voltage for All Inputs
		74			0.8		
V_{IK}	Input Clamp Diode Voltage			−0.65	−1.5	V	V_{CC} = MIN, I_{IN} = −18 mA
V_{OH}	Output HIGH Voltage	54	2.5	3.5		V	V_{CC} = MIN, I_{OH} = MAX, V_{IN} = V_{IH} or V_{IL} per Truth Table
		74	2.7	3.5		V	
V_{OL}	Output LOW Voltage	54, 74		0.25	0.4	V	I_{OL} = 4.0 mA; V_{CC} = V_{CC} MIN, V_{IN} = V_{IL} or V_{IH} per Truth Table
		74		0.35	0.5	V	I_{OL} = 8.0 mA
I_{IH}	Input HIGH Current				20	μA	V_{CC} = MAX, V_{IN} = 2.7 V
					0.1	mA	V_{CC} = MAX, V_{IN} = 7.0 V
I_{IL}	Input LOW Current				−0.4	mA	V_{CC} = MAX, V_{IN} = 0.4 V
I_{OS}	Short Circuit Current (Note 1)		−20		−100	mA	V_{CC} = MAX
I_{CC}	Power Supply Current Total, Output HIGH				3.2	mA	V_{CC} = MAX
	Total, Output LOW				5.4		

Note 1: Not more than one output should be shorted at a time, nor for more than 1 second.

AC CHARACTERISTICS (T_A = 25°C)

Symbol	Parameter	Limits Min	Limits Typ	Limits Max	Unit	Test Conditions
t_{PLH}	Turn-Off Delay, Input to Output		10	15	ns	V_{CC} = 5.0 V C_L = 15 pF
t_{PHL}	Turn-On Delay, Input to Output		10	15	ns	

SN74LS04

MOTOROLA

HEX INVERTER

SN54/74LS04

HEX INVERTER

LOW POWER SCHOTTKY

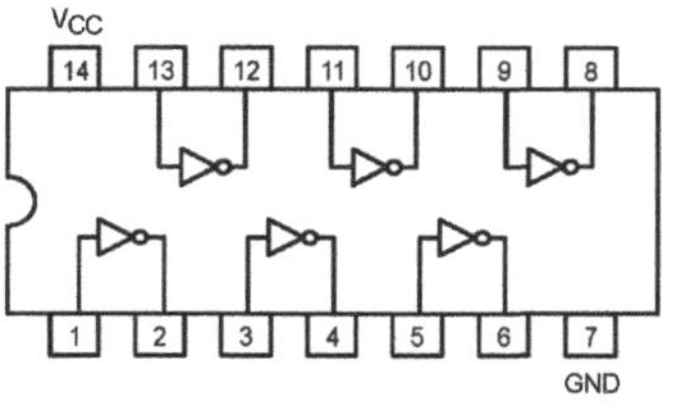

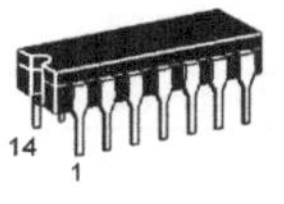

J SUFFIX
CERAMIC
CASE 632-08

N SUFFIX
PLASTIC
CASE 646-06

D SUFFIX
SOIC
CASE 751A-02

ORDERING INFORMATION

SN54LSXXJ	Ceramic
SN74LSXXN	Plastic
SN74LSXXD	SOIC

GUARANTEED OPERATING RANGES

Symbol	Parameter		Min	Typ	Max	Unit
V_{CC}	Supply Voltage	54 74	4.5 4.75	5.0 5.0	5.5 5.25	V
T_A	Operating Ambient Temperature Range	54 74	−55 0	25 25	125 70	°C
I_{OH}	Output Current — High	54, 74			−0.4	mA
I_{OL}	Output Current — Low	54 74			4.0 8.0	mA

SN54/74LS04

DC CHARACTERISTICS OVER OPERATING TEMPERATURE RANGE (unless otherwise specified)

Symbol	Parameter		Limits Min	Typ	Max	Unit	Test Conditions	
V_{IH}	Input HIGH Voltage		2.0			V	Guaranteed Input HIGH Voltage for All Inputs	
V_{IL}	Input LOW Voltage	54			0.7	V	Guaranteed Input LOW Voltage for All Inputs	
		74			0.8			
V_{IK}	Input Clamp Diode Voltage			−0.65	−1.5	V	V_{CC} = MIN, I_{IN} = −18 mA	
V_{OH}	Output HIGH Voltage	54	2.5	3.5		V	V_{CC} = MIN, I_{OH} = MAX, V_{IN} = V_{IH} or V_{IL} per Truth Table	
		74	2.7	3.5		V		
V_{OL}	Output LOW Voltage	54, 74		0.25	0.4	V	I_{OL} = 4.0 mA	V_{CC} = V_{CC} MIN, V_{IN} = V_{IL} or V_{IH} per Truth Table
		74		0.35	0.5	V	I_{OL} = 8.0 mA	
I_{IH}	Input HIGH Current				20	µA	V_{CC} = MAX, V_{IN} = 2.7 V	
					0.1	mA	V_{CC} = MAX, V_{IN} = 7.0 V	
I_{IL}	Input LOW Current				−0.4	mA	V_{CC} = MAX, V_{IN} = 0.4 V	
I_{OS}	Short Circuit Current (Note 1)		−20		−100	mA	V_{CC} = MAX	
I_{CC}	Power Supply Current Total, Output HIGH				2.4	mA	V_{CC} = MAX	
	Total, Output LOW				6.6			

Note 1: Not more than one output should be shorted at a time, nor for more than 1 second.

AC CHARACTERISTICS (T_A = 25°C)

Symbol	Parameter	Limits Min	Typ	Max	Unit	Test Conditions
t_{PLH}	Turn-Off Delay, Input to Output		9.0	15	ns	V_{CC} = 5.0 V C_L = 15 pF
t_{PHL}	Turn-On Delay, Input to Output		10	15	ns	

SN74LS08

MOTOROLA

QUAD 2-INPUT AND GATE

SN54/74LS08

QUAD 2-INPUT AND GATE
LOW POWER SCHOTTKY

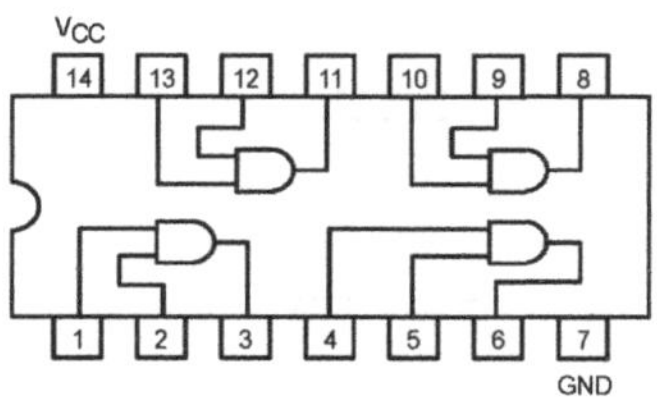

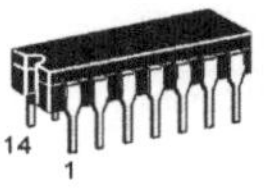

J SUFFIX
CERAMIC
CASE 632-08

N SUFFIX
PLASTIC
CASE 646-06

D SUFFIX
SOIC
CASE 751A-02

ORDERING INFORMATION

SN54LSXXJ Ceramic
SN74LSXXN Plastic
SN74LSXXD SOIC

GUARANTEED OPERATING RANGES

Symbol	Parameter		Min	Typ	Max	Unit
V_{CC}	Supply Voltage	54 74	4.5 4.75	5.0 5.0	5.5 5.25	V
T_A	Operating Ambient Temperature Range	54 74	−55 0	25 25	125 70	°C
I_{OH}	Output Current — High	54, 74			−0.4	mA
I_{OL}	Output Current — Low	54 74			4.0 8.0	mA

SN54/74LS08

DC CHARACTERISTICS OVER OPERATING TEMPERATURE RANGE (unless otherwise specified)

Symbol	Parameter		Limits Min	Typ	Max	Unit	Test Conditions	
V_{IH}	Input HIGH Voltage		2.0			V	Guaranteed Input HIGH Voltage for All Inputs	
V_{IL}	Input LOW Voltage	54			0.7	V	Guaranteed Input LOW Voltage for All Inputs	
		74			0.8			
V_{IK}	Input Clamp Diode Voltage			−0.65	−1.5	V	V_{CC} = MIN, I_{IN} = −18 mA	
V_{OH}	Output HIGH Voltage	54	2.5	3.5		V	V_{CC} = MIN, I_{OH} = MAX, V_{IN} = V_{IH} or V_{IL} per Truth Table	
		74	2.7	3.5		V		
V_{OL}	Output LOW Voltage	54, 74		0.25	0.4	V	I_{OL} = 4.0 mA	V_{CC} = V_{CC} MIN, V_{IN} = V_{IL} or V_{IH} per Truth Table
		74		0.35	0.5	V	I_{OL} = 8.0 mA	
I_{IH}	Input HIGH Current				20	µA	V_{CC} = MAX, V_{IN} = 2.7 V	
					0.1	mA	V_{CC} = MAX, V_{IN} = 7.0 V	
I_{IL}	Input LOW Current				−0.4	mA	V_{CC} = MAX, V_{IN} = 0.4 V	
I_{OS}	Short Circuit Current (Note 1)		−20		−100	mA	V_{CC} = MAX	
I_{CC}	Power Supply Current Total, Output HIGH				4.8	mA	V_{CC} = MAX	
	Total, Output LOW				8.8			

Note 1: Not more than one output should be shorted at a time, nor for more than 1 second.

AC CHARACTERISTICS (T_A = 25°C)

Symbol	Parameter	Limits Min	Typ	Max	Unit	Test Conditions
t_{PLH}	Turn-Off Delay, Input to Output		8.0	15	ns	V_{CC} = 5.0 V C_L = 15 pF
t_{PHL}	Turn-On Delay, Input to Output		10	20	ns	

SN74LS10

MOTOROLA

TRIPLE 3-INPUT NAND GATE

SN54/74LS10

TRIPLE 3-INPUT NAND GATE
LOW POWER SCHOTTKY

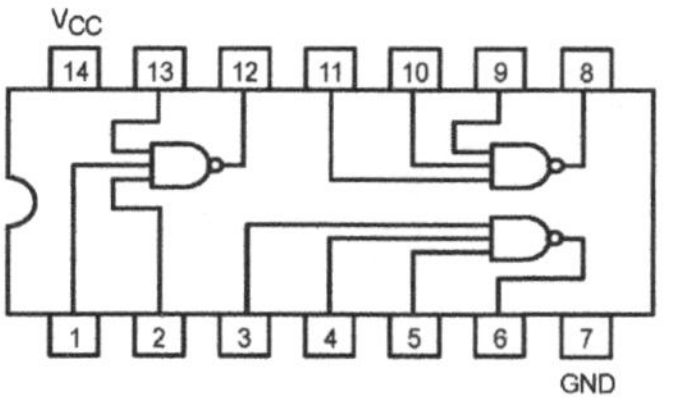

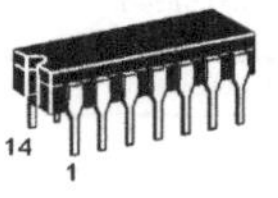

J SUFFIX
CERAMIC
CASE 632-08

N SUFFIX
PLASTIC
CASE 646-06

D SUFFIX
SOIC
CASE 751A-02

ORDERING INFORMATION

SN54LSXXJ	Ceramic
SN74LSXXN	Plastic
SN74LSXXD	SOIC

GUARANTEED OPERATING RANGES

Symbol	Parameter		Min	Typ	Max	Unit
V_{CC}	Supply Voltage	54 74	4.5 4.75	5.0 5.0	5.5 5.25	V
T_A	Operating Ambient Temperature Range	54 74	−55 0	25 25	125 70	°C
I_{OH}	Output Current — High	54, 74			−0.4	mA
I_{OL}	Output Current — Low	54 74			4.0 8.0	mA

SN54/74LS10

DC CHARACTERISTICS OVER OPERATING TEMPERATURE RANGE (unless otherwise specified)

Symbol	Parameter		Limits Min	Limits Typ	Limits Max	Unit	Test Conditions
V_{IH}	Input HIGH Voltage		2.0			V	Guaranteed Input HIGH Voltage for All Inputs
V_{IL}	Input LOW Voltage	54			0.7	V	Guaranteed Input LOW Voltage for All Inputs
		74			0.8		
V_{IK}	Input Clamp Diode Voltage			−0.65	−1.5	V	V_{CC} = MIN, I_{IN} = −18 mA
V_{OH}	Output HIGH Voltage	54	2.5	3.5		V	V_{CC} = MIN, I_{OH} = MAX, V_{IN} = V_{IH} or V_{IL} per Truth Table
		74	2.7	3.5		V	
V_{OL}	Output LOW Voltage	54, 74		0.25	0.4	V	I_{OL} = 4.0 mA; V_{CC} = V_{CC} MIN, V_{IN} = V_{IL} or V_{IH} per Truth Table
		74		0.35	0.5	V	I_{OL} = 8.0 mA; V_{CC} = V_{CC} MIN, V_{IN} = V_{IL} or V_{IH} per Truth Table
I_{IH}	Input HIGH Current				20	μA	V_{CC} = MAX, V_{IN} = 2.7 V
					0.1	mA	V_{CC} = MAX, V_{IN} = 7.0 V
I_{IL}	Input LOW Current				−0.4	mA	V_{CC} = MAX, V_{IN} = 0.4 V
I_{OS}	Short Circuit Current (Note 1)		−20		−100	mA	V_{CC} = MAX
I_{CC}	Power Supply Current Total, Output HIGH				1.2	mA	V_{CC} = MAX
	Total, Output LOW				3.3		

Note 1: Not more than one output should be shorted at a time, nor for more than 1 second.

AC CHARACTERISTICS (T_A = 25°C)

Symbol	Parameter	Limits Min	Limits Typ	Limits Max	Unit	Test Conditions
t_{PLH}	Turn-Off Delay, Input to Output		9.0	15	ns	V_{CC} = 5.0 V C_L = 15 pF
t_{PHL}	Turn-On Delay, Input to Output		10	15	ns	

SN74LS11

MOTOROLA

TRIPLE 3-INPUT AND GATE

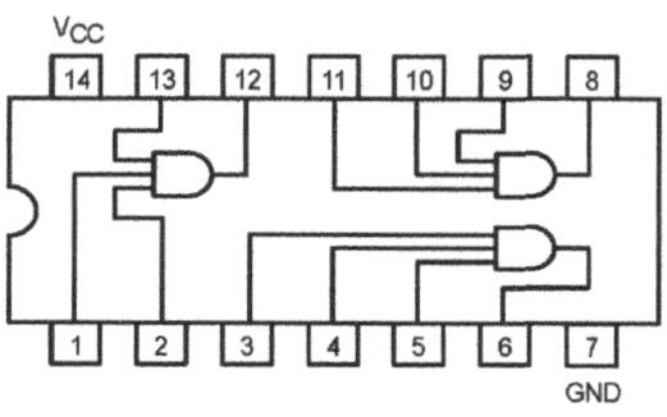

SN54/74LS11

TRIPLE 3-INPUT AND GATE
LOW POWER SCHOTTKY

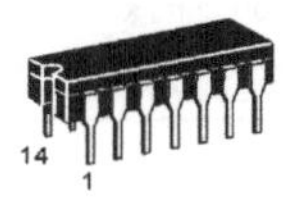

J SUFFIX
CERAMIC
CASE 632-08

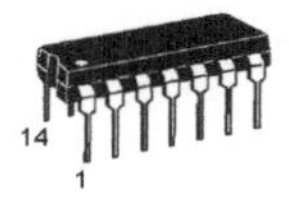

N SUFFIX
PLASTIC
CASE 646-06

D SUFFIX
SOIC
CASE 751A-02

ORDERING INFORMATION

SN54LSXXJ	Ceramic
SN74LSXXN	Plastic
SN74LSXXD	SOIC

GUARANTEED OPERATING RANGES

Symbol	Parameter		Min	Typ	Max	Unit
V_{CC}	Supply Voltage	54 74	4.5 4.75	5.0 5.0	5.5 5.25	V
T_A	Operating Ambient Temperature Range	54 74	−55 0	25 25	125 70	°C
I_{OH}	Output Current — High	54, 74			−0.4	mA
I_{OL}	Output Current — Low	54 74			4.0 8.0	mA

SN54/74LS11

DC CHARACTERISTICS OVER OPERATING TEMPERATURE RANGE (unless otherwise specified)

Symbol	Parameter		Limits Min	Limits Typ	Limits Max	Unit	Test Conditions	
V_{IH}	Input HIGH Voltage		2.0			V	Guaranteed Input HIGH Voltage for All Inputs	
V_{IL}	Input LOW Voltage	54			0.7	V	Guaranteed Input LOW Voltage for All Inputs	
		74			0.8			
V_{IK}	Input Clamp Diode Voltage			−0.65	−1.5	V	V_{CC} = MIN, I_{IN} = −18 mA	
V_{OH}	Output HIGH Voltage	54	2.5	3.5		V	V_{CC} = MIN, I_{OH} = MAX, V_{IN} = V_{IH} or V_{IL} per Truth Table	
		74	2.7	3.5		V		
V_{OL}	Output LOW Voltage	54, 74		0.25	0.4	V	I_{OL} = 4.0 mA	V_{CC} = V_{CC} MIN, V_{IN} = V_{IL} or V_{IH} per Truth Table
		74		0.35	0.5	V	I_{OL} = 8.0 mA	
I_{IH}	Input HIGH Current				20	µA	V_{CC} = MAX, V_{IN} = 2.7 V	
					0.1	mA	V_{CC} = MAX, V_{IN} = 7.0 V	
I_{IL}	Input LOW Current				−0.4	mA	V_{CC} = MAX, V_{IN} = 0.4 V	
I_{OS}	Short Circuit Current (Note 1)		−20		−100	mA	V_{CC} = MAX	
I_{CC}	Power Supply Current Total, Output HIGH				3.6	mA	V_{CC} = MAX	
	Total, Output LOW				6.6			

Note 1: Not more than one output should be shorted at a time, nor for more than 1 second.

AC CHARACTERISTICS (T_A = 25°C)

Symbol	Parameter	Limits Min	Limits Typ	Limits Max	Unit	Test Conditions
t_{PLH}	Turn-Off Delay, Input to Output		8.0	15	ns	V_{CC} = 5.0 V C_L = 15 pF
t_{PHL}	Turn-On Delay, Input to Output		10	20	ns	

SN74LS32

MOTOROLA

QUAD 2-INPUT OR GATE

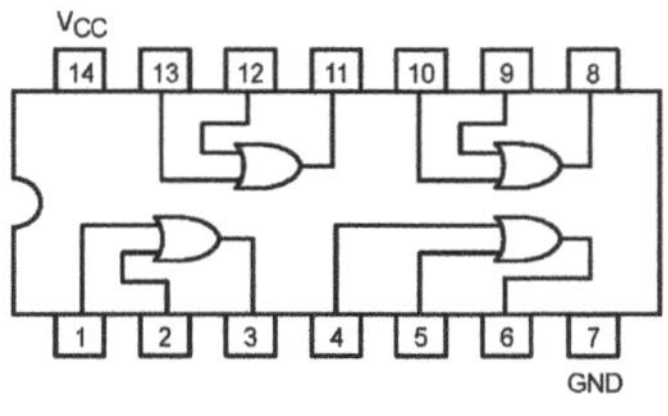

SN54/74LS32

QUAD 2-INPUT OR GATE
LOW POWER SCHOTTKY

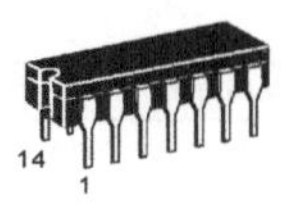

J SUFFIX
CERAMIC
CASE 632-08

N SUFFIX
PLASTIC
CASE 646-06

D SUFFIX
SOIC
CASE 751A-02

ORDERING INFORMATION

SN54LSXXJ	Ceramic
SN74LSXXN	Plastic
SN74LSXXD	SOIC

GUARANTEED OPERATING RANGES

Symbol	Parameter		Min	Typ	Max	Unit
V_{CC}	Supply Voltage	54 74	4.5 4.75	5.0 5.0	5.5 5.25	V
T_A	Operating Ambient Temperature Range	54 74	−55 0	25 25	125 70	°C
I_{OH}	Output Current — High	54, 74			−0.4	mA
I_{OL}	Output Current — Low	54 74			4.0 8.0	mA

SN54/74LS32

DC CHARACTERISTICS OVER OPERATING TEMPERATURE RANGE (unless otherwise specified)

Symbol	Parameter		Limits Min	Limits Typ	Limits Max	Unit	Test Conditions
V_{IH}	Input HIGH Voltage		2.0			V	Guaranteed Input HIGH Voltage for All Inputs
V_{IL}	Input LOW Voltage	54			0.7	V	Guaranteed Input LOW Voltage for All Inputs
		74			0.8		
V_{IK}	Input Clamp Diode Voltage			−0.65	−1.5	V	V_{CC} = MIN, I_{IN} = −18 mA
V_{OH}	Output HIGH Voltage	54	2.5	3.5		V	V_{CC} = MIN, I_{OH} = MAX, V_{IN} = V_{IH} or V_{IL} per Truth Table
		74	2.7	3.5		V	
V_{OL}	Output LOW Voltage	54, 74		0.25	0.4	V	I_{OL} = 4.0 mA; V_{CC} = V_{CC} MIN, V_{IN} = V_{IL} or V_{IH} per Truth Table
		74		0.35	0.5	V	I_{OL} = 8.0 mA
I_{IH}	Input HIGH Current				20	µA	V_{CC} = MAX, V_{IN} = 2.7 V
					0.1	mA	V_{CC} = MAX, V_{IN} = 7.0 V
I_{IL}	Input LOW Current				−0.4	mA	V_{CC} = MAX, V_{IN} = 0.4 V
I_{OS}	Short Circuit Current (Note 1)		−20		−100	mA	V_{CC} = MAX
I_{CC}	Power Supply Current Total, Output HIGH				6.2	mA	V_{CC} = MAX
	Total, Output LOW				9.8		

Note 1: Not more than one output should be shorted at a time, nor for more than 1 second.

AC CHARACTERISTICS (T_A = 25°C)

Symbol	Parameter	Limits Min	Limits Typ	Limits Max	Unit	Test Conditions
t_{PLH}	Turn-Off Delay, Input to Output		14	22	ns	V_{CC} = 5.0 V C_L = 15 pF
t_{PHL}	Turn-On Delay, Input to Output		14	22	ns	

SN74LS42

MOTOROLA

SN54/74LS42

ONE-OF-TEN DECODER

ONE-OF-TEN DECODER

LOW POWER SCHOTTKY

The LSTTL/MSI SN54/74LS42 is a Multipurpose Decoder designed to accept four BCD inputs and provide ten mutually exclusive outputs. The LS42 is fabricated with the Schottky barrier diode process for high speed and is completely compatible with all Motorola TTL families.

- Multifunction Capability
- Mutually Exclusive Outputs
- Demultiplexing Capability
- Input Clamp Diodes Limit High Speed Termination Effects

CONNECTION DIAGRAM DIP (TOP VIEW)

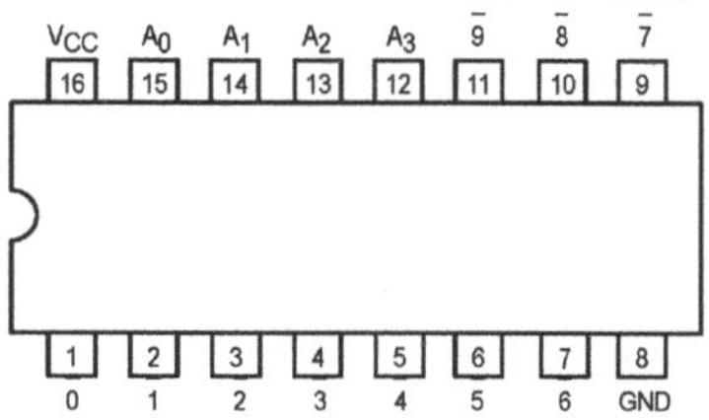

NOTE:
The Flatpak version has the same pinouts (Connection Diagram) as the Dual In-Line Package.

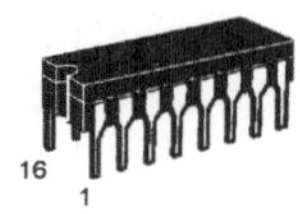

J SUFFIX
CERAMIC
CASE 620-09

N SUFFIX
PLASTIC
CASE 648-08

D SUFFIX
SOIC
CASE 751B-03

ORDERING INFORMATION

SN54LSXXJ	Ceramic
SN74LSXXN	Plastic
SN74LSXXD	SOIC

PIN NAMES		LOADING (Note a) HIGH	LOW
$\overline{A}_0$ – $\overline{A}_3$	Address Inputs	0.5 U.L.	0.25 U.L.
0 to 9	Outputs, Active LOW (Note b)	10 U.L.	5(2.5) U.L.

NOTES:
a) 1 TTL Unit Load (U.L.) = 40 μA HIGH/1.6 mA LOW.
b) The Output LOW drive factor is 2.5 U.L. for Military (54) and 5 U.L. for Commercial (74) Temperature Ranges.

LOGIC DIAGRAM

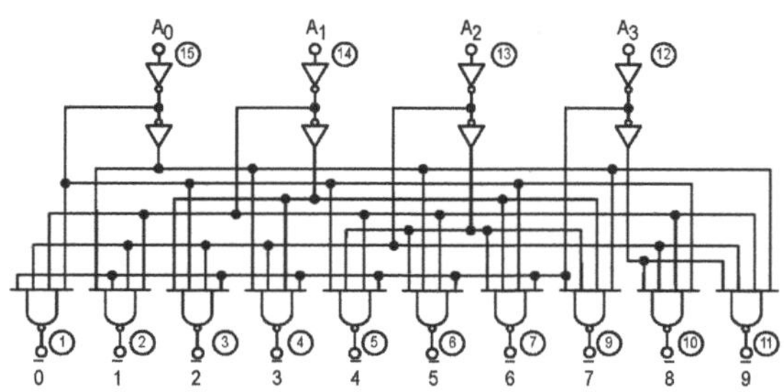

V_{CC} = PIN 16
GND = PIN 8
○ = PIN NUMBERS

LOGIC SYMBOL

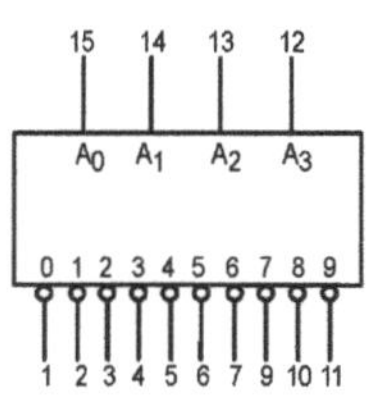

V_{CC} = PIN 16
GND = PIN 8

SN54/74LS42

FUNCTIONAL DESCRIPTION

The LS42 decoder accepts four active HIGH BCD inputs and provides ten mutually exclusive active LOW outputs, as shown by logic symbol or diagram. The active LOW outputs facilitate addressing other MSI units with LOW input enables.

The logic design of the LS42 ensures that all outputs are HIGH when binary codes greater than nine are applied to the inputs.

The most significant input A_3 produces a useful inhibit function when the LS42 is used as a one-of-eight decoder. The A_3 input can also be used as the Data input in an 8-output demultiplexer application.

TRUTH TABLE

A_0	A_1	A_2	A_3	$\overline{0}$	$\overline{1}$	$\overline{2}$	$\overline{3}$	$\overline{4}$	$\overline{5}$	$\overline{6}$	$\overline{7}$	$\overline{8}$	$\overline{9}$
L	L	L	L	L	H	H	H	H	H	H	H	H	H
H	L	L	L	H	L	H	H	H	H	H	H	H	H
L	H	L	L	H	H	L	H	H	H	H	H	H	H
H	H	L	L	H	H	H	L	H	H	H	H	H	H
L	L	H	L	H	H	H	H	L	H	H	H	H	H
H	L	H	L	H	H	H	H	H	L	H	H	H	H
L	H	H	L	H	H	H	H	H	H	L	H	H	H
H	H	H	L	H	H	H	H	H	H	H	L	H	H
L	L	L	H	H	H	H	H	H	H	H	H	L	H
H	L	L	H	H	H	H	H	H	H	H	H	H	L
L	H	L	H	H	H	H	H	H	H	H	H	H	H
H	H	L	H	H	H	H	H	H	H	H	H	H	H
L	L	H	H	H	H	H	H	H	H	H	H	H	H
H	L	H	H	H	H	H	H	H	H	H	H	H	H
L	H	H	H	H	H	H	H	H	H	H	H	H	H
H	H	H	H	H	H	H	H	H	H	H	H	H	H

H = HIGH Voltage Level
L = LOW Voltage Level

GUARANTEED OPERATING RANGES

Symbol	Parameter		Min	Typ	Max	Unit
V_{CC}	Supply Voltage	54 74	4.5 4.75	5.0 5.0	5.5 5.25	V
T_A	Operating Ambient Temperature Range	54 74	−55 0	25 25	125 70	°C
I_{OH}	Output Current — High	54, 74			−0.4	mA
I_{OL}	Output Current — Low	54 74			4.0 8.0	mA

SN54/74LS42

DC CHARACTERISTICS OVER OPERATING TEMPERATURE RANGE (unless otherwise specified)

Symbol	Parameter		Limits Min	Typ	Max	Unit	Test Conditions	
V_{IH}	Input HIGH Voltage		2.0			V	Guaranteed Input HIGH Voltage for All Inputs	
V_{IL}	Input LOW Voltage	54			0.7	V	Guaranteed Input LOW Voltage for All Inputs	
		74			0.8			
V_{IK}	Input Clamp Diode Voltage			−0.65	−1.5	V	V_{CC} = MIN, I_{IN} = −18 mA	
V_{OH}	Output HIGH Voltage	54	2.5	3.5		V	V_{CC} = MIN, I_{OH} = MAX, V_{IN} = V_{IH} or V_{IL} per Truth Table	
		74	2.7	3.5		V		
V_{OL}	Output LOW Voltage	54, 74		0.25	0.4	V	I_{OL} = 4.0 mA	V_{CC} = V_{CC} MIN, V_{IN} = V_{IL} or V_{IH} per Truth Table
		74		0.35	0.5	V	I_{OL} = 8.0 mA	
I_{IH}	Input HIGH Current				20	µA	V_{CC} = MAX, V_{IN} = 2.7 V	
					0.1	mA	V_{CC} = MAX, V_{IN} = 7.0 V	
I_{IL}	Input LOW Current				−0.4	mA	V_{CC} = MAX, V_{IN} = 0.4 V	
I_{OS}	Short Circuit Current (Note 1)		−20		−100	mA	V_{CC} = MAX	
I_{CC}	Power Supply Current				13	mA	V_{CC} = MAX	

Note 1: Not more than one output should be shorted at a time, nor for more than 1 second.

AC CHARACTERISTICS (T_A = 25°C)

Symbol	Parameter	Limits Min	Typ	Max	Unit	Test Conditions	
t_{PLH} t_{PHL}	Propagation Delay (2 Levels)		15 15	25 25	ns	Figure 2	V_{CC} = 5.0 V C_L = 15 pF
t_{PLH} t_{PHL}	Propagation Delay (3 Levels)		20 20	30 30	ns	Figure 1	

AC WAVEFORMS

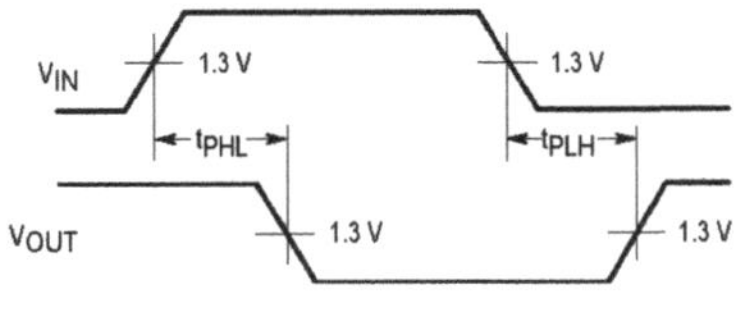

Figure 1

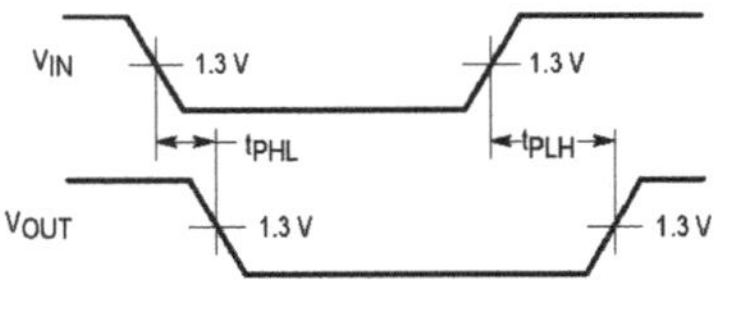

Figure 2

SN74LS47

MOTOROLA

SN54/74LS47

BCD TO 7-SEGMENT DECODER/DRIVER

The SN54/74LS47 are Low Power Schottky BCD to 7-Segment Decoder/Drivers consisting of NAND gates, input buffers and seven AND-OR-INVERT gates. They offer active LOW, high sink current outputs for driving indicators directly. Seven NAND gates and one driver are connected in pairs to make BCD data and its complement available to the seven decoding AND-OR-INVERT gates. The remaining NAND gate and three input buffers provide lamp test, blanking input/ripple-blanking output and ripple-blanking input.

The circuits accept 4-bit binary-coded-decimal (BCD) and, depending on the state of the auxiliary inputs, decodes this data to drive a 7-segment display indicator. The relative positive-logic output levels, as well as conditions required at the auxiliary inputs, are shown in the truth tables. Output configurations of the SN54/74LS47 are designed to withstand the relatively high voltages required for 7-segment indicators.

These outputs will withstand 15 V with a maximum reverse current of 250 μA. Indicator segments requiring up to 24 mA of current may be driven directly from the SN74LS47 high performance output transistors. Display patterns for BCD input counts above nine are unique symbols to authenticate input conditions.

The SN54/74LS47 incorporates automatic leading and/or trailing-edge zero-blanking control (RBI and RBO). Lamp test (LT) may be performed at any time which the BI/RBO node is a HIGH level. This device also contains an overriding blanking input (BI) which can be used to control the lamp intensity by varying the frequency and duty cycle of the BI input signal or to inhibit the outputs.

- Lamp Intensity Modulation Capability (BI/RBO)
- Open Collector Outputs
- Lamp Test Provision
- Leading/Trailing Zero Suppression
- Input Clamp Diodes Limit High-Speed Termination Effects

BCD TO 7-SEGMENT DECODER/DRIVER

LOW POWER SCHOTTKY

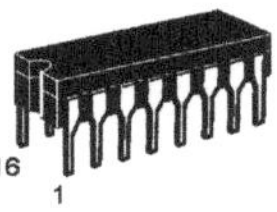

J SUFFIX
CERAMIC
CASE 620-09

N SUFFIX
PLASTIC
CASE 648-08

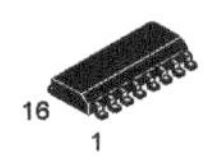

D SUFFIX
SOIC
CASE 751B-03

ORDERING INFORMATION

SN54LSXXJ	Ceramic
SN74LSXXN	Plastic
SN74LSXXD	SOIC

CONNECTION DIAGRAM DIP (TOP VIEW)

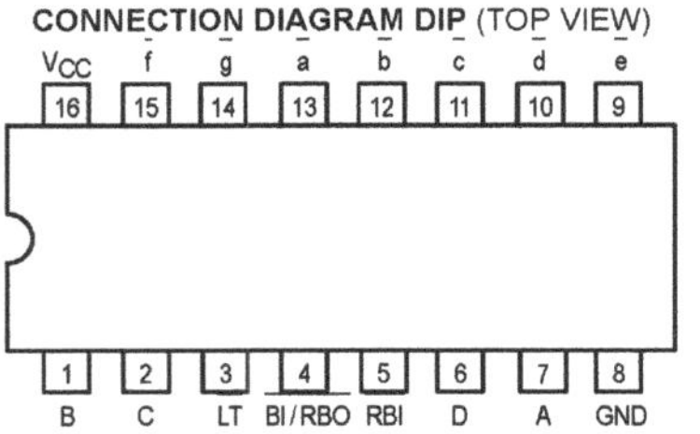

LOGIC SYMBOL

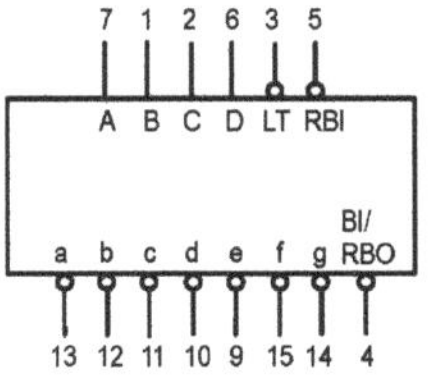

PIN NAMES

		LOADING (Note a) HIGH	LOW
A, B, C, D	BCD Inputs	0.5 U.L.	0.25 U.L.
RBI	Ripple-Blanking Input	0.5 U.L.	0.25 U.L.
LT	Lamp-Test Input	0.5 U.L.	0.25 U.L.
BI/RBO	Blanking Input or	0.5 U.L.	0.75 U.L.
	Ripple-Blanking Output	1.2 U.L.	2.0 U.L.
a, to g	Outputs	Open-Collector	15 (7.5) U.L.

NOTES:
a) 1 Unit Load (U.L.) = 40 μA HIGH, 1.6 mA LOW.
b) Output current measured at V_{OUT} = 0.5 V
The Output LOW drive factor is 7.5 U.L. for Military (54) and 15 U.L. for Commercial (74) Temperature Ranges.

SN54/74LS47

LOGIC DIAGRAM

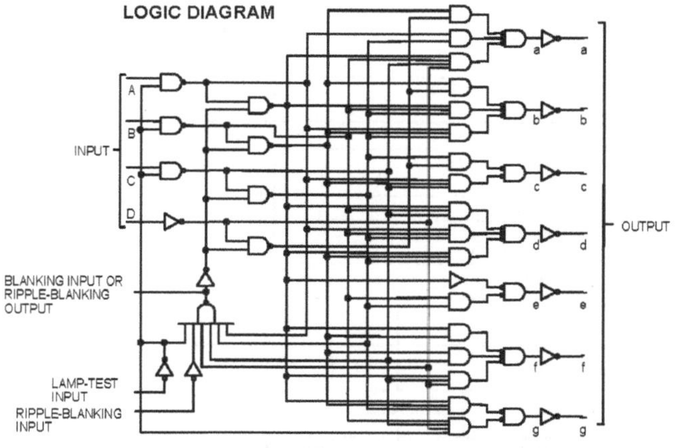

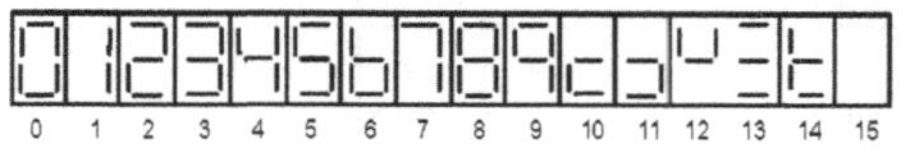

NUMERICAL DESIGNATIONS — RESULTANT DISPLAYS

TRUTH TABLE

DECIMAL OR FUNCTION	INPUTS							OUTPUTS							NOTE
	$\overline{LT}$	$\overline{RBI}$	D	C	B	A	$\overline{BI/RBO}$	$\bar{a}$	$\bar{b}$	$\bar{c}$	$\bar{d}$	$\bar{e}$	$\bar{f}$	$\bar{g}$	
0	H	H	L	L	L	L	H	L	L	L	L	L	L	H	A
1	H	X	L	L	L	H	H	H	L	L	H	H	H	H	A
2	H	X	L	L	H	L	H	L	L	H	L	L	H	L	
3	H	X	L	L	H	H	H	L	L	L	L	H	H	L	
4	H	X	L	H	L	L	H	H	L	L	H	H	L	L	
5	H	X	L	H	L	H	H	L	H	L	L	H	L	L	
6	H	X	L	H	H	L	H	H	H	L	L	L	L	L	
7	H	X	L	H	H	H	H	L	L	L	H	H	H	H	
8	H	X	H	L	L	L	H	L	L	L	L	L	L	L	
9	H	X	H	L	L	H	H	L	L	L	H	H	L	L	
10	H	X	H	L	H	L	H	H	H	H	L	L	H	L	
11	H	X	H	L	H	H	H	H	H	L	L	H	H	L	
12	H	X	H	H	L	L	H	H	L	H	H	H	L	L	
13	H	X	H	H	L	H	H	L	H	H	L	H	L	L	
14	H	X	H	H	H	L	H	H	H	H	L	L	L	L	
15	H	X	H	H	H	H	H	H	H	H	H	H	H	H	
$\overline{BI}$	X	X	X	X	X	X	L	H	H	H	H	H	H	H	B
$\overline{RBI}$	H	L	L	L	L	L	L	H	H	H	H	H	H	H	C
$\overline{LT}$	L	X	X	X	X	X	H	L	L	L	L	L	L	L	D

H = HIGH Voltage Level
L = LOW Voltage Level
X = Immaterial

NOTES:

(A) $\overline{BI/RBO}$ is wire-AND logic serving as blanking Input ($\overline{BI}$) and/or ripple-blanking output ($\overline{RBO}$). The blanking out ($\overline{BI}$) must be open or held at a HIGH level when output functions 0 through 15 are desired, and ripple-blanking input ($\overline{RBI}$) must be open or at a HIGH level if blanking of a decimal 0 is not desired. X = input may be HIGH or LOW.

(B) When a LOW level is applied to the blanking input (forced condition) all segment outputs go to a LOW level regardless of the state of any other input condition.

(C) When ripple-blanking input ($\overline{RBI}$) and inputs A, B, C, and D are at LOW level, with the lamp test input at HIGH level, all segment outputs go to a HIGH level and the ripple-blanking output ($\overline{RBO}$) goes to a LOW level (response condition).

(D) When the blanking input/ripple-blanking output ($\overline{BI/RBO}$) is open or held at a HIGH level, and a LOW level is applied to lamp test input, all segment outputs go to a LOW level.

SN54/74LS47

GUARANTEED OPERATING RANGES

Symbol	Parameter		Min	Typ	Max	Unit
V_{CC}	Supply Voltage	54 74	4.5 4.75	5.0 5.0	5.5 5.25	V
T_A	Operating Ambient Temperature Range	54 74	−55 0	25 25	125 70	°C
I_{OH}	Output Current — High $\overline{BI/RBO}$	54, 74			−50	µA
I_{OL}	Output Current — Low $\overline{BI/RBO}$ $\overline{BI/RBO}$	54 74			1.6 3.2	mA
$V_{O(off)}$	Off-State Output Voltage $\bar{a}$ to $\bar{g}$	54, 74			15	V
$I_{O(on)}$	On-State Output Current $\bar{a}$ to $\bar{g}$ $\bar{a}$ to $\bar{g}$	54 74			12 24	mA

DC CHARACTERISTICS OVER OPERATING TEMPERATURE RANGE (unless otherwise specified)

Symbol	Parameter		Limits Min	Typ	Max	Unit	Test Conditions
V_{IH}	Input HIGH Voltage		2.0			V	Guaranteed Input HIGH Theshold Voltage for All Inputs
V_{IL}	Input LOW Voltage	54			0.7	V	Guaranteed Input LOW Threshold Voltage for All Inputs
		74			0.8		
V_{IK}	Input Clamp Diode Voltage			−0.65	−1.5	V	V_{CC} = MIN, I_{IN} = −18 mA
V_{OH}	Output HIGH Voltage, $\overline{BI/RBO}$		2.4	4.2		V	V_{CC} = MIN, I_{OH} = −50 µA, V_{IN} = V_{IN} or V_{IL} per Truth Table
V_{OL}	Output LOW Voltage $\overline{BI/RBO}$	54, 74		0.25	0.4	V	I_{OL} = 1.6 mA; V_{CC} = MIN, V_{IN} = V_{IN} or V_{IL} per Truth Table
		74		0.35	0.5	V	I_{OL} = 3.2 mA
$I_{O(off)}$	Off-State Output Current a thru g				250	µA	V_{CC} = MAX, V_{IN} = V_{IN} or V_{IL} per Truth Table, $V_{O(off)}$ = 15 V
$V_{O(on)}$	On-State Output Voltage a thru g	54, 74		0.25	0.4	V	$I_{O(on)}$ = 12 mA; V_{CC} = MAX, V_{IN} = V_{IH} or V_{IL} per Truth Table
		74		0.35	0.5	V	$I_{O(on)}$ = 24 mA
I_{IH}	Input HIGH Current				20	µA	V_{CC} = MAX, V_{IN} = 2.7 V
					0.1	mA	V_{CC} = MAX, V_{IN} = 7.0 V
I_{IL}	Input LOW Current $\overline{BI/RBO}$ Any Input except $\overline{BI/RBO}$				−1.2 −0.4	mA	V_{CC} = MAX, V_{IN} = 0.4 V
I_{OS} $\overline{BI/RBO}$	Output Short Circuit Current (Note 1)		−0.3		−2.0	mA	V_{CC} = MAX, V_{OUT} = 0 V
I_{CC}	Power Supply Current			7.0	13	mA	V_{CC} = MAX

Note 1: Not more than one output should be shorted at a time, nor for more than 1 second.

AC CHARACTERISTICS (T_A = 25°C)

Symbol	Parameter	Limits Min	Typ	Max	Unit	Test Conditions
t_{PHL} t_{PLH}	Propagation Delay, Address Input to Segment Output			100 100	ns ns	V_{CC} = 5.0 V C_L = 15 pF
t_{PHL} t_{PLH}	Propagation Delay, RBI Input To Segment Output			100 100	ns ns	

AC WAVEFORMS

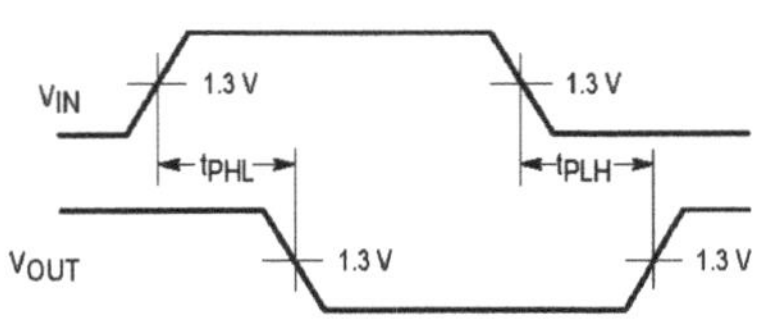

Figure 1

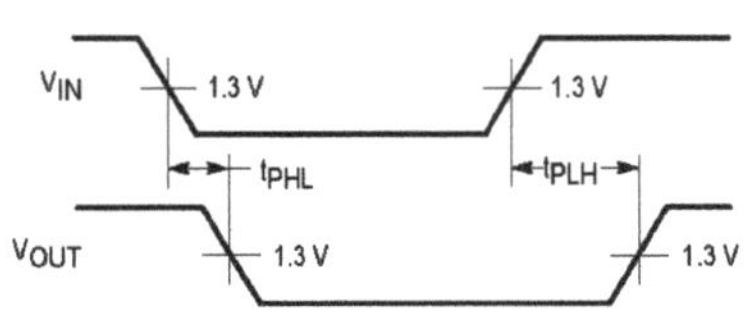

Figure 2

SN74LS74A

MOTOROLA

DUAL D-TYPE POSITIVE EDGE-TRIGGERED FLIP-FLOP

The SN54/74LS74A dual edge-triggered flip-flop utilizes Schottky TTL circuitry to produce high speed D-type flip-flops. Each flip-flop has individual clear and set inputs, and also complementary Q and $\overline{Q}$ outputs.

Information at input D is transferred to the Q output on the positive-going edge of the clock pulse. Clock triggering occurs at a voltage level of the clock pulse and is not directly related to the transition time of the positive-going pulse. When the clock input is at either the HIGH or the LOW level, the D input signal has no effect.

LOGIC DIAGRAM (Each Flip-Flop)

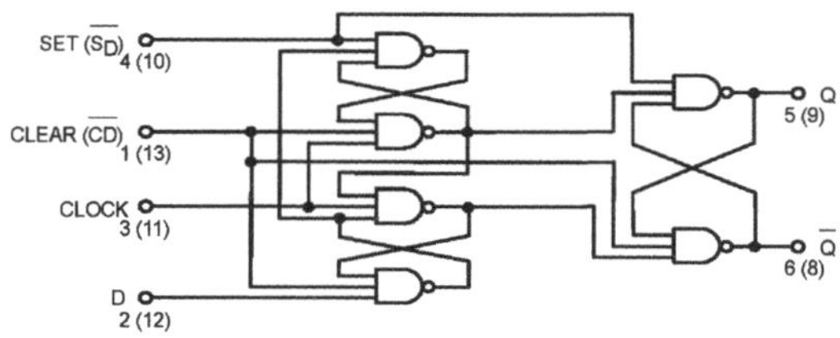

MODE SELECT — TRUTH TABLE

OPERATING MODE	INPUTS			OUTPUTS	
	$\overline{S}_D$	$\overline{S}_D$	D	Q	$\overline{Q}$
Set	L	H	X	H	L
Reset (Clear)	H	L	X	L	H
*Undetermined	L	L	X	H	H
Load "1" (Set)	H	H	h	H	L
Load "0" (Reset)	H	H	l	L	H

* Both outputs will be HIGH while both S_D and C_D are LOW, but the output states are unpredictable if S_D and C_D go HIGH simultaneously. If the levels at the set and clear are near V_{IL} maximum then we cannot guarantee to meet the minimum level for V_{OH}.

H, h = HIGH Voltage Level
L, l = LOW Voltage Level
X = Don't Care
l, h (q) = Lower case letters indicate the state of the referenced input (or output) one set-up time prior to the HIGH to LOW clock transition.

SN54/74LS74A

DUAL D-TYPE POSITIVE EDGE-TRIGGERED FLIP-FLOP

LOW POWER SCHOTTKY

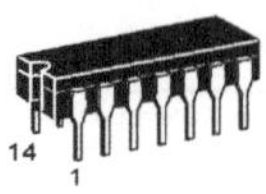

J SUFFIX
CERAMIC
CASE 632-08

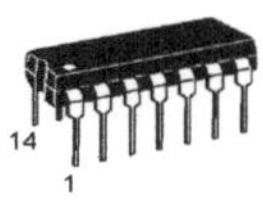

N SUFFIX
PLASTIC
CASE 646-06

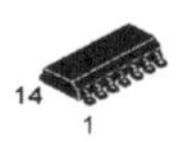

D SUFFIX
SOIC
CASE 751A-02

ORDERING INFORMATION

SN54LSXXJ	Ceramic
SN74LSXXN	Plastic
SN74LSXXD	SOIC

LOGIC SYMBOL

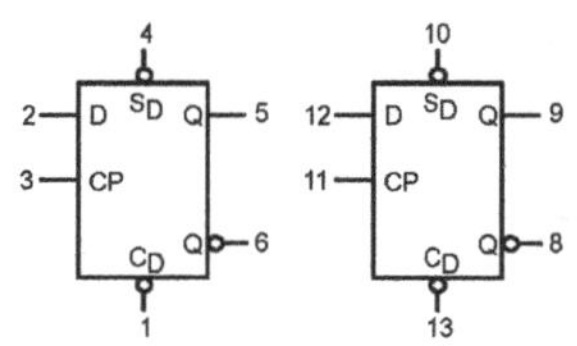

V_{CC} = PIN 14
GND = PIN 7

SN54/74LS74A

GUARANTEED OPERATING RANGES

Symbol	Parameter		Min	Typ	Max	Unit
V_{CC}	Supply Voltage	54 74	4.5 4.75	5.0 5.0	5.5 5.25	V
T_A	Operating Ambient Temperature Range	54 74	−55 0	25 25	125 70	°C
I_{OH}	Output Current — High	54, 74			−0.4	mA
I_{OL}	Output Current — Low	54 74			4.0 8.0	mA

DC CHARACTERISTICS OVER OPERATING TEMPERATURE RANGE (unless otherwise specified)

Symbol	Parameter		Limits Min	Typ	Max	Unit	Test Conditions	
V_{IH}	Input HIGH Voltage		2.0			V	Guaranteed Input HIGH Voltage for All Inputs	
V_{IL}	Input LOW Voltage	54			0.7	V	Guaranteed Input LOW Voltage for All Inputs	
		74			0.8			
V_{IK}	Input Clamp Diode Voltage			−0.65	−1.5	V	V_{CC} = MIN, I_{IN} = −18 mA	
V_{OH}	Output HIGH Voltage	54	2.5	3.5		V	V_{CC} = MIN, I_{OH} = MAX, V_{IN} = V_{IH} or V_{IL} per Truth Table	
		74	2.7	3.5		V		
V_{OL}	Output LOW Voltage	54, 74		0.25	0.4	V	I_{OL} = 4.0 mA	V_{CC} = V_{CC} MIN, V_{IN} = V_{IL} or V_{IH} per Truth Table
		74		0.35	0.5	V	I_{OL} = 8.0 mA	
I_{IH}	Input High Current Data, Clock Set, Clear				20 40	µA	V_{CC} = MAX, V_{IN} = 2.7 V	
	Data, Clock Set, Clear				0.1 0.2	mA	V_{CC} = MAX, V_{IN} = 7.0 V	
I_{IL}	Input LOW Current Data, Clock Set, Clear				−0.4 −0.8	mA	V_{CC} = MAX, V_{IN} = 0.4 V	
I_{OS}	Output Short Circuit Current (Note 1)		−20		−100	mA	V_{CC} = MAX	
I_{CC}	Power Supply Current				8.0	mA	V_{CC} = MAX	

Note 1: Not more than one output should be shorted at a time, nor for more than 1 second.

AC CHARACTERISTICS (T_A = 25°C, V_{CC} = 5.0 V)

Symbol	Parameter	Limits Min	Typ	Max	Unit	Test Conditions	
f_{MAX}	Maximum Clock Frequency	25	33		MHz	Figure 1	V_{CC} = 5.0 V C_L = 15 pF
t_{PLH}	Clock, Clear, Set to Output		13	25	ns	Figure 1	
t_{PHL}			25	40	ns		

AC SETUP REQUIREMENTS (T_A = 25°C)

Symbol	Parameter	Limits Min	Typ	Max	Unit	Test Conditions	
$t_{W(H)}$	Clock	25			ns	Figure 1	V_{CC} = 5.0 V
$t_{W(L)}$	Clear, Set	25			ns	Figure 2	
t_s	Data Setup Time — HIGH	20			ns	Figure 1	
	LOW	20			ns		
t_h	Hold Time	5.0			ns	Figure 1	

SN54/74LS74A

AC WAVEFORMS

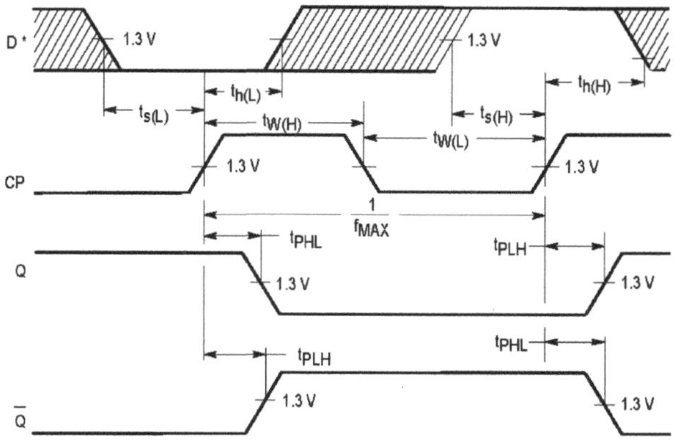

*The shaded areas indicate when the input is permitted to change for predictable output performance.

Figure 1. Clock to Output Delays, Data Set-Up and Hold Times, Clock Pulse Width

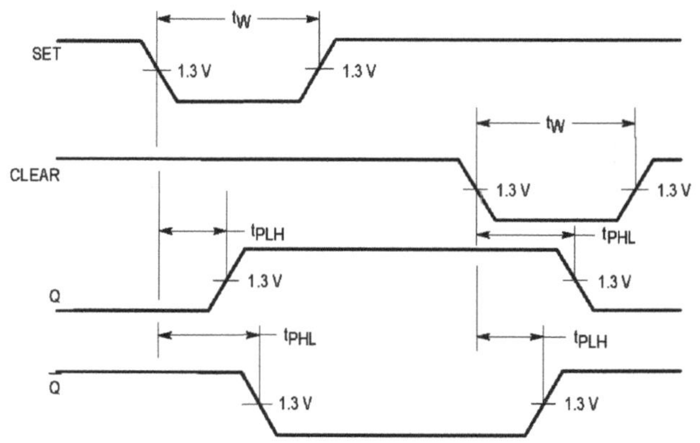

Figure 2. Set and Clear to Output Delays, Set and Clear Pulse Widths

SN74LS76A

MOTOROLA

DUAL JK FLIP-FLOP WITH SET AND CLEAR

The SN54/74LS76A offers individual J, K, Clock Pulse, Direct Set and Direct Clear inputs. These dual flip-flops are designed so that when the clock goes HIGH, the inputs are enabled and data will be accepted. The Logic Level of the J and K inputs will perform according to the Truth Table as long as minimum set-up times are observed. Input data is transferred to the outputs on the HIGH-to-LOW clock transitions.

MODE SELECT — TRUTH TABLE

OPERATING MODE	INPUTS				OUTPUTS	
	$\overline{S_D}$	$\overline{C_D}$	J	K	Q	$\overline{Q}$
Set	L	H	X	X	H	L
Reset (Clear)	H	L	X	X	L	H
*Undetermined	L	L	X	X	H	H
Toggle	H	H	h	h	$\overline{q}$	q
Load "0" (Reset)	H	H	l	h	L	H
Load "1" (Set)	H	H	h	l	H	L
Hold	H	H	l	l	q	$\overline{q}$

*Both outputs will be HIGH while both S_D and C_D are LOW, but the output states are unpredictable if S_D and C_D go HIGH simultaneously.

H,h = HIGH Voltage Level
L,l = LOW Voltage Level
X = Immaterial
l, h (q) = Lower case letters indicate the state of the referenced input (or output) one setup time prior to the HIGH-to-LOW clock transition

LOGIC DIAGRAM

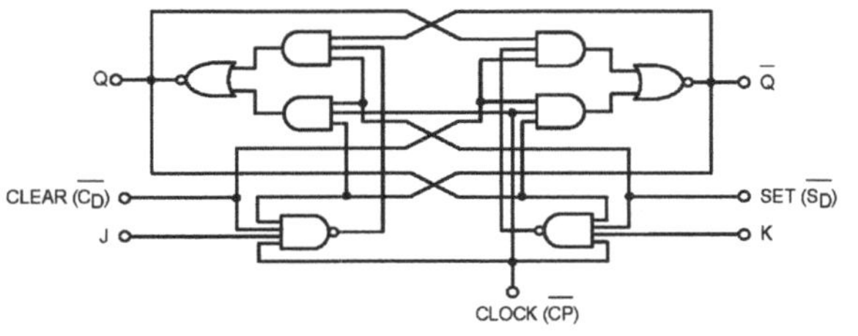

SN54/74LS76A

DUAL JK FLIP-FLOP WITH SET AND CLEAR

LOW POWER SCHOTTKY

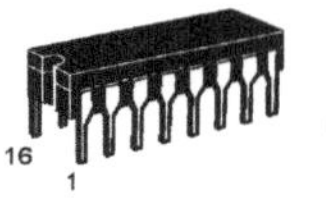

J SUFFIX
CERAMIC
CASE 620-09

N SUFFIX
PLASTIC
CASE 648-08

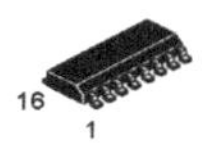

D SUFFIX
SOIC
CASE 751B-03

ORDERING INFORMATION

SN54LSXXJ	Ceramic
SN74LSXXN	Plastic
SN74LSXXD	SOIC

LOGIC SYMBOL

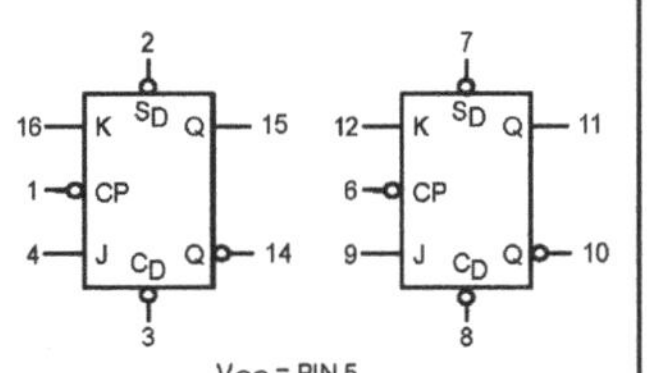

V_{CC} = PIN 5
GND = PIN 13

SN54/74LS76A

GUARANTEED OPERATING RANGES

Symbol	Parameter		Min	Typ	Max	Unit
V_{CC}	Supply Voltage	54 74	4.5 4.75	5.0 5.0	5.5 5.25	V
T_A	Operating Ambient Temperature Range	54 74	−55 0	25 25	125 70	°C
I_{OH}	Output Current — High	54, 74			−0.4	mA
I_{OL}	Output Current — Low	54 74			4.0 8.0	mA

DC CHARACTERISTICS OVER OPERATING TEMPERATURE RANGE (unless otherwise specified)

Symbol	Parameter		Limits Min	Limits Typ	Limits Max	Unit	Test Conditions	
V_{IH}	Input HIGH Voltage		2.0			V	Guaranteed Input HIGH Voltage for All Inputs	
V_{IL}	Input LOW Voltage	54			0.7	V	Guaranteed Input LOW Voltage for All Inputs	
		74			0.8			
V_{IK}	Input Clamp Diode Voltage			−0.65	−1.5	V	V_{CC} = MIN, I_{IN} = −18 mA	
V_{OH}	Output HIGH Voltage	54	2.5	3.5		V	V_{CC} = MIN, I_{OH} = MAX, V_{IN} = V_{IH} or V_{IL} per Truth Table	
		74	2.7	3.5		V		
V_{OL}	Output LOW Voltage	54, 74		0.25	0.4	V	I_{OL} = 4.0 mA	V_{CC} = V_{CC} MIN, V_{IN} = V_{IL} or V_{IH} per Truth Table
		74		0.35	0.5	V	I_{OL} = 8.0 mA	
I_{IH}	Input HIGH Current	J, K Clear Clock			20 60 80	µA	V_{CC} = MAX, V_{IN} = 2.7 V	
		J, K Clear Clock			0.1 0.3 0.4	mA	V_{CC} = MAX, V_{IN} = 7.0 V	
I_{IL}	Input LOW Current	J, K Clear, Clock			−0.4 −0.8	mA	V_{CC} = MAX, V_{IN} = 0.4 V	
I_{OS}	Short Circuit Current (Note 1)		−20		−100	mA	V_{CC} = MAX	
I_{CC}	Power Supply Current				6.0	mA	V_{CC} = MAX	

Note 1: Not more than one output should be shorted at a time, nor for more than 1 second.

AC CHARACTERISTICS (T_A = 25°C, V_{CC} = 5.0 V)

Symbol	Parameter	Limits Min	Limits Typ	Limits Max	Unit	Test Conditions
f_{MAX}	Maximum Clock Frequency	30	45		MHz	V_{CC} = 5.0 V C_L = 15 pF
t_{PLH}	Clock, Clear, Set to Output		15	20	ns	
t_{PHL}			15	20	ns	

AC SETUP REQUIREMENTS (T_A = 25°C)

Symbol	Parameter	Limits Min	Limits Typ	Limits Max	Unit	Test Conditions
t_W	Clock Pulse Width High	20			ns	V_{CC} = 5.0 V
t_W	Clear Set Pulse Width	25			ns	
t_s	Setup Time	20			ns	
t_h	Hold Time	0			ns	

SN74LS83A

MOTOROLA

4-BIT BINARY FULL ADDER WITH FAST CARRY

The SN54/74LS83A is a high-speed 4-Bit binary Full Adder with internal carry lookahead. It accepts two 4-bit binary words (A_1-A_4, B_1-B_4) and a Carry Input (C_0). It generates the binary Sum outputs $\Sigma_1-\Sigma_4$) and the Carry Output (C_4) from the most significant bit. The LS83A operates with either active HIGH or active LOW operands (positive or negative logic). The SN54/74LS283 is recommended for new designs since it is identical in function with this device and features standard corner power pins.

CONNECTION DIAGRAM DIP (TOP VIEW)

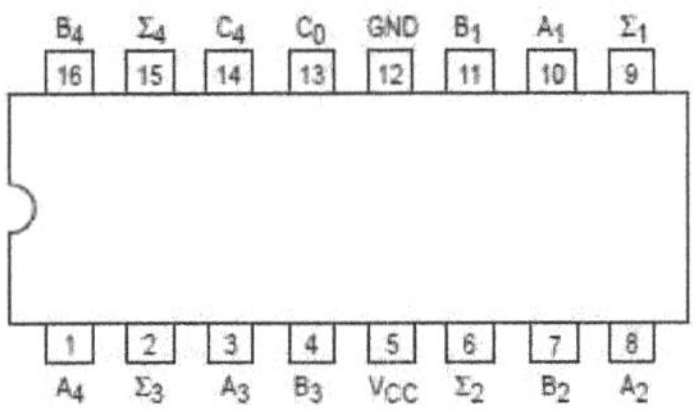

NOTE:
The Flatpak version has the same pinouts (Connection Diagram) as the Dual In-Line Package.

PIN NAMES

		LOADING (Note a) HIGH	LOW
A_1-A_4	Operand A Inputs	1.0 U.L.	0.5 U.L.
B_1-B_4	Operand B Inputs	1.0 U.L.	0.5 U.L.
C_0	Carry Input	0.5 U.L.	0.25 U.L.
$\Sigma_1-\Sigma_4$	Sum Outputs (Note b)	10 U.L.	5 (2.5) U.L.
C_4	Carry Output (Note b)	10 U.L.	5 (2.5) U.L.

NOTES:
a) 1 TTL Unit Load (U.L.) = 40 μA HIGH/1.6 mA LOW.
b) The Output LOW drive factor is 2.5 U.L. for Military (54) and 5 U.L. for Commercial (74) Temperature Ranges.

LOGIC DIAGRAM

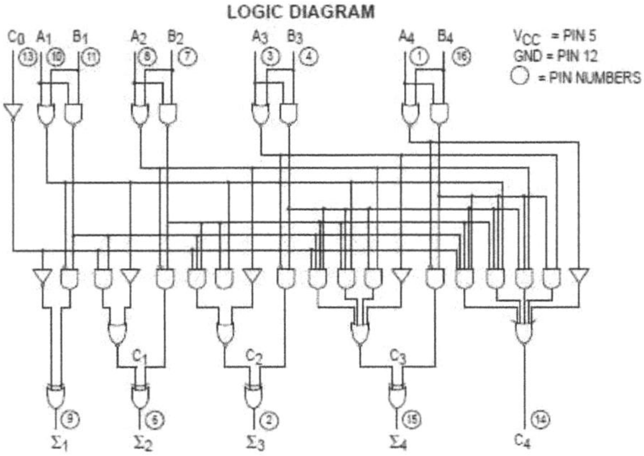

SN54/74LS83A

4-BIT BINARY FULL ADDER WITH FAST CARRY

LOW POWER SCHOTTKY

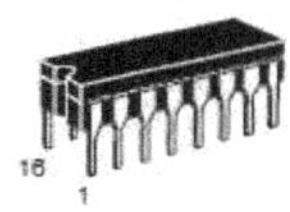

J SUFFIX
CERAMIC
CASE 620-09

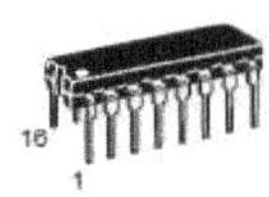

N SUFFIX
PLASTIC
CASE 648-08

D SUFFIX
SOIC
CASE 751B-03

ORDERING INFORMATION

SN54LSXXJ	Ceramic
SN74LSXXN	Plastic
SN74LSXXD	SOIC

LOGIC SYMBOL

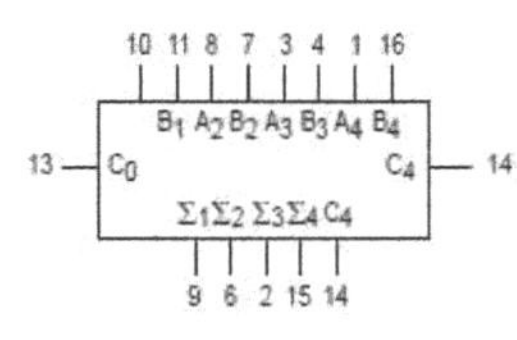

SN54/74LS83A

FUNCTIONAL DESCRIPTION

The LS83A adds two 4-bit binary words (A plus B) plus the incoming carry. The binary sum appears on the sum outputs ($\Sigma_1 - \Sigma_4$) and outgoing carry (C_4) outputs.

$C_0 + (A_1+B_1)+2(A_2+B_2)+4(A_3+B_3)+8(A_4+B_4) = \Sigma_1+2\Sigma_2+4\Sigma_3+8\Sigma_4+16C_4$

Where: (+) = plus

Due to the symmetry of the binary add function the LS83A can be used with either all inputs and outputs active HIGH (positive logic) or with all inputs and outputs active LOW (negative logic). Note that with active HIGH Inputs, Carry Input can not be left open, but must be held LOW when no carry in is intended.

Example:

	C_0	A_1	A_2	A_3	A_4	B_1	B_2	B_3	B_4	Σ_1	Σ_2	Σ_3	Σ_4	C_4	
Logic Levels	L	L	H	L	H	H	L	L	H	H	H	L	L	H	
Active HIGH	0	0	1	0	1	1	0	0	1	1	1	0	0	1	(10+9 = 19)
Active LOW	1	1	0	1	0	0	1	1	0	0	0	1	1	0	(carry+5+6 = 12)

Interchanging inputs of equal weight does not affect the operation, thus C_0, A_1, B_1, can be arbitrarily assigned to pins 10, 11, 13, etc.

FUNCTIONAL TRUTH TABLE

C (n−1)	A_n	B_n	Σ_n	C_n
L	L	L	L	L
L	L	H	H	L
L	H	L	H	L
L	H	H	L	H
H	L	L	H	L
H	L	H	L	H
H	H	L	L	H
H	H	H	H	H

C_1 — C_3 are generated internally
C_0 — is an external input
C_4 — is an output generated internally

GUARANTEED OPERATING RANGES

Symbol	Parameter		Min	Typ	Max	Unit
V_{CC}	Supply Voltage	54 74	4.5 4.75	5.0 5.0	5.5 5.25	V
T_A	Operating Ambient Temperature Range	54 74	−55 0	25 25	125 70	°C
I_{OH}	Output Current — High	54, 74			−0.4	mA
I_{OL}	Output Current — Low	54 74			4.0 8.0	mA

SN54/74LS83A

DC CHARACTERISTICS OVER OPERATING TEMPERATURE RANGE (unless otherwise specified)

Symbol	Parameter		Limits Min	Limits Typ	Limits Max	Unit	Test Conditions	
V_{IH}	Input HIGH Voltage		2.0			V	Guaranteed Input HIGH Voltage for All Inputs	
V_{IL}	Input LOW Voltage	54			0.7	V	Guaranteed Input LOW Voltage for All Inputs	
		74			0.8			
V_{IK}	Input Clamp Diode Voltage			−0.65	−1.5	V	V_{CC} = MIN, I_{IN} = −18 mA	
V_{OH}	Output HIGH Voltage	54	2.5	3.5		V	V_{CC} = MIN, I_{OH} = MAX, V_{IN} = V_{IH} per Truth Table	
		74	2.7	3.5		V		
V_{OL}	Output LOW Voltage	54, 74		0.25	0.4	V	I_{OL} = 4.0 mA	V_{CC} = V_{CC} MIN, V_{IN} = V_{IL} or V_{IH} per Truth Table
		74		0.35	0.5	V	I_{OL} = 8.0 mA	
I_{IH}	Input HIGH Current C_0 A or B				20 40	µA	V_{CC} = MAX, V_{IN} = 2.7 V	
	C_0 A or B				0.1 0.2	mA	V_{CC} = MAX, V_{IN} = 7.0 V	
I_{IL}	Input LOW Current C_0 A or B				−0.4 −0.8	mA	V_{CC} = MAX, V_{IN} = 0.4 V	
I_{OS}	Output Short Circuit Current (Note 1)		−20		−100	mA	V_{CC} = MAX	
I_{CC}	Power Supply Current All Inputs Grounded All Inputs at 4.5 V, Except B All Inputs at 4.5 V				39 34 34	mA	V_{CC} = MAX	

Note 1: Not more than one output should be shorted at a time, nor for more than 1 second.

AC CHARACTERISTICS (T_A = 25°C)

Symbol	Parameter	Limits Min	Limits Typ	Limits Max	Unit	Test Conditions
t_{PLH} t_{PHL}	Propagation Delay, C_0 Input to any Σ Output		16 15	24 24	ns	V_{CC} = 5.0 V C_L = 15 pF Figures 1 and 2
t_{PLH} t_{PHL}	Propagation Delay, Any A or B Input to Σ Outputs		15 15	24 24	ns	
t_{PLH} t_{PHL}	Propagation Delay, C_0 Input to C_4 Output		11 15	17 22	ns	
t_{PLH} t_{PHL}	Propagation Delay, Any A or B Input to C_4 Output		11 12	17 17	ns	

AC WAVEFORMS

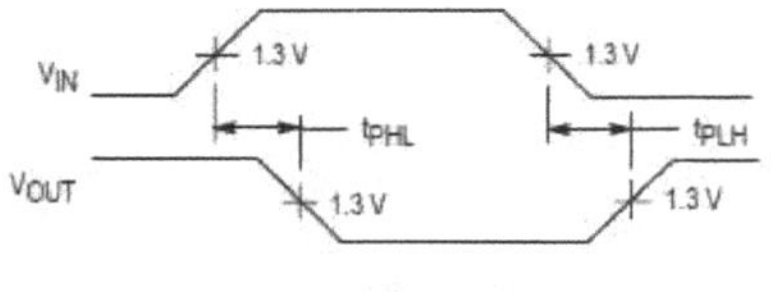

Figure 1

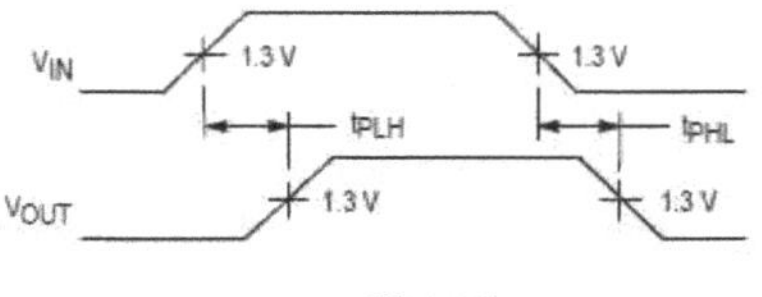

Figure 2

SN74LS85

MOTOROLA

4-BIT MAGNITUDE COMPARATOR

The SN54/74LS85 is a 4-Bit Magnitude Camparator which compares two 4-bit words (A, B), each word having four Parallel Inputs (A_0-A_3, B_0-B_3); A_3, B_3 being the most significant inputs. Operation is not restricted to binary codes, the device will work with any monotonic code. Three Outputs are provided: "A greater than B" ($O_{A>B}$), "A less than B" ($O_{A<B}$), "A equal to B" ($O_{A=B}$). Three Expander Inputs, $I_{A>B}$, $I_{A<B}$, $I_{A=B}$, allow cascading without external gates. For proper compare operation, the Expander Inputs to the least significant position must be connected as follows: $I_{A<B} = I_{A>B} = L$, $I_{A=B} = H$. For serial (ripple) expansion, the $O_{A>B}$, $O_{A<B}$ and $O_{A=B}$ Outputs are connected respectively to the $I_{A>B}$, $I_{A<B}$, and $I_{A=B}$ Inputs of the next most significant comparator, as shown in Figure 1. Refer to Applications section of data sheet for high speed method of comparing large words.

The Truth Table on the following page describes the operation of the SN54/74LS85 under all possible logic conditions. The upper 11 lines describe the normal operation under all conditions that will occur in a single device or in a series expansion scheme. The lower five lines describe the operation under abnormal conditions on the cascading inputs. These conditions occur when the parallel expansion technique is used.

- Easily Expandable
- Binary or BCD Comparison
- $O_{A>B}$, $O_{A<B}$, and $O_{A=B}$ Outputs Available

CONNECTION DIAGRAM DIP (TOP VIEW)

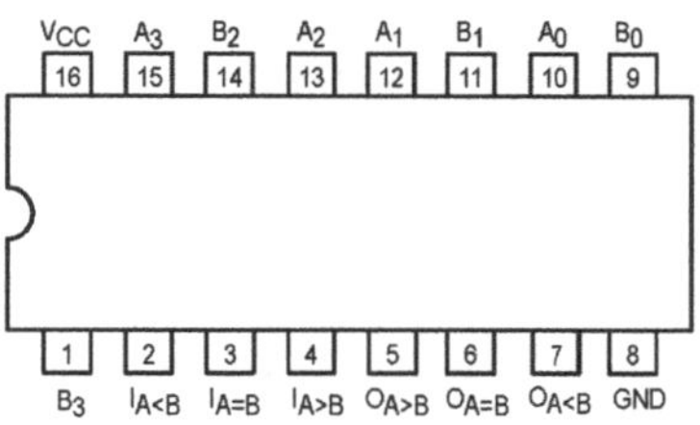

NOTE:
The Flatpak version has the same pinouts (Connection Diagram) as the Dual In-Line Package.

PIN NAMES

		LOADING (Note a)	
		HIGH	LOW
A_0-A_3, B_0-B_3	Parallel Inputs	1.5 U.L.	0.75 U.L.
$I_{A=B}$	A = B Expander Inputs	1.5 U.L.	0.75 U.L.
$I_{A<B}$, $I_{A>B}$	A < B, A > B, Expander Inputs	0.5 U.L.	0.25 U.L.
$O_{A>B}$	A Greater Than B Output (Note b)	10 U.L.	5 (2.5) U.L.
$O_{A<B}$	B Greater Than A Output (Note b)	10 U.L.	5 (2.5) U.L.
$O_{A=B}$	A Equal to B Output (Note b)	10 U.L.	5 (2.5) U.L.

NOTES:
a) 1 TTL Unit Load (U.L.) = 40 μA HIGH/1.6 mA LOW.
b) The Output LOW drive factor is 2.5 U.L. for Military (54) and 5 U.L. for Commercial (74) Temperature Ranges.

SN54/74LS85

4-BIT MAGNITUDE COMPARATOR

LOW POWER SCHOTTKY

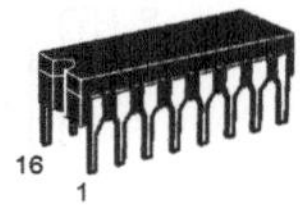

J SUFFIX
CERAMIC
CASE 620-09

N SUFFIX
PLASTIC
CASE 648-08

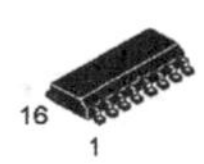

D SUFFIX
SOIC
CASE 751B-03

ORDERING INFORMATION

SN54LSXXJ	Ceramic
SN74LSXXN	Plastic
SN74LSXXD	SOIC

LOGIC SYMBOL

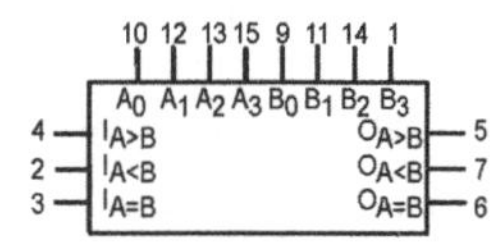

SN54/74LS85

LOGIC DIAGRAM

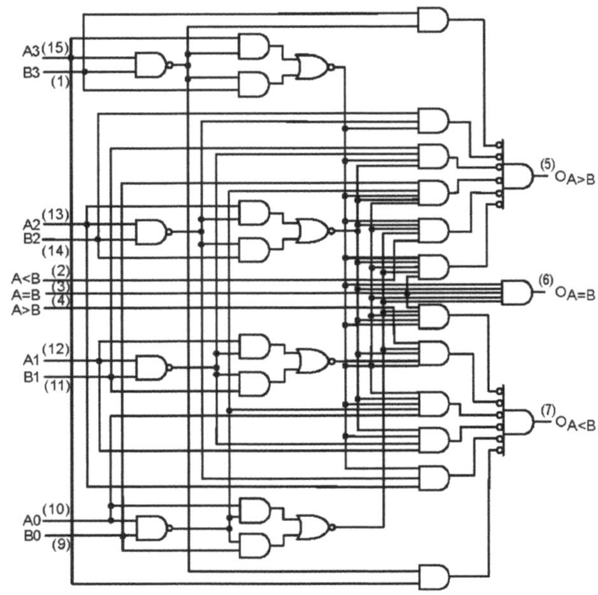

TRUTH TABLE

COMPARING INPUTS				CASCADING INPUTS			OUTPUTS		
A_3,B_3	A_2,B_2	A_1,B_1	A_0,B_0	$I_{A>B}$	$I_{A<B}$	$I_{A=B}$	$O_{A>B}$	$O_{A<B}$	$O_{A=B}$
$A_3>B_3$	X	X	X	X	X	X	H	L	L
$A_3<B_3$	X	X	X	X	X	X	L	H	L
$A_3=B_3$	$A_2>B_2$	X	X	X	X	X	H	L	L
$A_3=B_3$	$A_2<B_2$	X	X	X	X	X	L	H	L
$A_3=B_3$	$A_2=B_2$	$A_1>B_1$	X	X	X	X	H	L	L
$A_3=B_3$	$A_2=B_2$	$A_1<B_1$	X	X	X	X	L	H	L
$A_3=B_3$	$A_2=B_2$	$A_1=B1$	$A_0>B_0$	X	X	X	H	L	L
$A_3=B_3$	$A_2=B_2$	$A_1=B_1$	$A_0<B_0$	X	X	X	L	H	L
$A_3=B_3$	$A_2=B_2$	$A_1=B_1$	$A_0=B_0$	H	L	L	H	L	L
$A_3=B_3$	$A_2=B_2$	$A_1=B_1$	$A_0=B_0$	L	H	L	L	H	L
$A_3=B_3$	$A_2=B_2$	$A_1=B_1$	$A_0=B_0$	X	X	H	L	L	H
$A_3=B_3$	$A_2=B_2$	$A_1=B_1$	$A_0=B_0$	H	H	L	L	L	L
$A_3=B_3$	$A_2=B_2$	$A_1=B_1$	$A_0=B_0$	L	L	L	H	H	L

H = HIGH Level
L = LOW Level
X = IMMATERIAL

GUARANTEED OPERATING RANGES

Symbol	Parameter		Min	Typ	Max	Unit
V_{CC}	Supply Voltage	54 74	4.5 4.75	5.0 5.0	5.5 5.25	V
T_A	Operating Ambient Temperature Range	54 74	−55 0	25 25	125 70	°C
I_{OH}	Output Current — High	54, 74			−0.4	mA
I_{OL}	Output Current — Low	54 74			4.0 8.0	mA

SN54/74LS85

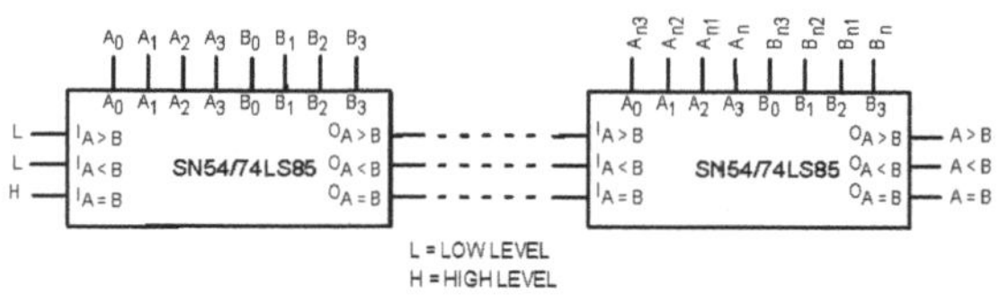

Figure 1. Comparing Two n-Bit Words

APPLICATIONS

Figure 2 shows a high speed method of comparing two 24-bit words with only two levels of device delay. With the technique shown in Figure 1, six levels of device delay result when comparing two 24-bit words. The parallel technique can be expanded to any number of bits, see Table 1.

Table 1

WORD LENGTH	NUMBER OF PKGS.
1–4 Bits	1
5–24 Bits	2–6
25–120 Bits	8–31

NOTE:
The SN54/74LS85 can be used as a 5-bit comparator only when the outputs are used to drive the A_0–A_3 and B_0–B_3 inputs of another SN54/74LS85 as shown in Figure 2 in positions #1, 2, 3, and 4.

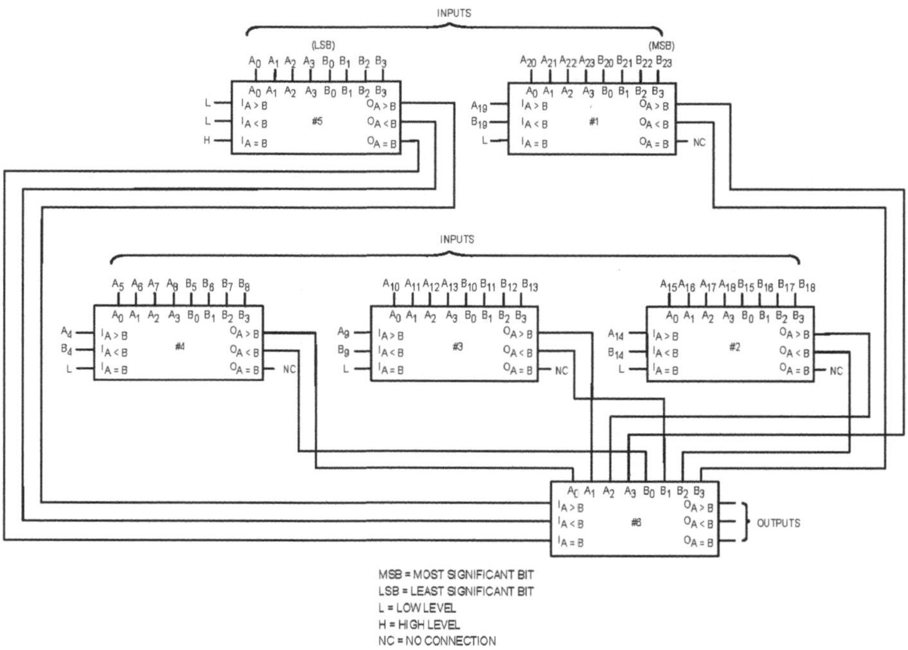

Figure 2. Comparison of Two 24-Bit Words

SN54/74LS85

DC CHARACTERISTICS OVER OPERATING TEMPERATURE RANGE (unless otherwise specified)

Symbol	Parameter		Limits Min	Typ	Max	Unit	Test Conditions
V_{IH}	Input HIGH Voltage		2.0			V	Guaranteed Input HIGH Voltage for All Inputs
V_{IL}	Input LOW Voltage	54			0.7	V	Guaranteed Input LOW Voltage for All Inputs
		74			0.8		
V_{IK}	Input Clamp Diode Voltage			−0.65	−1.5	V	V_{CC} = MIN, I_{IN} = −18 mA
V_{OH}	Output HIGH Voltage	54	2.5	3.5		V	V_{CC} = MIN, I_{OH} = MAX, V_{IN} = V_{IH} or V_{IL} per Truth Table
		74	2.7	3.5		V	
V_{OL}	Output LOW Voltage	54, 74		0.25	0.4	V	I_{OL} = 4.0 mA; V_{CC} = V_{CC} MIN, V_{IN} = V_{IL} or V_{IH} per Truth Table
		74		0.35	0.5	V	I_{OL} = 8.0 mA
I_{IH}	Input HIGH Current A < B, A > B Other Inputs				20 60	µA	V_{CC} = MAX, V_{IN} = 2.7 V
	A < B, A > B Other Inputs				0.1 0.3	mA	V_{CC} = MAX, V_{IN} = 7.0 V
I_{IL}	Input LOW Current A < B, A > B Other Inputs				−0.4 −1.2	mA	V_{CC} = MAX, V_{IN} = 0.4 V
I_{OS}	Output Short Circuit Current (Note 1)		−20		−100	mA	V_{CC} = MAX
I_{CC}	Power Supply Current				20	mA	V_{CC} = MAX

Note 1: Not more than one output should be shorted at a time, nor for more than 1 second.

AC CHARACTERISTICS (T_A = 25°C, V_{CC} = 5.0 V)

Symbol	Parameter	Limits Min	Typ	Max	Unit	Test Conditions
t_{PLH} t_{PHL}	Any A or B to A < B, A > B		24 20	36 30	ns	V_{CC} = 5.0 V C_L = 15 pF
t_{PLH} t_{PHL}	Any A or B to A = B		27 23	45 45	ns	
t_{PLH} t_{PHL}	A < B or A = B to A > B		14 11	22 17	ns	
t_{PLH} t_{PHL}	A = B to A = B		13 13	20 26	ns	
t_{PLH} t_{PHL}	A > B or A = B to A < B		14 11	22 17	ns	

AC WAVEFORMS

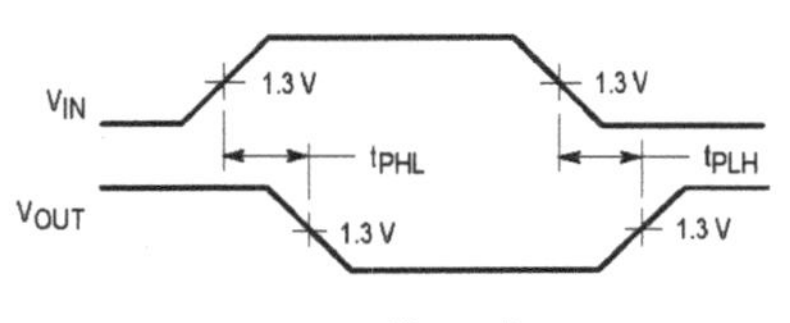

Figure 3

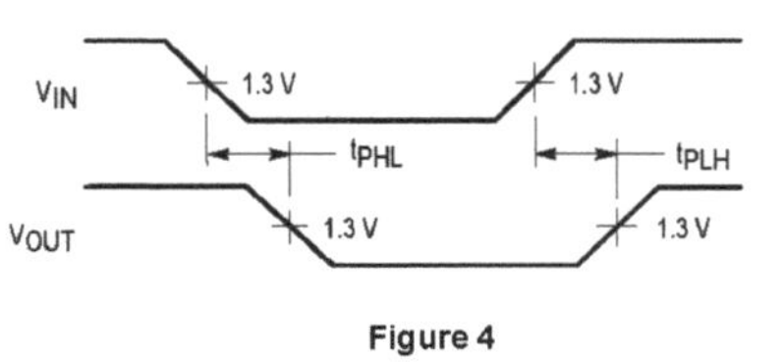

Figure 4

SN74LS86

MOTOROLA

QUAD 2-INPUT EXCLUSIVE OR GATE

SN54/74LS86

QUAD 2-INPUT EXCLUSIVE OR GATE

LOW POWER SCHOTTKY

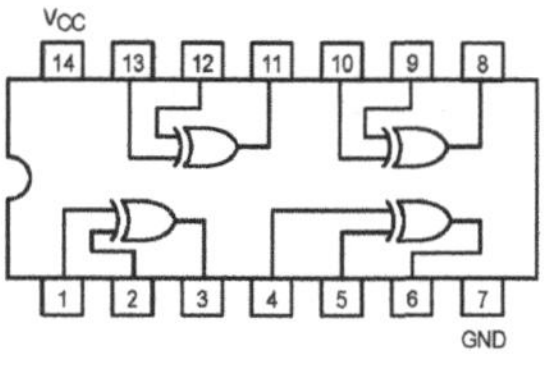

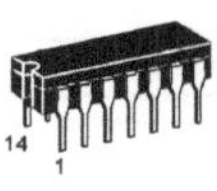

J SUFFIX
CERAMIC
CASE 632-08

N SUFFIX
PLASTIC
CASE 646-06

D SUFFIX
SOIC
CASE 751A-02

ORDERING INFORMATION

SN54LSXXJ	Ceramic
SN74LSXXN	Plastic
SN74LSXXD	SOIC

TRUTH TABLE

IN		OUT
A	B	Z
L	L	L
L	H	H
H	L	H
H	H	L

GUARANTEED OPERATING RANGES

Symbol	Parameter		Min	Typ	Max	Unit
V_{CC}	Supply Voltage	54 74	4.5 4.75	5.0 5.0	5.5 5.25	V
T_A	Operating Ambient Temperature Range	54 74	−55 0	25 25	125 70	°C
I_{OH}	Output Current — High	54, 74			−0.4	mA
I_{OL}	Output Current — Low	54 74			4.0 8.0	mA

SN54/74LS86

DC CHARACTERISTICS OVER OPERATING TEMPERATURE RANGE (unless otherwise specified)

Symbol	Parameter		Limits Min	Limits Typ	Limits Max	Unit	Test Conditions
V_{IH}	Input HIGH Voltage		2.0			V	Guaranteed Input HIGH Voltage for All Inputs
V_{IL}	Input LOW Voltage	54			0.7	V	Guaranteed Input LOW Voltage for All Inputs
		74			0.8		
V_{IK}	Input Clamp Diode Voltage			−0.65	−1.5	V	V_{CC} = MIN, I_{IN} = −18 mA
V_{OH}	Output HIGH Voltage	54	2.5	3.5		V	V_{CC} = MIN, I_{OH} = MAX, V_{IN} = V_{IH} or V_{IL} per Truth Table
		74	2.7	3.5		V	
V_{OL}	Output LOW Voltage	54, 74		0.25	0.4	V	I_{OL} = 4.0 mA; V_{CC} = V_{CC} MIN, V_{IN} = V_{IL} or V_{IH} per Truth Table
		74		0.35	0.5	V	I_{OL} = 8.0 mA
I_{IH}	Input HIGH Current				40	µA	V_{CC} = MAX, V_{IN} = 2.7 V
					0.2	mA	V_{CC} = MAX, V_{IN} = 7.0 V
I_{IL}	Input LOW Current				−0.8	mA	V_{CC} = MAX, V_{IN} = 0.4 V
I_{OS}	Short Circuit Current (Note 1)		−20		−100	mA	V_{CC} = MAX
I_{CC}	Power Supply Current				10	mA	V_{CC} = MAX

Note 1: Not more than one output should be shorted at a time, nor for more than 1 second.

AC CHARACTERISTICS (T_A = 25°C)

Symbol	Parameter	Limits Min	Limits Typ	Limits Max	Unit	Test Conditions
t_{PLH} t_{PHL}	Propagation Delay, Other Input LOW		12 10	23 17	ns	V_{CC} = 5.0 V C_L = 15 pF
t_{PLH} t_{PHL}	Propagation Delay, Other Input HIGH		20 13	30 22	ns	

SN74LS90 SN74LS92 SN74LS93

MOTOROLA

DECADE COUNTER; DIVIDE-BY-TWELVE COUNTER; 4-BIT BINARY COUNTER

The SN54/74LS90, SN54/74LS92 and SN54/74LS93 are high-speed 4-bit ripple type counters partitioned into two sections. Each counter has a divide-by-two section and either a divide-by-five (LS90), divide-by-six (LS92) or divide-by-eight (LS93) section which are triggered by a HIGH-to-LOW transition on the clock inputs. Each section can be used separately or tied together (Q to CP) to form BCD, bi-quinary, modulo-12, or modulo-16 counters. All of the counters have a 2-input gated Master Reset (Clear), and the LS90 also has a 2-input gated Master Set (Preset 9).

- Low Power Consumption . . . Typically 45 mW
- High Count Rates . . . Typically 42 MHz
- Choice of Counting Modes . . . BCD, Bi-Quinary, Divide-by-Twelve, Binary
- Input Clamp Diodes Limit High Speed Termination Effects

PIN NAMES		LOADING (Note a)	
		HIGH	LOW
$\overline{CP}_0$	Clock (Active LOW going edge) Input to ÷2 Section	0.5 U.L.	1.5 U.L.
$\overline{CP}_1$	Clock (Active LOW going edge) Input to ÷5 Section (LS90), ÷6 Section (LS92)	0.5 U.L.	2.0 U.L.
$\overline{CP}_1$	Clock (Active LOW going edge) Input to ÷8 Section (LS93)	0.5 U.L.	1.0 U.L.
MR_1, MR_2	Master Reset (Clear) Inputs	0.5 U.L.	0.25 U.L.
MS_1, MS_2	Master Set (Preset-9, LS90) Inputs	0.5 U.L.	0.25 U.L.
Q_0	Output from ÷2 Section (Notes b & c)	10 U.L.	5 (2.5) U.L.
Q_1, Q_2, Q_3	Outputs from ÷5 (LS90), ÷6 (LS92), ÷8 (LS93) Sections (Note b)	10 U.L.	5 (2.5) U.L.

NOTES:
a. 1 TTL Unit Load (U.L.) = 40 μA HIGH/1.6 mA LOW.
b. The Output LOW drive factor is 2.5 U.L. for Military, (54) and 5 U.L. for commercial (74) Temperature Ranges.
c. The Q_0 Outputs are guaranteed to drive the full fan-out plus the $\overline{CP}_1$ input of the device.
d. To insure proper operation the rise (t_r) and fall time (t_f) of the clock must be less than 100 ns.

SN54/74LS90
SN54/74LS92
SN54/74LS93

DECADE COUNTER; DIVIDE-BY-TWELVE COUNTER; 4-BIT BINARY COUNTER

LOW POWER SCHOTTKY

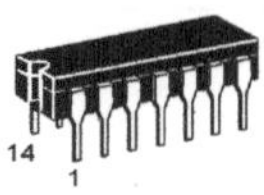

J SUFFIX
CERAMIC
CASE 632-08

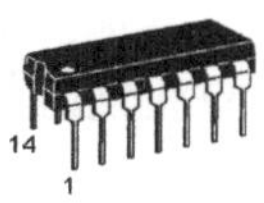

N SUFFIX
PLASTIC
CASE 646-06

D SUFFIX
SOIC
CASE 751A-02

ORDERING INFORMATION

SN54LSXXJ	Ceramic
SN74LSXXN	Plastic
SN74LSXXD	SOIC

LOGIC SYMBOL

LS90

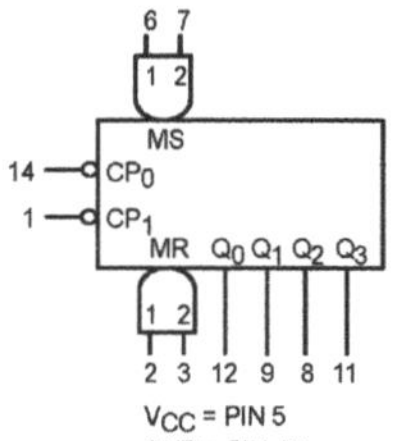

V_{CC} = PIN 5
GND = PIN 10
NC = PINS 4, 13

LS92

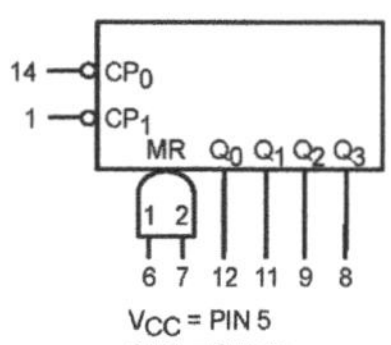

V_{CC} = PIN 5
GND = PIN 10
NC = PINS 2, 3, 4, 13

LS93

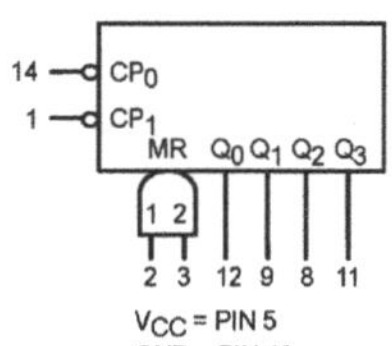

V_{CC} = PIN 5
GND = PIN 10
NC = PIN 4, 6, 7, 13

SN54/74LS90 • SN54/74LS92 • SN54/74LS93

LOGIC DIAGRAM

LS90

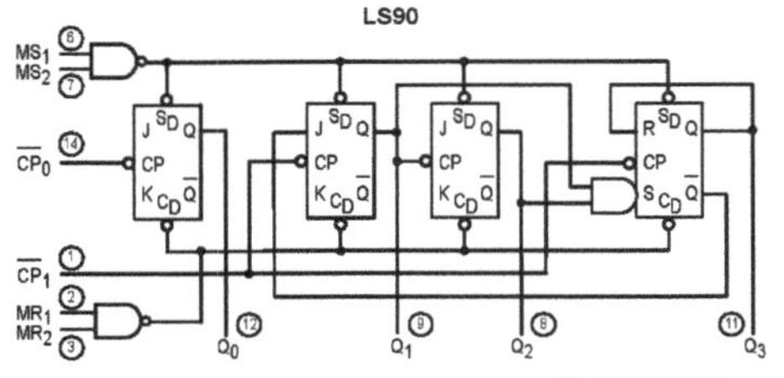

○ = PIN NUMBERS
V_{CC} = PIN 5
GND = PIN 10

CONNECTION DIAGRAM DIP (TOP VIEW)

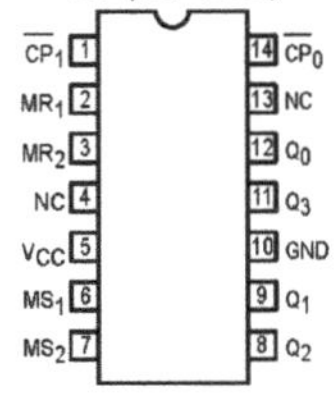

NC = NO INTERNAL CONNECTION

NOTE:
The Flatpak version has the same pinouts (Connection Diagram) as the Dual In-Line Package.

LOGIC DIAGRAM

LS92

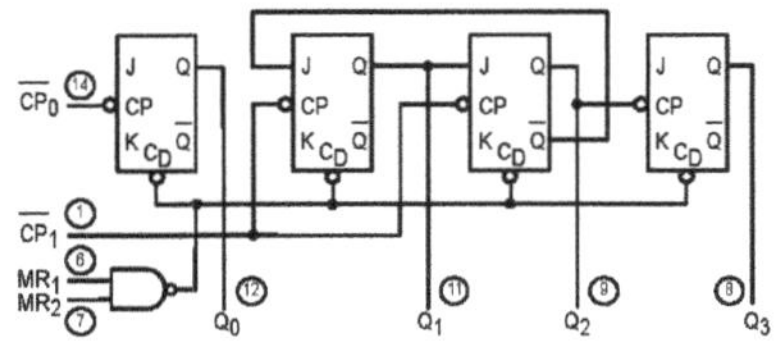

○ = PIN NUMBERS
V_{CC} = PIN 5
GND = PIN 10

CONNECTION DIAGRAM DIP (TOP VIEW)

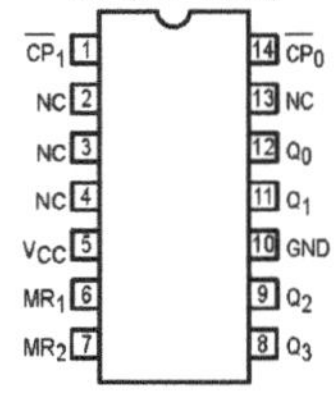

NC = NO INTERNAL CONNECTION

NOTE:
The Flatpak version has the same pinouts (Connection Diagram) as the Dual In-Line Package.

LOGIC DIAGRAM

LS93

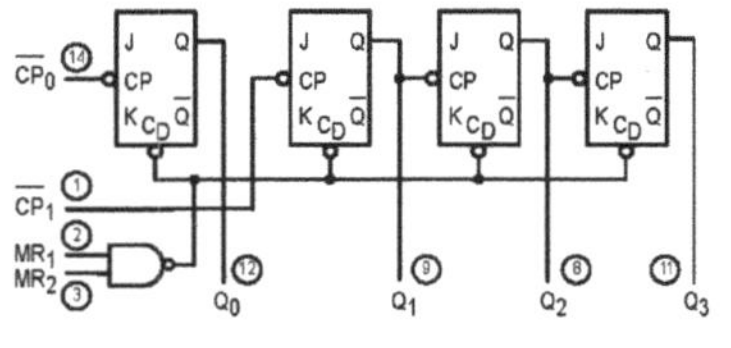

○ = PIN NUMBERS
V_{CC} = PIN 5
GND = PIN 10

CONNECTION DIAGRAM DIP (TOP VIEW)

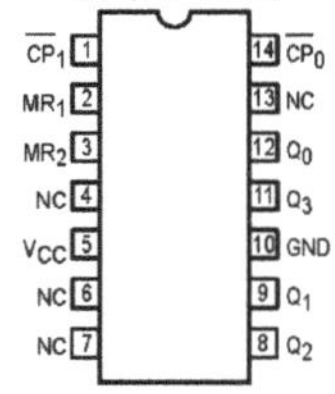

NC = NO INTERNAL CONNECTION

NOTE:
The Flatpak version has the same pinouts (Connection Diagram) as the Dual In-Line Package.

SN54/74LS90 • SN54/74LS92 • SN54/74LS93

FUNCTIONAL DESCRIPTION

The LS90, LS92, and LS93 are 4-bit ripple type Decade, Divide-By-Twelve, and Binary Counters respectively. Each device consists of four master/slave flip-flops which are internally connected to provide a divide-by-two section and a divide-by-five (LS90), divide-by-six (LS92), or divide-by-eight (LS93) section. Each section has a separate clock input which initiates state changes of the counter on the HIGH-to-LOW clock transition. State changes of the Q outputs do not occur simultaneously because of internal ripple delays. Therefore, decoded output signals are subject to decoding spikes and should not be used for clocks or strobes. The Q_0 output of each device is designed and specified to drive the rated fan-out plus the CP_1 input of the device.

A gated AND asynchronous Master Reset (MR_1 • MR_2) is provided on all counters which overrides and clocks and resets (clears) all the flip-flops. A gated AND asynchronous Master Set (MS_1 • MS_2) is provided on the LS90 which overrides the clocks and the MR inputs and sets the outputs to nine (HLLH).

Since the output from the divide-by-two section is not internally connected to the succeeding stages, the devices may be operated in various counting modes.

LS90

A. BCD Decade (8421) Counter — The $\overline{CP_1}$ input must be externally connected to the Q_0 output. The CP_0 input receives the incoming count and a BCD count sequence is produced.

B. Symmetrical Bi-quinary Divide-By-Ten Counter — The Q_3 output must be externally connected to the CP_0 input. The input count is then applied to the CP_1 input and a divide-by-ten square wave is obtained at output Q_0.

C. Divide-By-Two and Divide-By-Five Counter — No external interconnections are required. The first flip-flop is used as a binary element for the divide-by-two function (CP_0 as the input and Q_0 as the output). The CP_1 input is used to obtain binary divide-by-five operation at the Q_3 output.

LS92

A. Modulo 12, Divide-By-Twelve Counter — The $\overline{CP_1}$ input must be externally connected to the Q_0 output. The CP_0 input receives the incoming count and Q_3 produces a symmetrical divide-by-twelve square wave output.

B. Divide-By-Two and Divide-By-Six Counter —No external interconnections are required. The first flip-flop is used as a binary element for the divide-by-two function. The CP_1 input is used to obtain divide-by-three operation at the Q_1 and Q_2 outputs and divide-by-six operation at the Q_3 output.

LS93

A. 4-Bit Ripple Counter — The output Q_0 must be externally connected to input CP_1. The input count pulses are applied to input CP_0. Simultaneous divisions of 2, 4, 8, and 16 are performed at the Q_0, Q_1, Q_2, and Q_3 outputs as shown in the truth table.

B. 3-Bit Ripple Counter— The input count pulses are applied to input CP_1. Simultaneous frequency divisions of 2, 4, and 8 are available at the Q_1, Q_2, and Q_3 outputs. Independent use of the first flip-flop is available if the reset function coincides with reset of the 3-bit ripple-through counter.

SN54/74LS90 • SN54/74LS92 • SN54/74LS93

LS90 MODE SELECTION

RESET/SET INPUTS				OUTPUTS			
MR_1	MR_2	MS_1	MS_2	Q_0	Q_1	Q_2	Q_3
H	H	L	X	L	L	L	L
H	H	X	L	L	L	L	L
X	X	H	H	H	L	L	H
L	X	L	X	Count			
X	L	X	L	Count			
L	X	X	L	Count			
X	L	L	X	Count			

H = HIGH Voltage Level
L = LOW Voltage Level
X = Don't Care

LS92 AND LS93 MODE SELECTION

RESET INPUTS		OUTPUTS			
MR_1	MR_2	Q_0	Q_1	Q_2	Q_3
H	H	L	L	L	L
L	H	Count			
H	L	Count			
L	L	Count			

H = HIGH Voltage Level
L = LOW Voltage Level
X = Don't Care

LS90 BCD COUNT SEQUENCE

COUNT	OUTPUT			
	Q_0	Q_1	Q_2	Q_3
0	L	L	L	L
1	H	L	L	L
2	L	H	L	L
3	H	H	L	L
4	L	L	H	L
5	H	L	H	L
6	L	H	H	L
7	H	H	H	L
8	L	L	L	H
9	H	L	L	H

NOTE: Output Q_0 is connected to Input CP_1 for BCD count.

LS92 TRUTH TABLE

COUNT	OUTPUT			
	Q_0	Q_1	Q_2	Q_3
0	L	L	L	L
1	H	L	L	L
2	L	H	L	L
3	H	H	L	L
4	L	L	H	L
5	H	L	H	L
6	L	L	L	H
7	H	L	L	H
8	L	H	L	H
9	H	H	L	H
10	L	L	H	H
11	H	L	H	H

NOTE: Output Q_0 is connected to Input CP_1.

LS93 TRUTH TABLE

COUNT	OUTPUT			
	Q_0	Q_1	Q_2	Q_3
0	L	L	L	L
1	H	L	L	L
2	L	H	L	L
3	H	H	L	L
4	L	L	H	L
5	H	L	H	L
6	L	H	H	L
7	H	H	H	L
8	L	L	L	H
9	H	L	L	H
10	L	H	L	H
11	H	H	L	H
12	L	L	H	H
13	H	L	H	H
14	L	H	H	H
15	H	H	H	H

NOTE: Output Q_0 is connected to Input CP_1.

SN54/74LS90 • SN54/74LS92 • SN54/74LS93

GUARANTEED OPERATING RANGES

Symbol	Parameter		Min	Typ	Max	Unit
V_{CC}	Supply Voltage	54 74	4.5 4.75	5.0 5.0	5.5 5.25	V
T_A	Operating Ambient Temperature Range	54 74	−55 0	25 25	125 70	°C
I_{OH}	Output Current — High	54, 74			−0.4	mA
I_{OL}	Output Current — Low	54 74			4.0 8.0	mA

DC CHARACTERISTICS OVER OPERATING TEMPERATURE RANGE (unless otherwise specified)

Symbol	Parameter		Limits			Unit	Test Conditions	
			Min	Typ	Max			
V_{IH}	Input HIGH Voltage		2.0			V	Guaranteed Input HIGH Voltage for All Inputs	
V_{IL}	Input LOW Voltage	54			0.7	V	Guaranteed Input LOW Voltage for All Inputs	
		74			0.8			
V_{IK}	Input Clamp Diode Voltage			−0.65	−1.5	V	V_{CC} = MIN, I_{IN} = −18 mA	
V_{OH}	Output HIGH Voltage	54	2.5	3.5		V	V_{CC} = MIN, I_{OH} = MAX, V_{IN} = V_{IH} or V_{IL} per Truth Table	
		74	2.7	3.5		V		
V_{OL}	Output LOW Voltage	54, 74		0.25	0.4	V	I_{OL} = 4.0 mA	V_{CC} = V_{CC} MIN, V_{IN} = V_{IL} or V_{IH} per Truth Table
		74		0.35	0.5	V	I_{OL} = 8.0 mA	
I_{IH}	Input HIGH Current				20	µA	V_{CC} = MAX, V_{IN} = 2.7 V	
					0.1	mA	V_{CC} = MAX, V_{IN} = 7.0 V	
I_{IL}	Input LOW Current $\overline{MS}$, MR $\overline{CP_0}$ $\overline{CP_1}$ (LS90, LS92) CP_1 (LS93)				 −0.4 −2.4 −3.2 −1.6	mA	V_{CC} = MAX, V_{IN} = 0.4 V	
I_{OS}	Short Circuit Current (Note 1)		−20		−100	mA	V_{CC} = MAX	
I_{CC}	Power Supply Current				15	mA	V_{CC} = MAX	

Note 1: Not more than one output should be shorted at a time, nor for more than 1 second.

SN54/74LS90 • SN54/74LS92 • SN54/74LS93

AC CHARACTERISTICS (T_A = 25°C, V_{CC} = 5.0 V, C_L = 15 pF)

Symbol	Parameter	Limits LS90 Min	LS90 Typ	LS90 Max	LS92 Min	LS92 Typ	LS92 Max	LS93 Min	LS93 Typ	LS93 Max	Unit
f_{MAX}	$\overline{CP}_0$ Input Clock Frequency	32			32			32			MHz
f_{MAX}	$\overline{CP}_1$ Input Clock Frequency	16			16			16			MHz
t_{PLH} t_{PHL}	Propagation Delay, $\overline{CP}_0$ Input to Q_0 Output		10 12	16 18		10 12	16 18		10 12	16 18	ns
t_{PLH} t_{PHL}	$\overline{CP}_0$ Input to Q_3 Output		32 34	48 50		32 34	48 50		46 46	70 70	ns
t_{PLH} t_{PHL}	$\overline{CP}_1$ Input to Q_1 Output		10 14	16 21		10 14	16 21		10 14	16 21	ns
t_{PLH} t_{PHL}	$\overline{CP}_1$ Input to Q_2 Output		21 23	32 35		10 14	16 21		21 23	32 35	ns
t_{PLH} t_{PHL}	$\overline{CP}_1$ Input to Q_3 Output		21 23	32 35		21 23	32 35		34 34	51 51	ns
t_{PLH}	MS Input to Q_0 and Q_3 Outputs		20	30							ns
t_{PHL}	MS Input to Q_1 and Q_2 Outputs		26	40							ns
t_{PHL}	MR Input to Any Output		26	40		26	40		26	40	ns

AC SETUP REQUIREMENTS (T_A = 25°C, V_{CC} = 5.0 V)

Symbol	Parameter	Limits LS90 Min	LS90 Max	LS92 Min	LS92 Max	LS93 Min	LS93 Max	Unit
t_W	$\overline{CP}_0$ Pulse Width	15		15		15		ns
t_W	$\overline{CP}_1$ Pulse Width	30		30		30		ns
t_W	MS Pulse Width	15						ns
t_W	MR Pulse Width	15		15		15		ns
t_{rec}	Recovery Time MR to $\overline{CP}$	25		25		25		ns

RECOVERY TIME (t_{rec}) is defined as the minimum time required between the end of the reset pulse and the clock transition from HIGH-to-LOW in order to recognize and transfer HIGH data to the Q outputs

AC WAVEFORMS

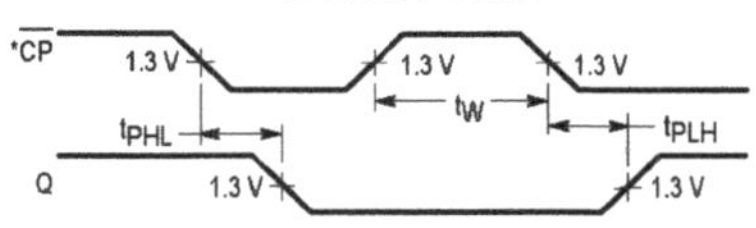

Figure 1

*The number of Clock Pulses required between the t_{PHL} and t_{PLH} measurements can be determined from the appropriate Truth Tables.

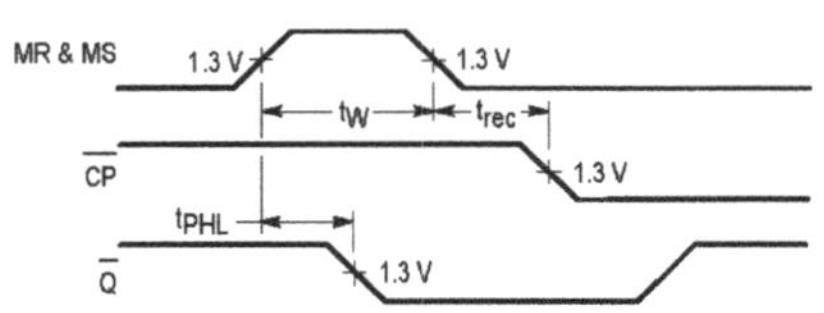

Figure 2

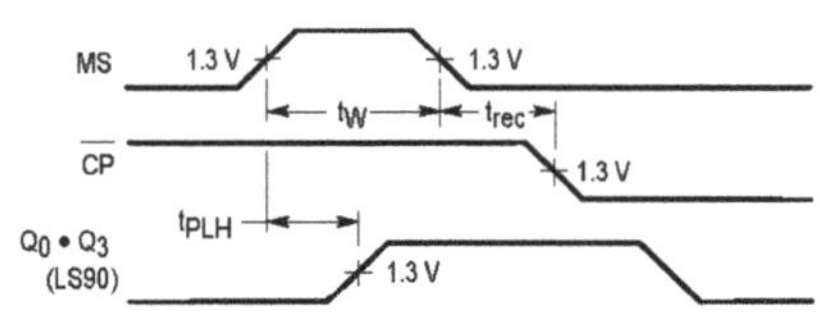

Figure 3

SN74LS112

MOTOROLA

DUAL JK NEGATIVE EDGE-TRIGGERED FLIP-FLOP

The SN54/74LS112A dual JK flip-flop features individual J, K, clock, and asynchronous set and clear inputs to each flip-flop. When the clock goes HIGH, the inputs are enabled and data will be accepted. The logic level of the J and K inputs may be allowed to change when the clock pulse is HIGH and the bistable will perform according to the truth table as long as minimum set-up and hold time are observed. Input data is transferred to the outputs on the negative-going edge of the clock pulse.

LOGIC DIAGRAM (Each Flip-Flop)

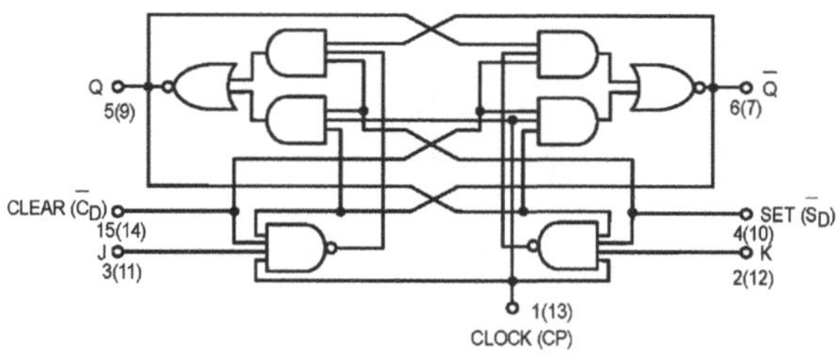

MODE SELECT — TRUTH TABLE

OPERATING MODE	INPUTS				OUTPUTS	
	$\overline{S}_D$	$\overline{C}_D$	J	K	Q	$\overline{Q}$
Set	L	H	X	X	H	L
Reset (Clear)	H	L	X	X	L	H
*Undetermined	L	L	X	X	H	H
Toggle	H	H	h	h	$\overline{q}$	q
Load "0" (Reset)	H	H	l	h	L	H
Load "1" (Set)	H	H	h	l	H	L
Hold	H	H	l	l	q	$\overline{q}$

* Both outputs will be HIGH while both $\overline{S}_D$ and $\overline{C}_D$ are LOW, but the output states are unpredictable if $\overline{S}_D$ and $\overline{C}_D$ go HIGH simultaneously.

H, h = HIGH Voltage Level
L, l = LOW Voltage Level
X = Don't Care
l, h (q) = Lower case letters indicate the state of the referenced input (or output) one set-up time prior to the HIGH to LOW clock transition.

SN54/74LS112A

DUAL JK NEGATIVE EDGE-TRIGGERED FLIP-FLOP

LOW POWER SCHOTTKY

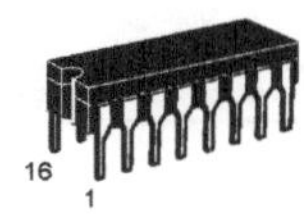

J SUFFIX
CERAMIC
CASE 620-09

N SUFFIX
PLASTIC
CASE 648-08

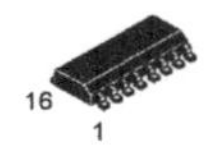

D SUFFIX
SOIC
CASE 751B-03

ORDERING INFORMATION

SN54LSXXXJ	Ceramic
SN74LSXXXN	Plastic
SN74LSXXXD	SOIC

LOGIC SYMBOL

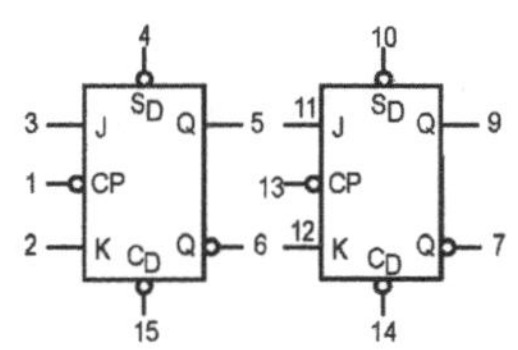

V_{CC} = PIN 16
GND = PIN 8

SN54/74LS112A

GUARANTEED OPERATING RANGES

Symbol	Parameter		Min	Typ	Max	Unit
V_{CC}	Supply Voltage	54 74	4.5 4.75	5.0 5.0	5.5 5.25	V
T_A	Operating Ambient Temperature Range	54 74	−55 0	25 25	125 70	°C
I_{OH}	Output Current — High	54, 74			−0.4	mA
I_{OL}	Output Current — Low	54 74			4.0 8.0	mA

DC CHARACTERISTICS OVER OPERATING TEMPERATURE RANGE (unless otherwise specified)

Symbol	Parameter		Limits Min	Typ	Max	Unit	Test Conditions
V_{IH}	Input HIGH Voltage		2.0			V	Guaranteed Input HIGH Voltage for All Inputs
V_{IL}	Input LOW Voltage	54			0.7	V	Guaranteed Input LOW Voltage for All Inputs
		74			0.8		
V_{IK}	Input Clamp Diode Voltage			−0.65	−1.5	V	V_{CC} = MIN, I_{IN} = −18 mA
V_{OH}	Output HIGH Voltage	54	2.5	3.5		V	V_{CC} = MIN, I_{OH} = MAX, V_{IN} = V_{IH} or V_{IL} per Truth Table
		74	2.7	3.5		V	
V_{OL}	Output LOW Voltage	54, 74		0.25	0.4	V	I_{OL} = 4.0 mA; V_{CC} = V_{CC} MIN, V_{IN} = V_{IL} or V_{IH} per Truth Table
		74		0.35	0.5	V	I_{OL} = 8.0 mA
I_{IH}	Input HIGH Current	J, K Set, Clear Clock			20 60 80	µA	V_{CC} = MAX, V_{IN} = 2.7 V
		J, K Set, Clear Clock			0.1 0.3 0.4	mA	V_{CC} = MAX, V_{IN} = 7.0 V
I_{IL}	Input LOW Current	J, K Clear, Set, Clk			−0.4 −0.8	mA	V_{CC} = MAX, V_{IN} = 0.4 V
I_{OS}	Short Circuit Current (Note 1)		−20		−100	mA	V_{CC} = MAX
I_{CC}	Power Supply Current				6.0	mA	V_{CC} = MAX

Note 1: Not more than one output should be shorted at a time, nor for more than 1 second.

AC CHARACTERISTICS (T_A = 25°C, V_{CC} = 5.0 V)

Symbol	Parameter	Limits Min	Typ	Max	Unit	Test Conditions
f_{MAX}	Maximum Clock Frequency	30	45		MHz	V_{CC} = 5.0 V C_L = 15 pF
t_{PLH}	Propagation Delay, Clock Clear, Set to Output		15	20	ns	
t_{PHL}			15	20	ns	

AC SETUP REQUIREMENTS (T_A = 25°C, V_{CC} = 5.0 V)

Symbol	Parameter	Limits Min	Typ	Max	Unit	Test Conditions
t_W	Clock Pulse Width High	20			ns	V_{CC} = 5.0 V
t_W	Clear, Set Pulse Width	25			ns	
t_s	Setup Time	20			ns	
t_h	Hold Time	0			ns	

SN74LS139

MOTOROLA

DUAL 1-OF-4 DECODER/ DEMULTIPLEXER

The LSTTL/MSI SN54/74LS139 is a high speed Dual 1-of-4 Decoder/Demultiplexer. The device has two independent decoders, each accepting two inputs and providing four mutually exclusive active LOW Outputs. Each decoder has an active LOW Enable input which can be used as a data input for a 4-output demultiplexer. Each half of the LS139 can be used as a function generator providing all four minterms of two variables. The LS139 is fabricated with the Schottky barrier diode process for high speed and is completely compatible with all Motorola TTL families.

- Schottky Process for High Speed
- Multifunction Capability
- Two Completely Independent 1-of-4 Decoders
- Active Low Mutually Exclusive Outputs
- Input Clamp Diodes Limit High Speed Termination Effects
- ESD > 3500 Volts

CONNECTION DIAGRAM DIP (TOP VIEW)

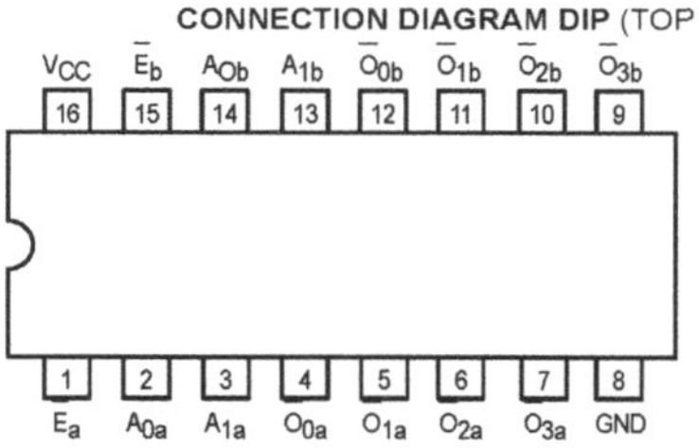

NOTE:
The Flatpak version has the same pinouts (Connection Diagram) as the Dual In-Line Package.

PIN NAMES

		LOADING (Note a)	
		HIGH	LOW
A_0, A_1	Address Inputs	0.5 U.L.	0.25 U.L.
$\overline{E}$	Enable (Active LOW) Input	0.5 U.L.	0.25 U.L.
$\overline{O}_0$–$\overline{O}_3$	Active LOW Outputs (Note b)	10 U.L.	5 (2.5) U.L.

NOTES:
a) 1 TTL Unit Load (U.L.) = 40 μA HIGH/1.6 mA LOW.
b) The Output LOW drive factor is 2.5 U.L. for Military (54) and 5 U.L. for Commercial (74) Temperature Ranges.

LOGIC DIAGRAM

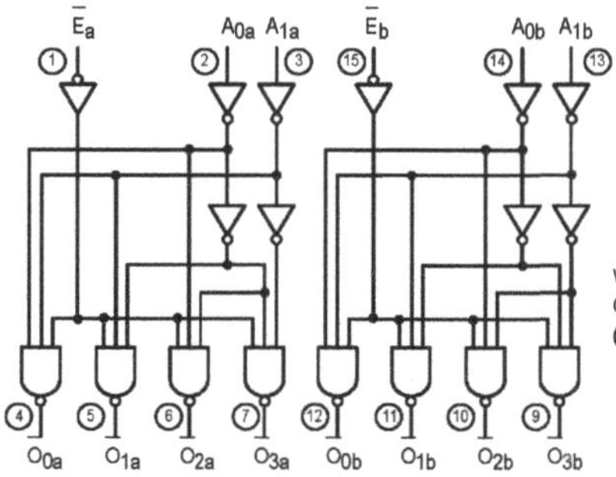

V_{CC} = PIN 16
GND = PIN 8
○ = PIN NUMBERS

SN54/74LS139

DUAL 1-OF-4 DECODER/ DEMULTIPLEXER

LOW POWER SCHOTTKY

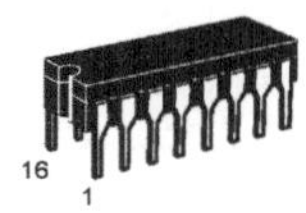

J SUFFIX
CERAMIC
CASE 620-09

N SUFFIX
PLASTIC
CASE 648-08

D SUFFIX
SOIC
CASE 751B-03

ORDERING INFORMATION

SN54LSXXXJ	Ceramic
SN74LSXXXN	Plastic
SN74LSXXXD	SOIC

LOGIC SYMBOL

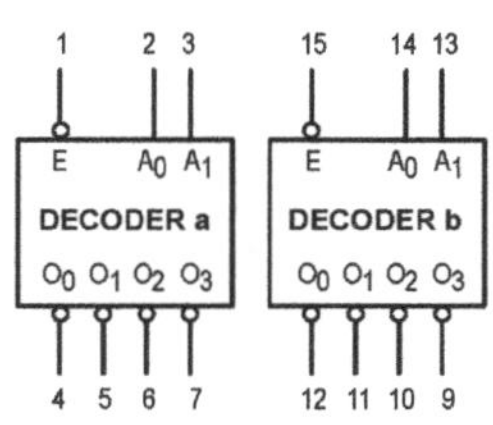

V_{CC} = PIN 16
GND = PIN 8

SN54/74LS139

FUNCTIONAL DESCRIPTION

The LS139 is a high speed dual 1-of-4 decoder/demultiplexer fabricated with the Schottky barrier diode process. The device has two independent decoders, each of which accept two binary weighted inputs (A_0, A_1) and provide four mutually exclusive active LOW outputs (O_0–O_3). Each decoder has an active LOW Enable (E). When E is HIGH all outputs are forced HIGH. The enable can be used as the data input for a 4-output demultiplexer application.

Each half of the LS139 generates all four minterms of two variables. These four minterms are useful in some applications, replacing multiple gate functions as shown in Fig. a, and thereby reducing the number of packages required in a logic network.

TRUTH TABLE

INPUTS			OUTPUTS			
E	A_0	A_1	O_0	O_1	O_2	O_3
H	X	X	H	H	H	H
L	L	L	L	H	H	H
L	H	L	H	L	H	H
L	L	H	H	H	L	H
L	H	H	H	H	H	L

H = HIGH Voltage Level
L = LOW Voltage Level
X = Don't Care

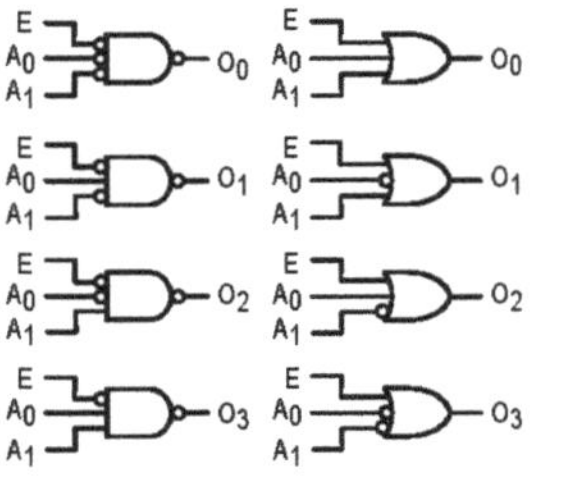

Figure a

GUARANTEED OPERATING RANGES

Symbol	Parameter		Min	Typ	Max	Unit
V_{CC}	Supply Voltage	54 74	4.5 4.75	5.0 5.0	5.5 5.25	V
T_A	Operating Ambient Temperature Range	54 74	−55 0	25 25	125 70	°C
I_{OH}	Output Current — High	54, 74			−0.4	mA
I_{OL}	Output Current — Low	54 74			4.0 8.0	mA

SN54/74LS139

DC CHARACTERISTICS OVER OPERATING TEMPERATURE RANGE (unless otherwise specified)

Symbol	Parameter		Limits Min	Limits Typ	Limits Max	Unit	Test Conditions	
V_{IH}	Input HIGH Voltage		2.0			V	Guaranteed Input HIGH Voltage for All Inputs	
V_{IL}	Input LOW Voltage	54			0.7	V	Guaranteed Input LOW Voltage for All Inputs	
		74			0.8			
V_{IK}	Input Clamp Diode Voltage			−0.65	−1.5	V	V_{CC} = MIN, I_{IN} = −18 mA	
V_{OH}	Output HIGH Voltage	54	2.5	3.5		V	V_{CC} = MIN, I_{OH} = MAX, V_{IN} = V_{IH} or V_{IL} per Truth Table	
		74	2.7	3.5		V		
V_{OL}	Output LOW Voltage	54, 74		0.25	0.4	V	I_{OL} = 4.0 mA	V_{CC} = V_{CC} MIN, V_{IN} = V_{IL} or V_{IH} per Truth Table
		74		0.35	0.5	V	I_{OL} = 8.0 mA	
I_{IH}	Input HIGH Current				20	µA	V_{CC} = MAX, V_{IN} = 2.7 V	
					0.1	mA	V_{CC} = MAX, V_{IN} = 7.0 V	
I_{IL}	Input LOW Current				−0.4	mA	V_{CC} = MAX, V_{IN} = 0.4 V	
I_{OS}	Short Circuit Current (Note 1)		−20		−100	mA	V_{CC} = MAX	
I_{CC}	Power Supply Current				11	mA	V_{CC} = MAX	

Note 1: Not more than one output should be shorted at a time, nor for more than 1 second.

AC CHARACTERISTICS (T_A = 25°C)

Symbol	Parameter	Levels of Delay	Limits Min	Limits Typ	Limits Max	Unit	Test Conditions
t_{PLH} t_{PHL}	Propagation Delay Address to Output	2 2		13 22	20 33	ns	V_{CC} = 5.0 V C_L = 15 pF
t_{PLH} t_{PHL}	Propagation Delay Address to Output	3 3		18 25	29 38	ns	
t_{PLH} t_{PHL}	Propagation Delay Enable to Output	2 2		16 21	24 32	ns	

AC WAVEFORMS

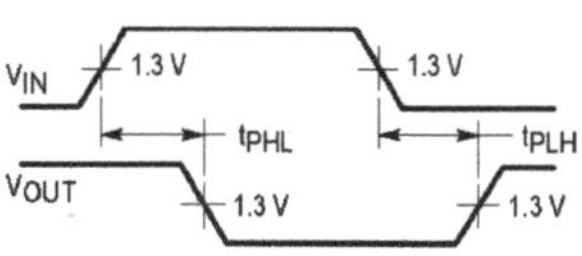

Figure 1

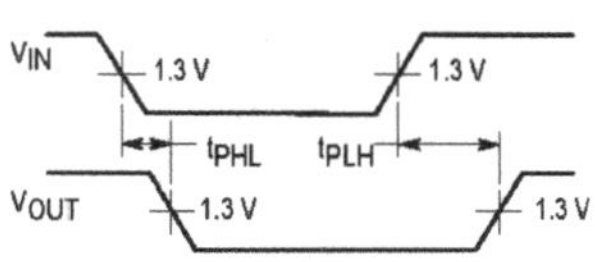

Figure 2

SN74LS151

MOTOROLA

8-INPUT MULTIPLEXER

The TTL/MSI SN54/74LS151 is a high speed 8-input Digital Multiplexer. It provides, in one package, the ability to select one bit of data from up to eight sources. The LS151 can be used as a universal function generator to generate any logic function of four variables. Both assertion and negation outputs are provided.

- Schottky Process for High Speed
- Multifunction Capability
- On-Chip Select Logic Decoding
- Fully Buffered Complementary Outputs
- Input Clamp Diodes Limit High Speed Termination Effects

CONNECTION DIAGRAM DIP (TOP VIEW)

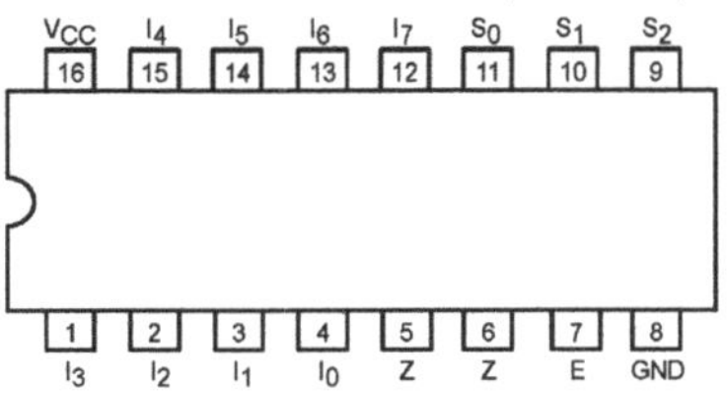

PIN NAMES

		LOADING (Note a)	
		HIGH	LOW
S_0-S_2	Select Inputs	0.5 U.L.	0.25 U.L.
E	Enable (Active LOW) Input	0.5 U.L.	0.25 U.L.
I_0-I_7	Multiplexer Inputs	0.5 U.L.	0.25 U.L.
$\overline{Z}$	Multiplexer Output (Note b)	10 U.L.	5 (2.5) U.L.
Z	Complementary Multiplexer Output (Note b)	10 U.L.	5 (2.5) U.L.

NOTES:
a) 1 TTL Unit Load (U.L.) = 40 μA HIGH/1.6 mA LOW.
b) The Output LOW drive factor is 2.5 U.L. for Military (54) and 5 U.L. for Commercial (74) Temperature Ranges.

SN54/74LS151

8-INPUT MULTIPLEXER
LOW POWER SCHOTTKY

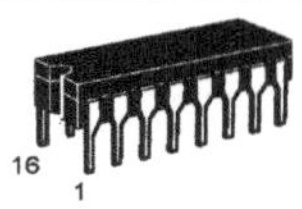

J SUFFIX
CERAMIC
CASE 620-09

N SUFFIX
PLASTIC
CASE 648-08

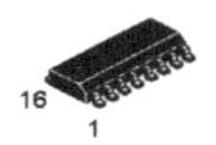

D SUFFIX
SOIC
CASE 751B-03

ORDERING INFORMATION

SN54LSXXXJ	Ceramic
SN74LSXXXN	Plastic
SN74LSXXXD	SOIC

LOGIC SYMBOL

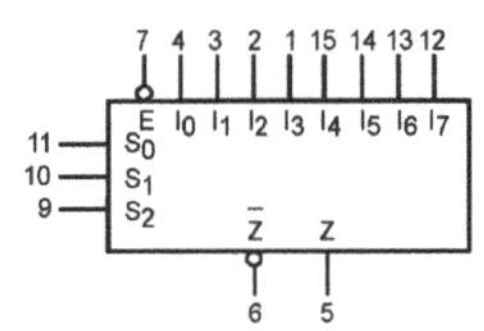

V_{CC} = PIN 16
GND = PIN 8

SN54/74LS151

LOGIC DIAGRAM

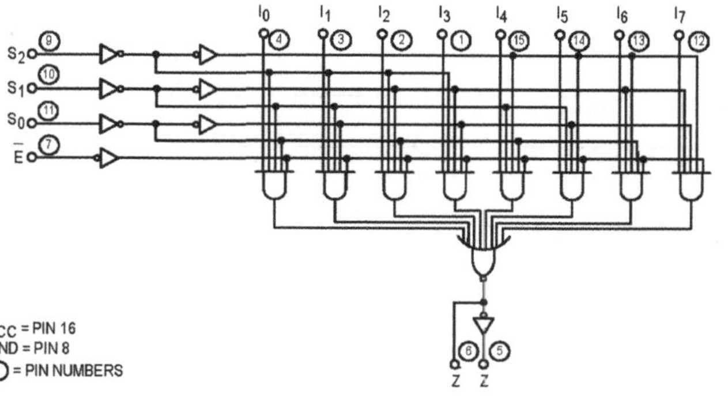

V_{CC} = PIN 16
GND = PIN 8
○ = PIN NUMBERS

FUNCTIONAL DESCRIPTION

The LS151 is a logical implementation of a single pole, 8-position switch with the switch position controlled by the state of three Select inputs, S_0, S_1, S_2. Both assertion and negation outputs are provided. The Enable input ($\overline{E}$) is active LOW. When it is not activated, the negation output is HIGH and the assertion output is LOW regardless of all other inputs. The logic function provided at the output is:

$$Z = \overline{E} \cdot (I_0 \cdot \overline{S_0} \cdot \overline{S_1} \cdot \overline{S_2} + \cdot I_1 \cdot S_0 \cdot \overline{S_1} \cdot \overline{S_2} + I_2 \cdot \overline{S_0} \cdot S_1 \cdot \overline{S_2} + I_3 \cdot S_0 \cdot S_1 \cdot S_2 + I_4 \cdot S_0 \cdot S_1 \cdot S_2 + I_5 \cdot S_0 \cdot S_1 \cdot S_2 + I_6 \cdot S_0 \cdot S_1 \cdot S_2 + I_7 \cdot S_0 \cdot S_1 \cdot S_2).$$

The LS151 provides the ability, in one package, to select from eight sources of data or control information. By proper manipulation of the inputs, the LS151 can provide any logic function of fcur variables and its negation.

TRUTH TABLE

$\overline{E}$	S_2	S_1	S_0	I_0	I_1	I_2	I_3	I_4	I_5	I_6	I_7	$\overline{Z}$	Z
H	X	X	X	X	X	X	X	X	X	X	X	H	L
L	L	L	L	L	X	X	X	X	X	X	X	H	L
L	L	L	L	H	X	X	X	X	X	X	X	L	H
L	L	L	H	X	L	X	X	X	X	X	X	H	L
L	L	L	H	X	H	X	X	X	X	X	X	L	H
L	L	H	L	X	X	L	X	X	X	X	X	H	L
L	L	H	L	X	X	H	X	X	X	X	X	L	H
L	L	H	H	X	X	X	L	X	X	X	X	H	L
L	L	H	H	X	X	X	H	X	X	X	X	L	H
L	H	L	L	X	X	X	X	L	X	X	X	H	L
L	H	L	L	X	X	X	X	H	X	X	X	L	H
L	H	L	H	X	X	X	X	X	L	X	X	H	L
L	H	L	H	X	X	X	X	X	H	X	X	L	H
L	H	H	L	X	X	X	X	X	X	L	X	H	L
L	H	H	L	X	X	X	X	X	X	H	X	L	H
L	H	H	H	X	X	X	X	X	X	X	L	H	L
L	H	H	H	X	X	X	X	X	X	X	H	L	H

H = HIGH Voltage Level
L = LOW Voltage Level
X = Don't Care

SN54/74LS151

GUARANTEED OPERATING RANGES

Symbol	Parameter		Min	Typ	Max	Unit
V_{CC}	Supply Voltage	54 74	4.5 4.75	5.0 5.0	5.5 5.25	V
T_A	Operating Ambient Temperature Range	54 74	−55 0	25 25	125 70	°C
I_{OH}	Output Current — High	54, 74			−0.4	mA
I_{OL}	Output Current — Low	54 74			4.0 8.0	mA

DC CHARACTERISTICS OVER OPERATING TEMPERATURE RANGE (unless otherwise specified)

Symbol	Parameter		Limits Min	Limits Typ	Limits Max	Unit	Test Conditions
V_{IH}	Input HIGH Voltage		2.0			V	Guaranteed Input HIGH Voltage for All Inputs
V_{IL}	Input LOW Voltage	54			0.7	V	Guaranteed Input LOW Voltage for All Inputs
		74			0.8		
V_{IK}	Input Clamp Diode Voltage			−0.65	−1.5	V	V_{CC} = MIN, I_{IN} = −18 mA
V_{OH}	Output HIGH Voltage	54	2.5	3.5		V	V_{CC} = MIN, I_{OH} = MAX, V_{IN} = V_{IH} or V_{IL} per Truth Table
		74	2.7	3.5		V	
V_{OL}	Output LOW Voltage	54, 74		0.25	0.4	V	I_{OL} = 4.0 mA; V_{CC} = V_{CC} MIN, V_{IN} = V_{IL} or V_{IH} per Truth Table
		74		0.35	0.5	V	I_{OL} = 8.0 mA
I_{IH}	Input HIGH Current				20	µA	V_{CC} = MAX, V_{IN} = 2.7 V
					0.1	mA	V_{CC} = MAX, V_{IN} = 7.0 V
I_{IL}	Input LOW Current				−0.4	mA	V_{CC} = MAX, V_{IN} = 0.4 V
I_{OS}	Short Circuit Current (Note 1)		−20		−100	mA	V_{CC} = MAX
I_{CC}	Power Supply Current				10	mA	V_{CC} = MAX

Note 1: Not more than one output should be shorted at a time, nor for more than 1 second.

AC CHARACTERISTICS (T_A = 25°C)

Symbol	Parameter	Limits Min	Limits Typ	Limits Max	Unit	Test Conditions
t_{PLH} t_{PHL}	Propagation Delay Select to Output Z		27 18	43 30	ns	V_{CC} = 5.0 V C_L = 15 pF
t_{PLH} t_{PHL}	Propagation Delay Select to Output Z		14 20	23 32	ns	
t_{PLH} t_{PHL}	Propagation Delay Enable to Output Z		26 20	42 32	ns	
t_{PLH} t_{PHL}	Propagation Delay Enable to Output Z		15 18	24 30	ns	
t_{PLH} t_{PHL}	Propagation Delay Data to Output Z		20 16	32 26	ns	
t_{PLH} t_{PHL}	Propagation Delay Data to Output Z		13 12	21 20	ns	

AC WAVEFORMS

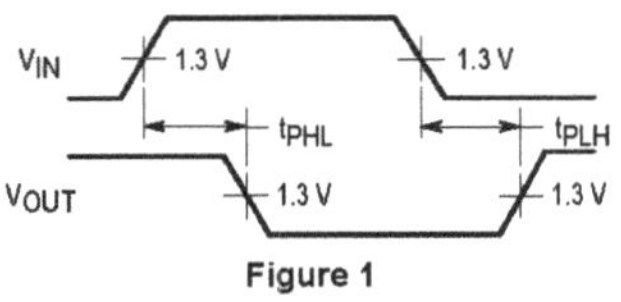

Figure 1

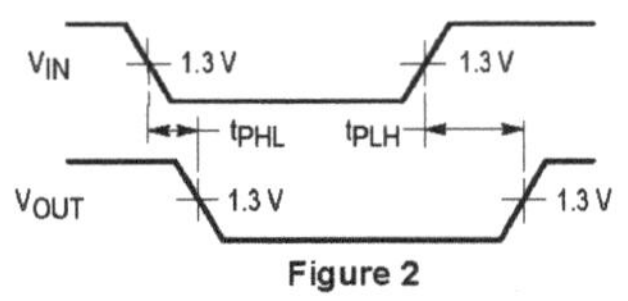

Figure 2

SN74LS153

MOTOROLA

DUAL 4-INPUT MULTIPLEXER

The LSTTL/MSI SN54/74LS153 is a very high speed Dual 4-Input Multiplexer with common select inputs and individual enable inputs for each section. It can select two bits of data from four sources. The two buffered outputs present data in the true (non-inverted) form. In addition to multiplexer operation, the LS153 can generate any two functions of three variables. The LS153 is fabricated with the Schottky barrier diode process for high speed and is completely compatible with all Motorola TTL families.

- Multifunction Capability
- Non-Inverting Outputs
- Separate Enable for Each Multiplexer
- Input Clamp Diodes Limit High Speed Termination Effects

CONNECTION DIAGRAM DIP (TOP VIEW)

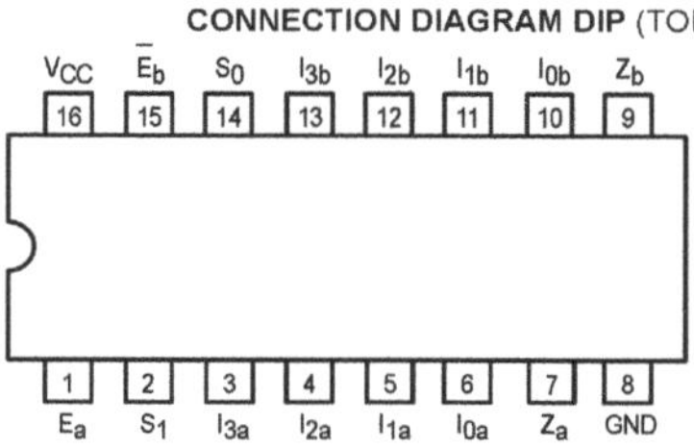

NOTE:
The Flatpak version has the same pinouts (Connection Diagram) as the Dual In-Line Package.

PIN NAMES

		LOADING (Note a) HIGH	LOW
S_0	Common Select Input	0.5 U.L.	0.25 U.L.
$\overline{E}$	Enable (Active LOW) Input	0.5 U.L.	0.25 U.L.
I_0, I_1	Multiplexer Inputs	0.5 U.L.	0.25 U.L.
Z	Multiplexer Output (Note b)	10 U.L.	5 (2.5) U.L.

NOTES:
a) 1 TTL Unit Load (U.L.) = 40 μA HIGH/1.6 mA LOW.
b) The Output LOW drive factor is 2.5 U.L. for Military (54) and 5 U.L. for Commercial (74) Temperature Ranges.

LOGIC DIAGRAM

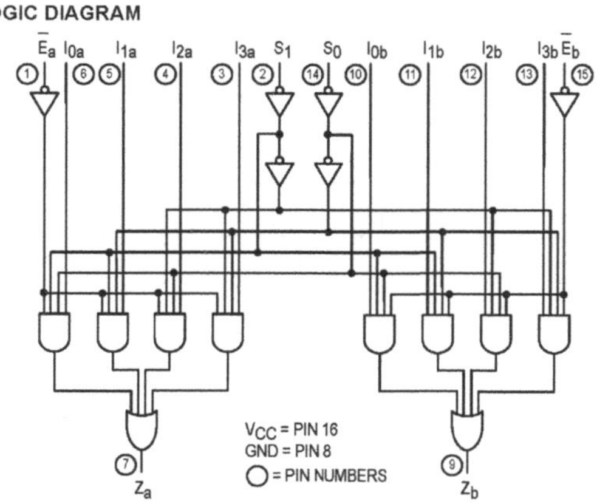

SN54/74LS153

DUAL 4-INPUT MULTIPLEXER

LOW POWER SCHOTTKY

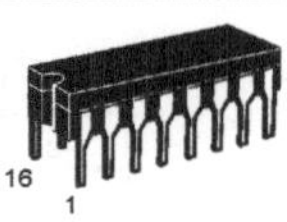

J SUFFIX
CERAMIC
CASE 620-09

N SUFFIX
PLASTIC
CASE 648-08

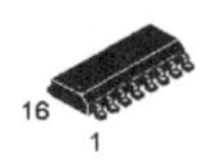

D SUFFIX
SOIC
CASE 751B-03

ORDERING INFORMATION

SN54LSXXXJ	Ceramic
SN74LSXXXN	Plastic
SN74LSXXXD	SOIC

LOGIC SYMBOL

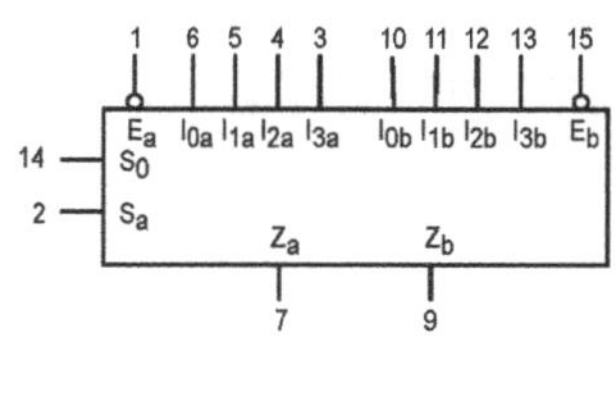

V_{CC} = PIN 16
GND = PIN 8

SN54/74LS153

FUNCTIONAL DESCRIPTION

The LS153 is a Dual 4-input Multiplexer fabricated with Low Power, Schottky barrier diode process for high speed. It can select two bits of data from up to four sources under the control of the common Select Inputs (S_0, S_1). The two 4-input multiplexer circuits have individual active LOW Enables ($\overline{E}_a$, $\overline{E}_b$) which can be used to strobe the outputs independently. When the Enables (E_a, E_b) are HIGH, the corresponding outputs (Z_a, Z_b) are forced LOW.

The LS153 is the logic implementation of a 2-pole, 4-position switch, where the position of the switch is determined by the logic levels supplied to the two Select Inputs. The logic equations for the outputs are shown below.

$$Z_a = \overline{E}_a \cdot (I_{0a} \cdot \overline{S}_1 \cdot \overline{S}_0 + I_{1a} \cdot \overline{S}_1 \cdot S_0 + I_{2a} \cdot S_1 \cdot \overline{S}_0 + I_{3a} \cdot S_1 \cdot S_0)$$

$$Z_b = \overline{E}_b \cdot (I_{0b} \cdot \overline{S}_1 \cdot \overline{S}_0 + I_{1b} \cdot \overline{S}_1 \cdot S_0 + I_{2b} \cdot S_1 \cdot \overline{S}_0 + I_{3b} \cdot S_1 \cdot S_0)$$

The LS153 can be used to move data from a group of registers to a common output bus. The particular register from which the data came would be determined by the state of the Select Inputs. A less obvious application is a function generator. The LS153 can generate two functions of three variables. This is useful for implementing highly irregular random logic.

TRUTH TABLE

SELECT INPUTS		INPUTS (a or b)					OUTPUT
S_0	S_1	$\overline{E}$	I_0	I_1	I_2	I_3	Z
X	X	H	X	X	X	X	L
L	L	L	L	X	X	X	L
L	L	L	H	X	X	X	H
H	L	L	X	L	X	X	L
H	L	L	X	H	X	X	H
L	H	L	X	X	L	X	L
L	H	L	X	X	H	X	H
H	H	L	X	X	X	L	L
H	H	L	X	X	X	H	H

H = HIGH Voltage Level
L = LOW Voltage Level
X = Don't Care

GUARANTEED OPERATING RANGES

Symbol	Parameter		Min	Typ	Max	Unit
V_{CC}	Supply Voltage	54 74	4.5 4.75	5.0 5.0	5.5 5.25	V
T_A	Operating Ambient Temperature Range	54 74	−55 0	25 25	125 70	°C
I_{OH}	Output Current — High	54, 74			−0.4	mA
I_{OL}	Output Current — Low	54 74			4.0 8.0	mA

SN54/74LS153

DC CHARACTERISTICS OVER OPERATING TEMPERATURE RANGE (unless otherwise specified)

Symbol	Parameter		Limits Min	Limits Typ	Limits Max	Unit	Test Conditions	
V_{IH}	Input HIGH Voltage		2.0			V	Guaranteed Input HIGH Voltage for All Inputs	
V_{IL}	Input LOW Voltage	54			0.7	V	Guaranteed Input LOW Voltage for All Inputs	
		74			0.8			
V_{IK}	Input Clamp Diode Voltage			−0.65	−1.5	V	V_{CC} = MIN, I_{IN} = −18 mA	
V_{OH}	Output HIGH Voltage	54	2.5	3.5		V	V_{CC} = MIN, I_{OH} = MAX, V_{IN} = V_{IH} or V_{IL} per Truth Table	
		74	2.7	3.5		V		
V_{OL}	Output LOW Voltage	54, 74		0.25	0.4	V	I_{OL} = 4.0 mA	V_{CC} = V_{CC} MIN, V_{IN} = V_{IL} or V_{IH} per Truth Table
		74		0.35	0.5	V	I_{OL} = 8.0 mA	
I_{IH}	Input HIGH Current				20	µA	V_{CC} = MAX, V_{IN} = 2.7 V	
					0.1	mA	V_{CC} = MAX, V_{IN} = 7.0 V	
I_{IL}	Input LOW Current				−0.4	mA	V_{CC} = MAX, V_{IN} = 0.4 V	
I_{OS}	Short Circuit Current (Note 1)		−20		−100	mA	V_{CC} = MAX	
I_{CC}	Power Supply Current				10	mA	V_{CC} = MAX	

Note 1: Not more than one output should be shorted at a time, nor for more than 1 second.

AC CHARACTERISTICS (T_A = 25°C)

Symbol	Parameter	Limits Min	Limits Typ	Limits Max	Unit	Test Conditions	
t_{PLH} t_{PHL}	Propagation Delay Data to Output		10 17	15 26	ns	Figure 2	V_{CC} = 5.0 V C_L = 15 pF
t_{PLH} t_{PHL}	Propagation Delay Select to Output		19 25	29 38	ns	Figure 1	
t_{PLH} t_{PHL}	Propagation Delay Enable to Output		16 21	24 32	ns	Figure 2	

AC WAVEFORMS

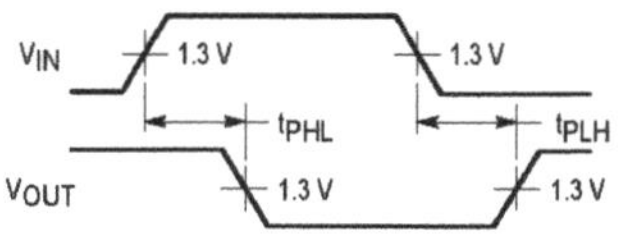

Figure 1

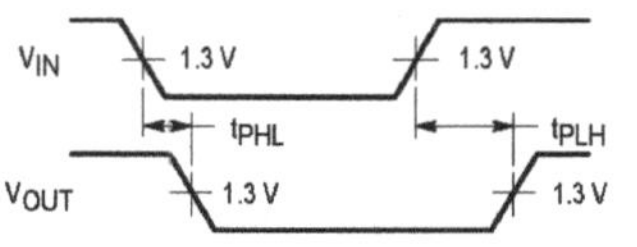

Figure 2

SN74LS161A SN74LS163A

MOTOROLA

BCD DECADE COUNTERS/ 4-BIT BINARY COUNTERS

The LS160A/161A/162A/163A are high-speed 4-bit synchronous counters. They are edge-triggered, synchronously presettable, and cascadable MSI building blocks for counting, memory addressing, frequency division and other applications. The LS160A and LS162A count modulo 10 (BCD). The LS161A and LS163A count modulo 16 (binary.)

The LS160A and LS161A have an asynchronous Master Reset (Clear) input that overrides, and is independent of, the clock and all other control inputs. The LS162A and LS163A have a Synchronous Reset (Clear) input that overrides all other control inputs, but is active only during the rising clock edge.

	BCD (Modulo 10)	Binary (Modulo 16)
Asynchronous Reset	LS160A	LS161A
Synchronous Reset	LS162A	LS163A

- Synchronous Counting and Loading
- Two Count Enable Inputs for High Speed Synchronous Expansion
- Terminal Count Fully Decoded
- Edge-Triggered Operation
- Typical Count Rate of 35 MHz
- ESD > 3500 Volts

CONNECTION DIAGRAM DIP (TOP VIEW)

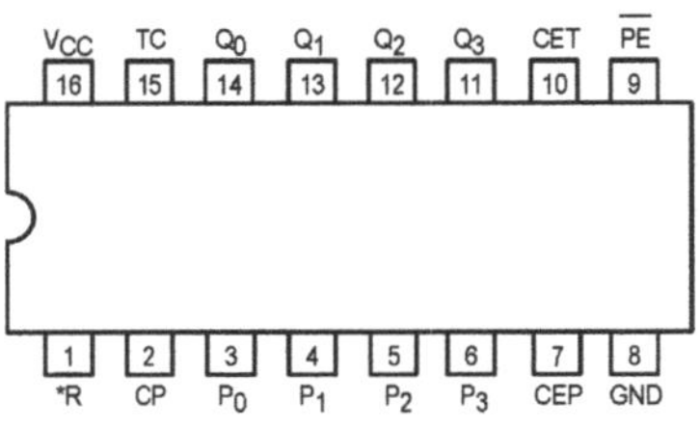

NOTE:
The Flatpak version has the same pinouts (Connection Diagram) as the Dual In-Line Package.

*MR for LS160A and LS161A
*SR for LS162A and LS163A

PIN NAMES / **LOADING** (Note a)

		HIGH	LOW
$\overline{PE}$	Parallel Enable (Active LOW) Input	1.0 U.L.	0.5 U.L.
P_0-P_3	Parallel Inputs	0.5 U.L.	0.25 U.L.
CEP	Count Enable Parallel Input	0.5 U.L.	0.25 U.L.
CET	Count Enable Trickle Input	1.0 U.L.	0.5 U.L.
CP	Clock (Active HIGH Going Edge) Input	0.5 U.L.	0.25 U.L.
$\overline{MR}$	Master Reset (Active LOW) Input	0.5 U.L.	0.25 U.L.
$\overline{SR}$	Synchronous Reset (Active LOW) Input	1.0 U.L.	0.5 U.L.
Q_0-Q_3	Parallel Outputs (Note b)	10 U.L.	5 (2.5) U.L.
TC	Terminal Count Output (Note b)	10 U.L.	5 (2.5) U.L.

NOTES:
a) 1 TTL Unit Load (U.L.) = 40 μA HIGH/1.6 mA LOW.
b) The Output LOW drive factor is 2.5 U.L. for Military (54) and 5 U.L. for Commercial (74) Temperature Ranges.

SN54/74LS160A
SN54/74LS161A
SN54/74LS162A
SN54/74LS163A

BCD DECADE COUNTERS/ 4-BIT BINARY COUNTERS

LOW POWER SCHOTTKY

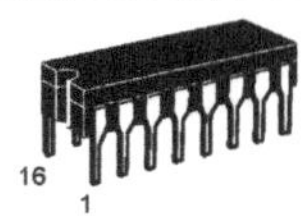

J SUFFIX
CERAMIC
CASE 620-09

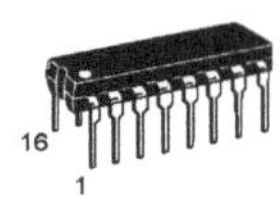

N SUFFIX
PLASTIC
CASE 648-08

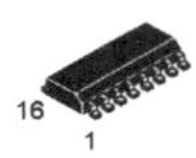

D SUFFIX
SOIC
CASE 751B-03

ORDERING INFORMATION

SN54LSXXXJ	Ceramic
SN74LSXXXN	Plastic
SN74LSXXXD	SOIC

LOGIC SYMBOL

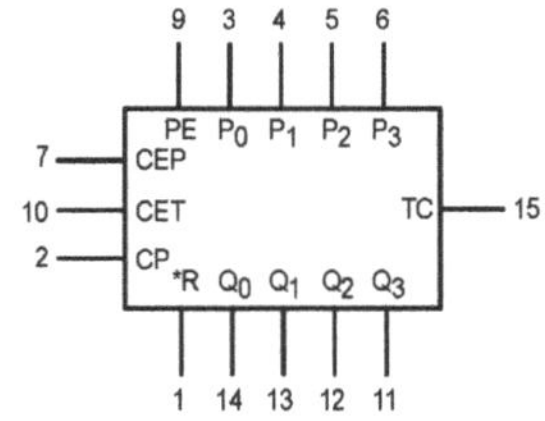

V_{CC} = PIN 16
GND = PIN 8

*MR for LS160A and LS161A
*SR for LS162A and LS163A

SN54/74LS160A • SN54/74LS161A
SN54/74LS162A • SN54/74LS163A

STATE DIAGRAM

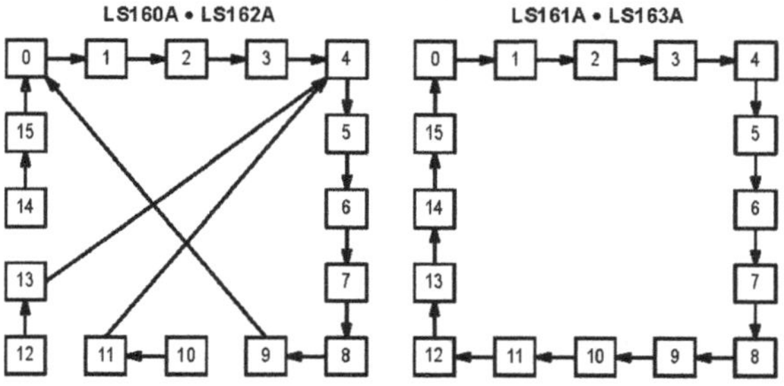

LOGIC EQUATIONS

Count Enable = CEP • CET • PE
TC for LS160A & LS162A = CET • Q_0 • $\overline{Q_1}$ • $\overline{Q_2}$ • Q_3
TC for LS161A & LS163A = CET • Q_0 • Q_1 • Q_2 • Q_3
Preset = PE • CP + (rising clock edge)
Reset = MR (LS160A & LS161A)
Reset = SR • CP + (rising clock edge)
(LS162A & LS163A)

NOTE:
The LS160A and LS162A can be preset to any state, but will not count beyond 9. If preset to state 10, 11, 12, 13, 14, or 15, it will return to its normal sequence within two clock pulses.

FUNCTIONAL DESCRIPTION

The LS160A/161A/162A/163A are 4-bit synchronous counters with a synchronous Parallel Enable (Load) feature. The counters consist of four edge-triggered D flip-flops with the appropriate data routing networks feeding the D inputs. All changes of the Q outputs (except due to the asynchronous Master Reset in the LS160A and LS161A) occur as a result of, and synchronous with, the LOW to HIGH transition of the Clock input (CP). As long as the set-up time requirements are met, there are no special timing or activity constraints on any of the mode control or data inputs.

Three control inputs — Parallel Enable (PE), Count Enable Parallel (CEP) and Count Enable Trickle (CET) — select the mode of operation as shown in the tables below. The Count Mode is enabled when the CEP, CET, and PE inputs are HIGH. When the PE is LOW, the counters will synchronously load the data from the parallel inputs into the flip-flops on the LOW to HIGH transition of the clock. Either the CEP or CET can be used to inhibit the count sequence. With the PE held HIGH, a LOW on either the CEP or CET inputs at least one set-up time prior to the LOW to HIGH clock transition will cause the existing output states to be retained. The AND feature of the two Count Enable inputs (CET•CEP) allows synchronous cascading without external gating and without delay accumulation over any practical number of bits or digits.

The Terminal Count (TC) output is HIGH when the Count Enable Trickle (CET) input is HIGH while the counter is in its maximum count state (HLLH for the BCD counters, HHHH for the Binary counters). Note that TC is fully decoded and will, therefore, be HIGH only for one count state.

The LS160A and LS162A count modulo 10 following a binary coded decimal (BCD) sequence. They generate a TC output when the CET input is HIGH while the counter is in state 9 (HLLH). From this state they increment to state 0 (LLLL). If loaded with a code in excess of 9 they return to their legitimate sequence within two counts, as explained in the state diagram. States 10 through 15 do *not* generate a TC output.

The LS161A and LS163A count modulo 16 following a binary sequence. They generate a TC when the CET input is HIGH while the counter is in state 15 (HHHH). From this state they increment to state 0 (LLLL).

The Master Reset (MR) of the LS160A and LS161A is asynchronous. When the MR is LOW, it overrides all other input conditions and sets the outputs LOW. The MR pin should never be left open. If not used, the MR pin should be tied through a resistor to V_{CC}, or to a gate output which is permanently set to a HIGH logic level.

The active LOW Synchronous Reset (SR) input of the LS162A and LS163A acts as an edge-triggered control input, overriding CET, CEP and PE, and resetting the four counter flip-flops on the LOW to HIGH transition of the clock. This simplifies the design from race-free logic controlled reset circuits, e.g., to reset the counter synchronously after reaching a predetermined value.

MODE SELECT TABLE

*SR	PE	CET	CEP	Action on the Rising Clock Edge (⌐)
L	X	X	X	RESET (Clear)
H	L	X	X	LOAD ($P_n \rightarrow Q_n$)
H	H	H	H	COUNT (Increment)
H	H	L	X	NO CHANGE (Hold)
H	H	X	L	NO CHANGE (Hold)

*For the LS162A and LS163A only.

H = HIGH Voltage Level
L = LOW Voltage Level
X = Don't Care

SN54/74LS160A • SN54/74LS161A
SN54/74LS162A • SN54/74LS163A

GUARANTEED OPERATING RANGES

Symbol	Parameter		Min	Typ	Max	Unit
V_{CC}	Supply Voltage	54 74	4.5 4.75	5.0 5.0	5.5 5.25	V
T_A	Operating Ambient Temperature Range	54 74	−55 0	25 25	125 70	°C
I_{OH}	Output Current — High	54, 74			−0.4	mA
I_{OL}	Output Current — Low	54 74			4.0 8.0	mA

LS160A and LS161A
DC CHARACTERISTICS OVER OPERATING TEMPERATURE RANGE (unless otherwise specified)

Symbol	Parameter		Limits Min	Limits Typ	Limits Max	Unit	Test Conditions	
V_{IH}	Input HIGH Voltage		2.0			V	Guaranteed Input HIGH Voltage for All Inputs	
V_{IL}	Input LOW Voltage	54			0.7	V	Guaranteed Input LOW Voltage for All Inputs	
		74			0.8			
V_{IK}	Input Clamp Diode Voltage			−0.65	−1.5	V	V_{CC} = MIN, I_{IN} = −18 mA	
V_{OH}	Output HIGH Voltage	54	2.5	3.5		V	V_{CC} = MIN, I_{OH} = MAX, V_{IN} = V_{IH} or V_{IL} per Truth Table	
		74	2.7	3.5		V		
V_{OL}	Output LOW Voltage	54, 74		0.25	0.4	V	I_{OL} = 4.0 mA	V_{CC} = V_{CC} MIN, V_{IN} = V_{IL} or V_{IH} per Truth Table
		74		0.35	0.5	V	I_{OL} = 8.0 mA	
I_{IH}	Input HIGH Current $\overline{MR}$, Data, CEP, Clock PE, CET				20 40	µA	V_{CC} = MAX, V_{IN} = 2.7 V	
	$\overline{MR}$, Data, CEP, Clock PE, CET				0.1 0.2	mA	V_{CC} = MAX, V_{IN} = 7.0 V	
I_{IL}	Input LOW Current $\overline{MR}$, Data, CEP, Clock PE, CET				−0.4 −0.8	mA	V_{CC} = MAX, V_{IN} = 0.4 V	
I_{OS}	Short Circuit Current (Note 1)		−20		−100	mA	V_{CC} = MAX	
I_{CC}	Power Supply Current Total, Output HIGH Total, Output LOW				31 32	mA	V_{CC} = MAX	

Note 1: Not more than one output should be shorted at a time, nor for more than 1 second.

SN54/74LS160A • SN54/74LS161A
SN54/74LS162A • SN54/74LS163A

LS162A and LS163A

DC CHARACTERISTICS OVER OPERATING TEMPERATURE RANGE (unless otherwise specified)

Symbol	Parameter		Limits Min	Limits Typ	Limits Max	Unit	Test Conditions	
V_{IH}	Input HIGH Voltage		2.0			V	Guaranteed Input HIGH Voltage for All Inputs	
V_{IL}	Input LOW Voltage	54			0.7	V	Guaranteed Input LOW Voltage for All Inputs	
		74			0.8			
V_{IK}	Input Clamp Diode Voltage			−0.65	−1.5	V	V_{CC} = MIN, I_{IN} = −18 mA	
V_{OH}	Output HIGH Voltage	54	2.5	3.5		V	V_{CC} = MIN, I_{OH} = MAX, V_{IN} = V_{IH} or V_{IL} per Truth Table	
		74	2.7	3.5		V		
V_{OL}	Output LOW Voltage	54, 74		0.25	0.4	V	I_{OL} = 4.0 mA	V_{CC} = V_{CC} MIN, V_{IN} = V_{IL} or V_{IH} per Truth Table
		74		0.35	0.5	V	I_{OL} = 8.0 mA	
I_{IH}	Input HIGH Current Data, CEP, Clock PE, CET, SR				 20 40	µA	V_{CC} = MAX, V_{IN} = 2.7 V	
	Data, CEP, Clock PE, CET, SR				0.1 0.2	mA	V_{CC} = MAX, V_{IN} = 7.0 V	
I_{IL}	Input LOW Current Data, CEP, Clock, $\overline{PE}$, $\overline{SR}$ CET				 −0.4 −0.8	mA	V_{CC} = MAX, V_{IN} = 0.4 V	
I_{OS}	Short Circuit Current (Note 1)		−20		−100	mA	V_{CC} = MAX	
I_{CC}	Power Supply Current Total, Output HIGH Total, Output LOW				 31 32	mA	V_{CC} = MAX	

Note 1: Not more than one output should be shorted at a time, nor for more than 1 second.

AC CHARACTERISTICS (T_A = 25°C)

Symbol	Parameter	Limits Min	Limits Typ	Limits Max	Unit	Test Conditions
f_{MAX}	Maximum Clock Frequency	25	32		MHz	V_{CC} = 5.0 V C_L = 15 pF
t_{PLH} t_{PHL}	Propagation Delay Clock to TC		20 18	35 35	ns	
t_{PLH} t_{PHL}	Propagation Delay Clock to Q		13 18	24 27	ns	
t_{PLH} t_{PHL}	Propagation Delay CET to TC		9.0 9.0	14 14	ns	
t_{PHL}	MR or SR to Q		20	28	ns	

SN54/74LS160A • SN54/74LS161A
SN54/74LS162A • SN54/74LS163A

AC SETUP REQUIREMENTS (T_A = 25°C)

Symbol	Parameter	Limits Min	Typ	Max	Unit	Test Conditions
t_WCP	Clock Pulse Width Low	25			ns	V_{CC} = 5.0 V
t_W	MR or SR Pulse Width	20			ns	
t_s	Setup Time, other*	20			ns	
t_s	Setup Time PE or SR	25			ns	
t_h	Hold Time, data	3			ns	
t_h	Hold Time, other	0			ns	
t_{rec}	Recovery Time MR to CP	15			ns	

*CEP, CET or DATA

DEFINITION OF TERMS

SETUP TIME (t_s) — is defined as the minimum time required for the correct logic level to be present at the logic input prior to the clock transition from LOW to HIGH in order to be recognized and transferred to the outputs.

HOLD TIME (t_h) — is defined as the minimum time following the clock transition from LOW to HIGH that the logic level must be maintained at the input in order to ensure continued recognition. A negative HOLD TIME indicates that the correct logic level may be released prior to the clock transition from LOW to HIGH and still be recognized.

RECOVERY TIME (t_{rec}) — is defined as the minimum time required between the end of the reset pulse and the clock transition from LOW to HIGH in order to recognize and transfer HIGH Data to the Q outputs.

AC WAVEFORMS

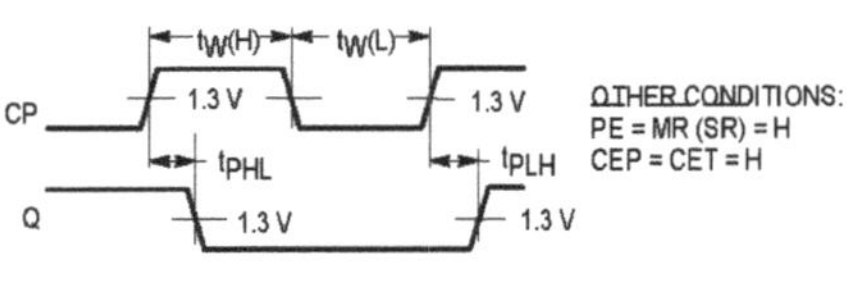

Figure 1. Clock to Output Delays, Count Frequency, and Clock Pulse Width

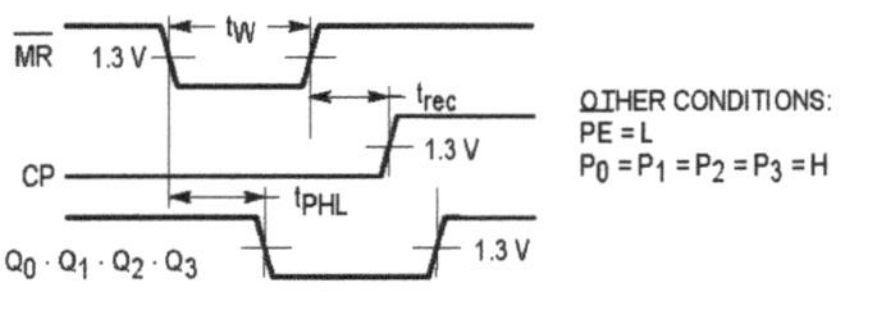

Figure 2. Master Reset to Output Delay, Master Reset Pulse Width, and Master Reset Recovery Time

SN54/74LS160A • SN54/74LS161A
SN54/74LS162A • SN54/74LS163A

AC WAVEFORMS (continued)

COUNT ENABLE TRICKLE INPUT TO TERMINAL COUNT OUTPUT DELAYS

The positive TC pulse occurs when the outputs are in the ($Q_0 \bullet Q_1 \bullet Q_2 \bullet Q_3$) state for the LS160 and LS162 and the ($Q_0 \bullet Q_1 \bullet Q_2 \bullet Q_3$) state for the LS161 and LS163.

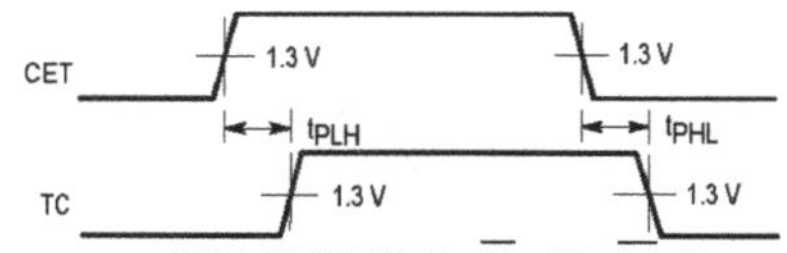

Figure 3

CLOCK TO TERMINAL COUNT DELAYS

The positive TC pulse is coincident with the output state ($Q_0 \bullet Q_1 \bullet Q_2 \bullet Q_3$) state for the LS161 and LS163 and ($Q_0 \bullet Q_1 \bullet Q_2 \bullet Q_3$) for the LS161 and LS163.

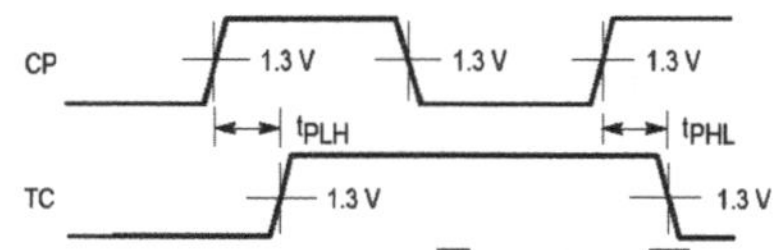

Figure 4

SETUP TIME (t_s) AND HOLD TIME (t_h) FOR PARALLEL DATA INPUTS

The shaded areas indicate when the input is permitted to change for predictable output performance.

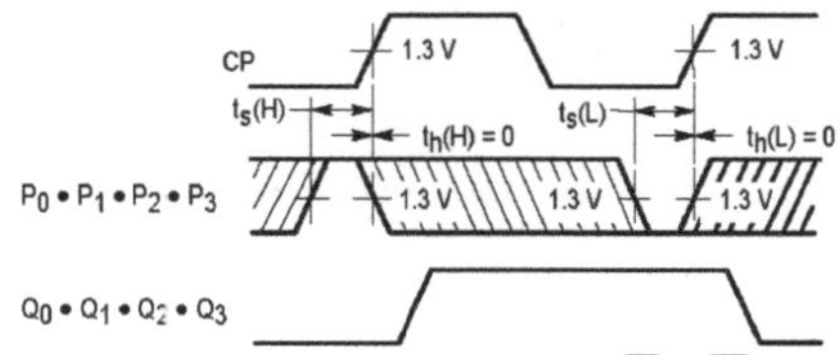

Figure 5

SETUP TIME (t_s) AND HOLD TIME (t_h) FOR COUNT ENABLE (CEP) AND (CET) AND PARALLEL ENABLE (PE) INPUTS

The shaded areas indicate when the input is permitted to change for predictable output performance.

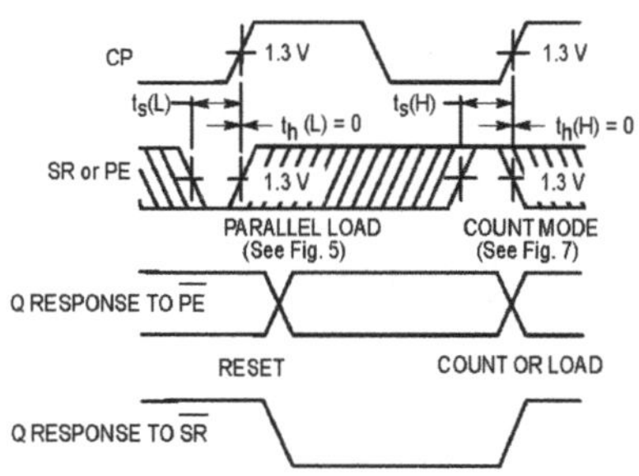

Figure 6

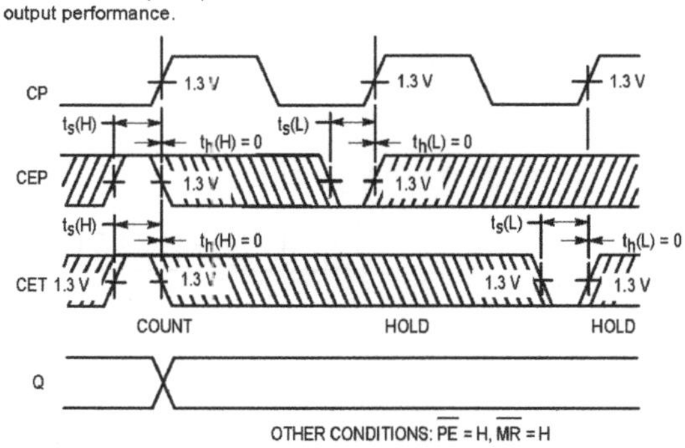

Figure 7

SN74LS247

MOTOROLA

SN54/74LS247
SN54/74LS248
SN54/74LS249

BCD-TO-SEVEN-SEGMENT DECODERS/DRIVERS

The SN54/74LS247 thru SN54/74LS249 are BCD-to-Seven-Segment Decoder/Drivers.

The LS247 and LS248 are functionally and electrically identical to the LS47 and LS48 with the same pinout configuration. The LS249 is a 16-pin version of the 14-pin LS49 and includes full functional capability for lamp test and ripple blanking which was not available in the LS49.

The composition of all characters, except the 6 and 9 are identical between the LS247, 248, 249 and the LS47, 48 and 49. The LS47 thru 49 compose the 6 and 9 without tails, the LS247 thru 249 compose the 6 and 9 with the tails. The LS247 has active-low outputs for direct drive of indicators. The LS248 and 249 have active-high outputs for driving lamp buffers.

All types feature a lamp test input and have full ripple-blanking input/output controls. On all types an automatic leading and/or trailing-edge zero-blanking control (RBI and RBO) is incorporated and an overriding blanking input (BI) is contained which may be used to control the lamp intensity by pulsing or to inhibit the output's lamp test may be performed at any time when the BI/RBO node is at high level. Segment identification and resultant displays are shown below. Display pattern for BCD input counts above 9 are unique symbols to authenticate input conditions.

LS247
- Open-Collector Outputs Drive Indicators Directly
- Lamp-Test Provision
- Leading/Trailing Zero Suppression

LS248
- Internal Pull-Ups Eliminate Need for External Resistors
- Lamp-Test Provision
- Leading/Trailing Zero Suppression

LS249
- Open-Collector Outputs
- Lamp-Test Provision
- Leading/Trailing Zero Suppression

BCD-TO-SEVEN-SEGMENT DECODERS/DRIVERS

LOW POWER SCHOTTKY

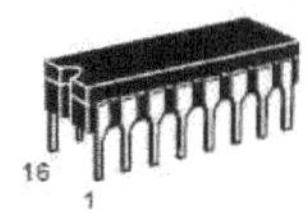

J SUFFIX
CERAMIC
CASE 620-09

N SUFFIX
PLASTIC
CASE 648-08

D SUFFIX
SOIC
CASE 751B-03

ORDERING INFORMATION

SN54LSXXXJ	Ceramic
SN74LSXXXN	Plastic
SN74LSXXXDW	SOIC

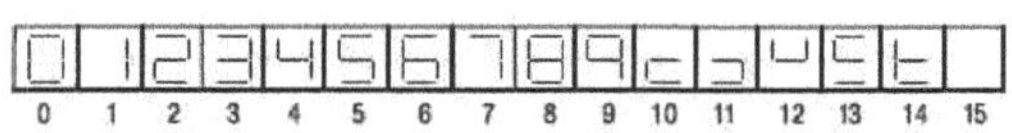

NUMERICAL DESIGNATIONS AND RESULTANT DISPLAYS

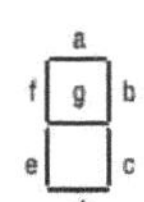

SEGMENT IDENTIFICATION

SN54/74LS247 • SN54/74LS248 • SN54/74LS249

SN54/74LS247
(TOP VIEW)

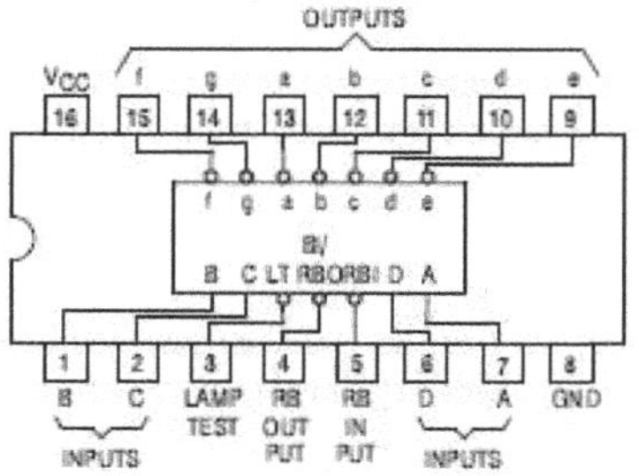

SN54/74LS248
SN54/74LS259
(TOP VIEW)

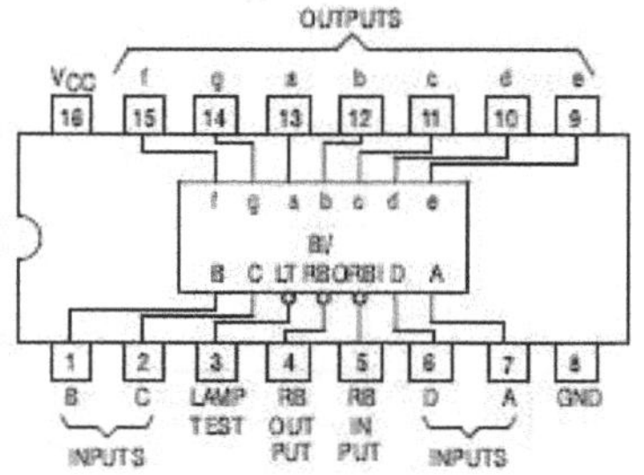

ALL CIRCUIT TYPES FEATURE LAMP INTENSITY MODULATION CAPABILITY

TYPE	DRIVER OUTPUTS				TYPICAL POWER DISSIPATION
	ACTIVE LEVEL	OUTPUT CONFIGURATION	SINK CURRENT	MAX VOLTAGE	
SN54LS247	low	open-collector	12 mA	15 V	35 mW
SN54LS248	high	2.0 kΩ pull-up	2.0 mA	5.5 V	125 mW
SN54LS249	high	open-collector	4.0 mA	5.5 V	40 mW
SN74LS247	low	open-collector	24 mA	15 V	35 mW
SN74LS248	high	2.0 kΩ pull-up	6.0 mA	5.5 V	125 mW
SN74LS249	high	open-collector	8.0 mA	5.5 V	40 mW

LOGIC DIAGRAM

LS247

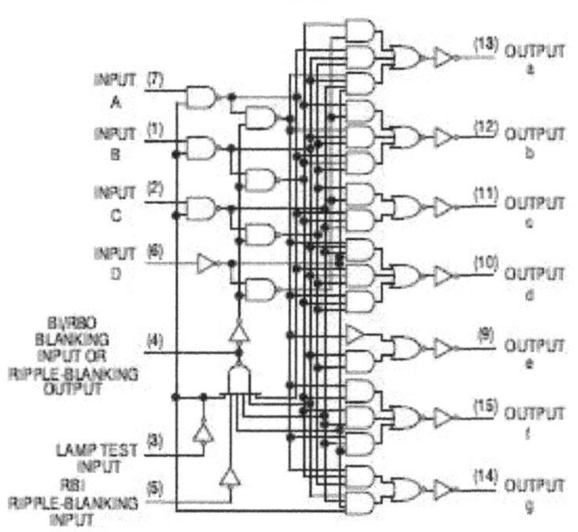

LS248, LS249

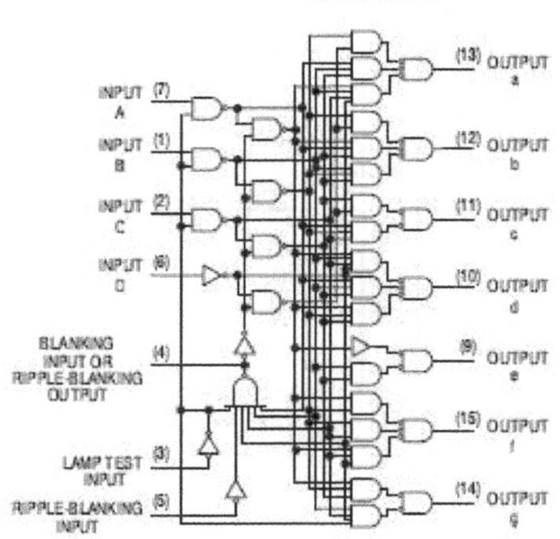

SN54/74LS247 • SN54/74LS248 • SN54/74LS249

LS247 FUNCTION TABLE

DECIMAL OR FUNCTION	INPUTS						BI/RBO†	OUTPUTS							NOTE
	LT	RBI	D	C	B	A		a	b	c	d	e	f	g	
0	H	H	L	L	L	L	H	ON	ON	ON	ON	ON	ON	OFF	
1	H	X	L	L	L	H	H	OFF	ON	ON	OFF	OFF	OFF	OFF	
2	H	X	L	L	H	L	H	ON	ON	OFF	ON	ON	OFF	ON	
3	H	X	L	L	H	H	H	ON	ON	ON	ON	OFF	OFF	ON	
4	H	X	L	H	L	L	H	OFF	ON	ON	OFF	OFF	ON	ON	
5	H	X	L	H	L	H	H	ON	OFF	ON	ON	OFF	ON	ON	
6	H	X	L	H	H	L	H	ON	OFF	ON	ON	ON	ON	ON	
7	H	X	L	H	H	H	H	ON	ON	ON	OFF	OFF	OFF	OFF	1
8	H	X	H	L	L	L	H	ON	ON	ON	ON	ON	ON	ON	
9	H	X	H	L	L	H	H	ON	ON	ON	ON	OFF	ON	ON	
10	H	X	H	L	H	L	H	OFF	OFF	OFF	ON	ON	OFF	ON	
11	H	X	H	L	H	H	H	OFF	OFF	ON	ON	OFF	OFF	ON	
12	H	X	H	H	L	L	H	OFF	ON	OFF	OFF	OFF	ON	ON	
13	H	X	H	H	L	H	H	ON	OFF	OFF	ON	OFF	ON	ON	
14	H	X	H	H	H	L	H	OFF	OFF	OFF	ON	ON	ON	ON	
15	H	X	H	H	H	H	H	OFF	OFF	OFF	OFF	OFF	OFF	OFF	
BI	X	X	X	X	X	X	L	OFF	OFF	OFF	OFF	OFF	OFF	OFF	2
RBI	H	L	L	L	L	L	L	OFF	OFF	OFF	OFF	OFF	OFF	OFF	3
LT	L	X	X	X	X	X	H	ON	ON	ON	ON	ON	ON	ON	4

LS248, LS249 FUNCTION TABLE

DECIMAL OR FUNCTION	INPUTS						BI/RBO†	OUTPUTS							NOTE
	LT	RBI	D	C	B	A		a	b	c	d	e	f	g	
0	H	H	L	L	L	L	H	H	H	H	H	H	H	L	1
1	H	X	L	L	L	H	H	L	H	H	L	L	L	L	1
2	H	X	L	L	H	L	H	H	H	L	H	H	L	H	
3	H	X	L	L	H	H	H	H	H	H	H	L	L	H	
4	H	X	L	H	L	L	H	L	H	H	L	L	H	H	
5	H	X	L	H	L	H	H	H	L	H	H	L	H	H	
6	H	X	L	H	H	L	H	H	L	H	H	H	H	H	
7	H	X	L	H	H	H	H	H	H	H	L	L	L	L	1
8	H	X	H	L	L	L	H	H	H	H	H	H	H	H	
9	H	X	H	L	L	H	H	H	H	H	H	L	H	H	
10	H	X	H	L	H	L	H	L	L	L	H	H	L	H	
11	H	X	H	L	H	H	H	L	L	H	H	L	L	H	
12	H	X	H	H	L	L	H	L	H	L	L	L	H	H	
13	H	X	H	H	L	H	H	H	L	L	H	L	H	H	
14	H	X	H	H	H	L	H	L	L	L	H	H	H	H	
15	H	X	H	H	H	H	H	L	L	L	L	L	L	L	
BI	X	X	X	X	X	X	L	L	L	L	L	L	L	L	2
RBI	H	L	L	L	L	L	L	L	L	L	L	L	L	L	3
LT	L	X	X	X	X	X	H	H	H	H	H	H	H	H	4

H = HIGH Level, L = LOW Level, X = Irrelevant

NOTES: 1. The blanking input (BI) must be open or held at a high logic level when output functions 0 through 15 are desired. The ripple-blanking input (RBI) must be open or high if blanking of a decimal zero is not desired.

2. When a low logic level is applied directly to the blanking input (BI), all segment outputs are off regardless of the level of any other input.

3. When ripple-blanking input (RBI) and inputs A, B, C, and D are at a low level with the lamp test input high, all segment outputs go off and the ripple-blanking output (RBO) goes to a low level (response condition).

4. When the blanking input/ripple blanking output (BI/RBO) is open or held high and a low is applied to the lamp-test input, all segment outputs are on.

† BI/RBO is wire-AND logic serving as blanking input (BI) and/or ripple-blanking output (RBO).

SN54/74LS247

GUARANTEED OPERATING RANGES

Symbol	Parameter		Min	Typ	Max	Unit
V_{CC}	Supply Voltage	54 74	4.5 4.75	5.0 5.0	5.5 5.25	V
T_A	Operating Ambient Temperature Range	54 74	−55 0	25 25	125 70	°C
I_{OH}	Output Current — High BI/RBO	54, 74			−50	µA
I_{OL}	Output Current — Low BI/RBO	54 74			1.6 3.2	mA
$V_{O(off)}$	Off-State Output Voltage a−g	54, 74			15	V
$I_{O(on)}$	On-State Output Current a−g a−g	54 74			12 24	mA

DC CHARACTERISTICS OVER OPERATING TEMPERATURE RANGE (unless otherwise specified)

Symbol	Parameter		Limits Min	Limits Typ	Limits Max	Unit	Test Conditions
V_{IH}	Input HIGH Voltage		2.0			V	Guaranteed Input HIGH Voltage for All Inputs
V_{IL}	Input LOW Voltage	54			0.7	V	Guaranteed Input LOW Voltage for All Inputs
		74			0.8		
V_{IK}	Input Clamp Diode Voltage			−0.65	−1.5	V	V_{CC} = MIN, I_{IN} = −18 mA
V_{OH}	Output HIGH Voltage BI/RBO	54	2.4	4.2		V	V_{CC} = MIN, I_{OH} = MAX, V_{IN} = V_{IH} or V_{IL} per Truth Table
		74	2.4	4.2		V	
V_{OL}	Output LOW Voltage BI/RBO	54, 74		0.25	0.4	V	I_{OL} = 1.6 mA; V_{CC} = V_{CC} MIN, V_{IN} = V_{IL} or V_{IH} per Truth Table
		74		0.35	0.5	V	I_{OL} = 3.2 mA
$I_{O(off)}$	Off-State Output Current a−g	54, 74			250	µA	V_{CC} = MAX, V_{IH} = 2.0 V, $V_{O(off)}$ = 15 V, V_{IL} = MAX
$V_{O(on)}$	On-State Output Voltage a−g	54, 74		0.25	0.4	V	$I_{O(on)}$ = 12 mA; V_{CC} = MIN, V_{IH} = 2.0 V, V_{IL} per Truth Table
		74		0.35	0.5	V	$I_{O(on)}$ = 24 mA
I_{IH}	Input HIGH Current				20	µA	V_{CC} = MAX, V_{IN} = 2.7 V
					0.1	mA	V_{CC} = MAX, V_{IN} = 7.0 V
I_{IL}	Input LOW Current Any Input, except BI/RBO				−0.4	mA	V_{CC} = MAX, V_{IN} = 0.4 V
	BI/RBO				−1.2		
I_{OS}	Short Circuit Current BI/RBO (Note 1)		−0.3		−2.0	mA	V_{CC} = MAX
I_{CC}	Power Supply Current			7.0	13	mA	V_{CC} = MAX

Note 1: Not more than one output should be shorted at a time, nor for more than 1 second.

AC CHARACTERISTICS (V_{CC} = 5.0 V, T_A = 25°C)

Symbol	Parameter	Limits Min	Limits Typ	Limits Max	Unit	Test Conditions
t_{PLH} t_{PHL}	Turn-Off Time from A Input Turn-On Time from A Input			100 100	ns	C_L = 15 pF, R_L = 665 Ω
t_{PHL} t_{PLH}	Turn-Off Time from RBI Input Turn-On Time from RBI Input			100 100	ns	

SN74LS266

MOTOROLA

QUAD 2-INPUT EXCLUSIVE NOR GATE

SN54/74LS266

QUAD 2-INPUT EXCLUSIVE NOR GATE

LOW POWER SCHOTTKY

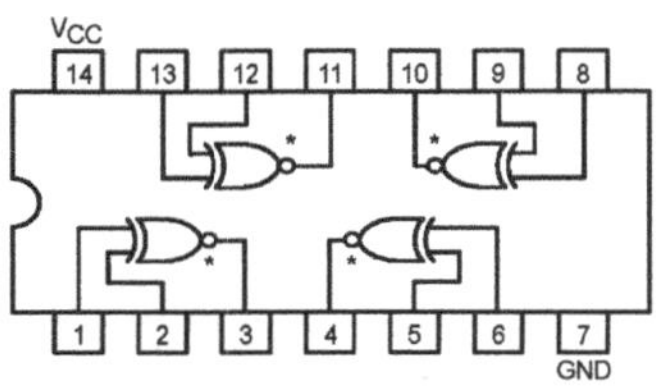

*OPEN COLLECTOR OUTPUTS

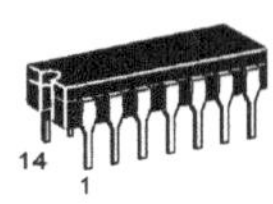

J SUFFIX
CERAMIC
CASE 632-08

N SUFFIX
PLASTIC
CASE 646-06

D SUFFIX
SOIC
CASE 751A-02

TRUTH TABLE

IN		OUT
A	B	Z
L	L	H
L	H	L
H	L	L
H	H	H

ORDERING INFORMATION

SN54LSXXXJ	Ceramic
SN74LSXXXN	Plastic
SN74LSXXXD	SOIC

GUARANTEED OPERATING RANGES

Symbol	Parameter		Min	Typ	Max	Unit
V_{CC}	Supply Voltage	54 74	4.5 4.75	5.0 5.0	5.5 5.25	V
T_A	Operating Ambient Temperature Range	54 74	−55 0	25 25	125 70	°C
V_{OH}	Output Voltage — High	54, 74			5.5	V
I_{OL}	Output Current — Low	54 74			4.0 8.0	mA

SN54/74LS266

DC CHARACTERISTICS OVER OPERATING TEMPERATURE RANGE (unless otherwise specified)

Symbol	Parameter		Limits Min	Limits Typ	Limits Max	Unit	Test Conditions
V_{IH}	Input HIGH Voltage		2.0			V	Guaranteed Input HIGH Voltage for All Inputs
V_{IL}	Input LOW Voltage	54			0.7	V	Guaranteed Input LOW Voltage for All Inputs
		74			0.8		
V_{IK}	Input Clamp Diode Voltage			−0.65	−1.5	V	V_{CC} = MIN, I_{IN} = −18 mA
V_{OH}	Output HIGH Voltage	54, 74			100	µA	V_{CC} = MIN, V_{OH} = MAX
V_{OL}	Output LOW Voltage	54, 74		0.25	0.4	V	I_{OL} = 4.0 mA; V_{CC} = V_{CC} MIN, V_{IN} = V_{IL} or V_{IH} per Truth Table
		74		0.35	0.5	V	I_{OL} = 8.0 mA
I_{IH}	Input HIGH Current				40	µA	V_{CC} = MAX, V_{IN} = 2.7 V
					0.2	mA	V_{CC} = MAX, V_{IN} = 7.0 V
I_{IL}	Input LOW Current				−0.8	mA	V_{CC} = MAX, V_{IN} = 0.4 V
I_{CC}	Power Supply Current				13	mA	V_{CC} = MAX

AC CHARACTERISTICS (T_A = 25°C)

Symbol	Parameter	Limits Min	Limits Typ	Limits Max	Unit	Test Conditions
t_{PLH} t_{PHL}	Propagation Delay, Other Input LOW		18 18	30 30	ns	V_{CC} = 5.0 V C_L = 15 pF, R_L = 2.0 kΩ
t_{PLH} t_{PHL}	Propagation Delay, Other Input HIGH		18 18	30 30	ns	

SN74LS283

MOTOROLA

SN54/74LS283

4-BIT BINARY FULL ADDER WITH FAST CARRY

The SN54/74LS283 is a high-speed 4-Bit Binary Full Adder with internal carry lookahead. It accepts two 4-bit binary words (A_1-A_4, B_1-B_4) and a Carry Input (C_0). It generates the binary Sum outputs ($\Sigma_1-\Sigma_4$) and the Carry Output (C_4) from the most significant bit. The LS283 operates with either active HIGH or active LOW operands (positive or negative logic).

4-BIT BINARY FULL ADDER WITH FAST CARRY

LOW POWER SCHOTTKY

CONNECTION DIAGRAM DIP (TOP VIEW)

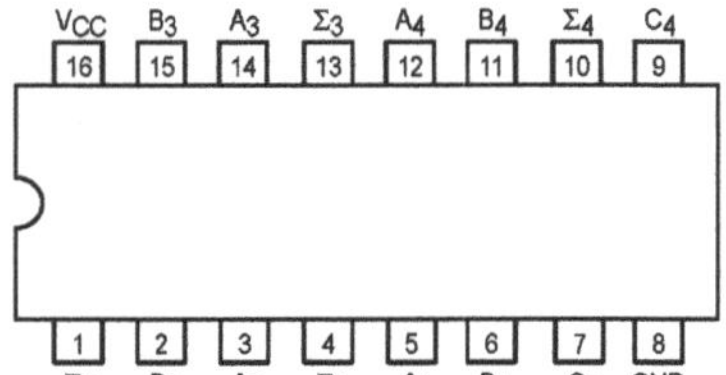

NOTE:
The Flatpak version has the same pinouts (Connection Diagram) as the Dual In-Line Package.

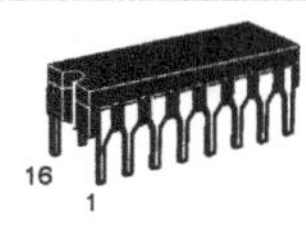

J SUFFIX
CERAMIC
CASE 620-09

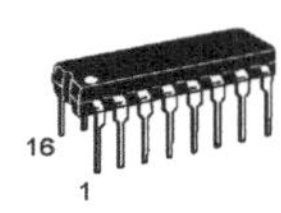

N SUFFIX
PLASTIC
CASE 648-08

D SUFFIX
SOIC
CASE 751B-03

PIN NAMES | | **LOADING** (Note a) |

		HIGH	LOW
A_1-A_4	Operand A Inputs	1.0 U.L.	0.5 U.L.
B_1-B_4	Operand B Inputs	1.0 U.L.	0.5 U.L.
C_0	Carry Input	0.5 U.L.	0.25 U.L.
$\Sigma_1-\Sigma_4$	Sum Outputs (Note b)	10 U.L.	5 (2.5) U.L.
C_4	Carry Output (Note b)	10 U.L.	5 (2.5) U.L.

NOTES:
a) 1 TTL Unit Load (U.L.) = 40 μA HIGH/1.6 mA LOW.
b) The Output LOW drive factor is 2.5 U.L. for Military (54) and 5 U.L. for Commercial (74) Temperature Ranges.

ORDERING INFORMATION

SN54LSXXXJ	Ceramic
SN74LSXXXN	Plastic
SN74LSXXXD	SOIC

LOGIC SYMBOL

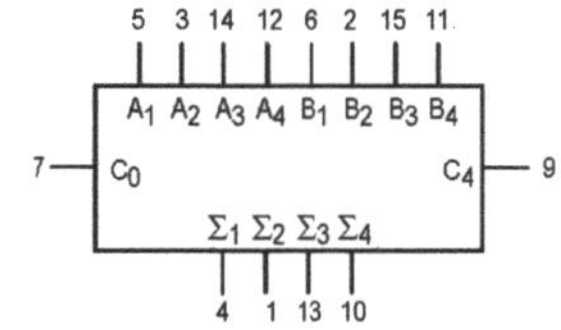

V_{CC} = PIN 16
GND = PIN 8

SN54/74LS283

LOGIC DIAGRAM

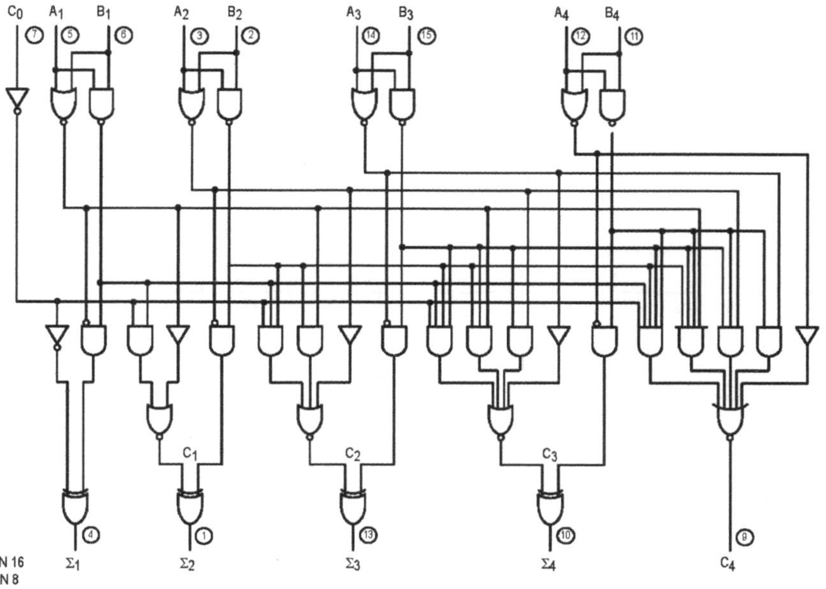

VCC = PIN 16
GND = PIN 8
○ = PIN NUMBERS

FUNCTIONAL DESCRIPTION

The LS283 adds two 4-bit binary words (A plus B) plus the incoming carry. The binary sum appears on the sum outputs ($\Sigma_1 - \Sigma_4$) and outgoing carry (C4) outputs.

$C_0 + (A_1 + B_1) + 2(A_2 + B_2) + 4(A_3 + B_3) + 8(A_4 + B_4) = \Sigma_1 + 2\Sigma_2 + 4\,\Sigma_3 + 8\,\Sigma_4 + 16C_4$

Where: (+) = plus

Due to the symmetry of the binary add function the LS283 can be used with either all inputs and outputs active HIGH (positive logic) or with all inputs and outputs active LOW (negative logic). Note that with active HIGH inputs, Carry Input can not be left open, but must be held LOW when no carry in is intended.

Example:

	C_0	A_1	A_2	A_3	A_4	B_1	B_2	B_3	B_4	Σ_1	Σ_2	Σ_3	Σ_4	C_4	
logic levels	L	L	H	L	H	H	L	L	H	H	H	L	L	H	
Active HIGH	0	0	1	0	1	1	0	0	1	1	1	0	0	1	(10+9=19)
Active LOW	1	1	0	1	0	0	1	1	0	0	0	1	1	0	(carry+5+6=12)

Interchanging inputs of equal weight does not affect the operation, thus C_0, A_1, B_1, can be arbitrarily assigned to pins 7, 5 or 3.

SN54/74LS283

FUNCTIONAL TRUTH TABLE

C (n−1)	A_n	B_n	Σ_n	C_n
L	L	L	L	L
L	L	H	H	L
L	H	L	H	L
L	H	H	L	H
H	L	L	H	L
H	L	H	L	H
H	H	L	L	H
H	H	H	H	H

$C_1 - C_3$ are generated internally
C_0 is an external input
C_4 is an output generated internally

GUARANTEED OPERATING RANGES

Symbol	Parameter		Min	Typ	Max	Unit
V_{CC}	Supply Voltage	54 74	4.5 4.75	5.0 5.0	5.5 5.25	V
T_A	Operating Ambient Temperature Range	54 74	−55 0	25 25	125 70	°C
I_{OH}	Output Current — High	54, 74			−0.4	mA
I_{OL}	Output Current — Low	54 74			4.0 8.0	mA

DC CHARACTERISTICS OVER OPERATING TEMPERATURE RANGE (unless otherwise specified)

Symbol	Parameter		Limits Min	Limits Typ	Limits Max	Unit	Test Conditions	
V_{IH}	Input HIGH Voltage		2.0			V	Guaranteed Input HIGH Voltage for All Inputs	
V_{IL}	Input LOW Voltage	54			0.7	V	Guaranteed Input LOW Voltage for All Inputs	
		74			0.8			
V_{IK}	Input Clamp Diode Voltage			−0.65	−1.5	V	V_{CC} = MIN, I_{IN} = −18 mA	
V_{OH}	Output HIGH Voltage	54	2.5	3.5		V	V_{CC} = MIN, I_{OH} = MAX, V_{IN} = V_{IH} or V_{IL} per Truth Table	
		74	2.7	3.5		V		
V_{OL}	Output LOW Voltage	54, 74		0.25	0.4	V	I_{OL} = 4.0 mA	V_{CC} = V_{CC} MIN, V_{IN} = V_{IL} or V_{IH} per Truth Table
		74		0.35	0.5	V	I_{OL} = 8.0 mA	
I_{IH}	Input HIGH Current	C_0			20	µA	V_{CC} = MAX, V_{IN} = 2.7 V	
		Any A or B			40	µA		
		C_0			0.1	mA	V_{CC} = MAX, V_{IN} = 7.0 V	
		Any A or B			0.2	mA		
I_{IL}	Input LOW Current	C_0			−0.4	mA	V_{CC} = MAX, V_{IN} = 0.4 V	
		Any A or B			−0.8	mA		
I_{OS}	Short Circuit Current (Note 1)		−20		−100	mA	V_{CC} = MAX	
I_{CC}	Power Supply Current Total, Output HIGH				34	mA	V_{CC} = MAX	
	Total, Output LOW				39			

Note 1: Not more than one output should be shorted at a time, nor for more than 1 second.

SN54/74LS283

AC CHARACTERISTICS (T_A = 25°C, V_{CC} = 5.0 V)

Symbol	Parameter	Limits			Unit	Test Conditions
		Min	Typ	Max		
t_{PLH} t_{PHL}	Propagation Delay, C_0 Input to Any Σ Output		16 15	24 24	ns	C_L = 15 pF Figures 1 & 2
t_{PLH} t_{PHL}	Propagation Delay, Any A or B Input to Σ Outputs		15 15	24 24	ns	
t_{PLH} t_{PHL}	Propagation Delay, C_0 Input to C_4 Output		11 11	17 22	ns	
t_{PLH} t_{PHL}	Propagation Delay, Any A or B Input to C_4 Output		11 12	17 17	ns	

AC WAVEFORMS

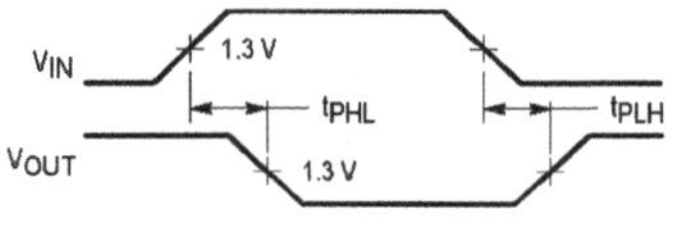

Figure 1

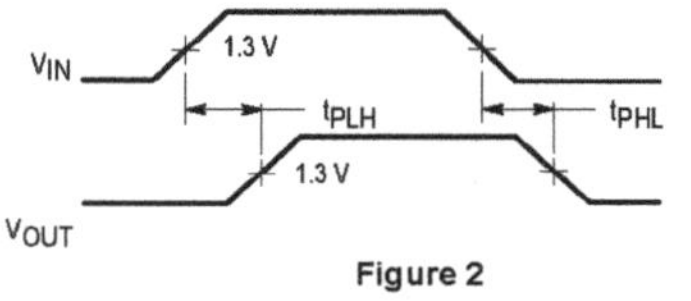

Figure 2

SN74LS390

MOTOROLA

DUAL DECADE COUNTER; DUAL 4-STAGE BINARY COUNTER

The SN54/74LS390 and SN54/74LS393 each contain a pair of high-speed 4-stage ripple counters. Each half of the LS390 is partitioned into a divide-by-two section and a divide-by five section, with a separate clock input for each section. The two sections can be connected to count in the 8.4.2.1 BCD code or they can count in a biquinary sequence to provide a square wave (50% duty cycle) at the final output.

Each half of the LS393 operates as a Modulo-16 binary divider, with the last three stages triggered in a ripple fashion. In both the LS390 and the LS393, the flip-flops are triggered by a HIGH-to-LOW transition of their CP inputs. Each half of each circuit type has a Master Reset input which responds to a HIGH signal by forcing all four outputs to the LOW state.

- Dual Versions of LS290 and LS293
- LS390 has Separate Clocks Allowing ÷2, ÷2.5, ÷5
- Individual Asynchronous Clear for Each Counter
- Typical Max Count Frequency of 50 MHz
- Input Clamp Diodes Minimize High Speed Termination Effects

CONNECTION DIAGRAM DIP (TOP VIEW)

SN54/74LS390

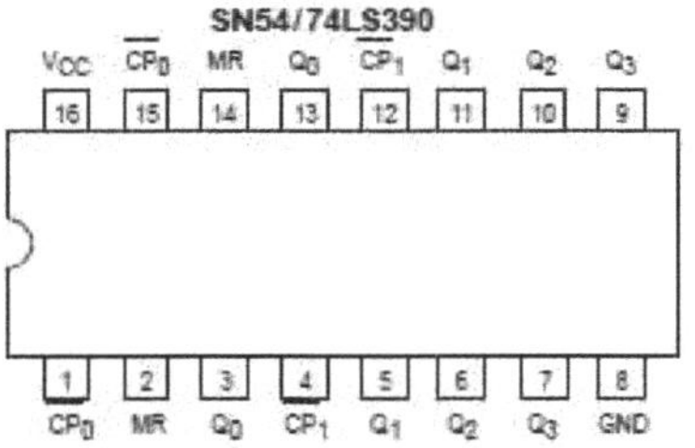

NOTE:
The Flatpak version has the same pinouts (Connection Diagram) as the Dual In-Line Package.

SN54/74LS393

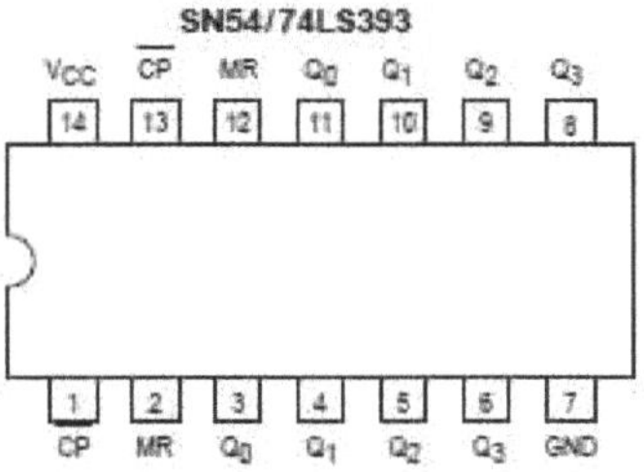

SN54/74LS390
SN54/74LS393

DUAL DECADE COUNTER;
DUAL 4-STAGE
BINARY COUNTER

LOW POWER SCHOTTKY

J SUFFIX
CERAMIC
CASE 620-09

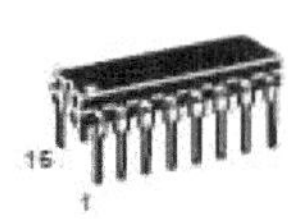

N SUFFIX
PLASTIC
CASE 648-08

D SUFFIX
SOIC
CASE 751B-03

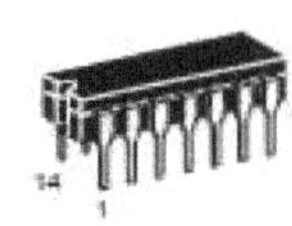

J SUFFIX
CERAMIC
CASE 632-08

N SUFFIX
PLASTIC
CASE 646-06

D SUFFIX
SOIC
CASE 751A-02

ORDERING INFORMATION

SN54LSXXXJ	Ceramic
SN74LSXXXN	Plastic
SN74LSXXXD	SOIC

SN54/74LS390 • SN54/74LS393

PIN NAMES		LOADING (Note a) HIGH	LOW
$\overline{CP}$	Clock (Active LOW going edge) Input to ÷16 (LS393)	0.5 U.L.	1.0 U.L.
$\overline{CP_0}$	Clock (Active LOW going edge) Input to ÷2 (LS390)	0.5 U.L.	1.0 U.L.
$\overline{CP_1}$	Clock (Active LOW going edge) Input to ÷5 (LS390)	0.5 U.L.	1.5 U.L.
MR	Master Reset (Active HIGH) Input	0.5 U.L.	0.25 U.L.
Q_0-Q_3	Flip-Flop outputs (Note b)	10 U.L.	5 (2.5) U.L.

NOTES:
a) 1 TTL Unit Load (U.L.) = 40 μA HIGH/1.6 mA LOW.
b) The Output LOW drive factor is 2.5 U.L. for Military (54) and 5 U.L. for Commercial (74) Temperature Ranges.

FUNCTIONAL DESCRIPTION

Each half of the SN54/74LS393 operates in the Modulo 16 binary sequence, as indicated in the ÷16 Truth Table. The first flip-flop is triggered by HIGH-to-LOW transitions of the CP input signal. Each of the other flip-flops is triggered by a HIGH-to-LOW transition of the Q output of the preceding flip-flop. Thus state changes of the Q outputs do not occur simultaneously. This means that logic signals derived from combinations of these outputs will be subject to decoding spikes and, therefore, should not be used as clocks for other counters, registers or flip-flops. A HIGH signal on MR forces all outputs to the LOW state and prevents counting.

Each half of the LS390 contains a ÷5 section that is independent except for the common MR function. The ÷5 section operates in 4.2.1 binary sequence, as shown in the ÷5 Truth Table, with the third stage output exhibiting a 20% duty cycle when the input frequency is constant. To obtain a ÷10 function having a 50% duty cycle output, connect the input signal to CP_1 and connect the Q_3 output to the CP_0 input; the Q_0 output provides the desired 50% duty cycle output. If the input frequency is connected to CP_0 and the Q_0 output is connected to CP_1, a decade divider operating in the 8.4.2.1 BCD code is obtained, as shown in the BCD Truth Table. Since the flip-flops change state asynchronously, logic signals derived from combinations of LS390 outputs are also subject to decoding spikes. A HIGH signal on MR forces all outputs LOW and prevents counting.

SN54/74LS390 LOGIC DIAGRAM (one half shown)

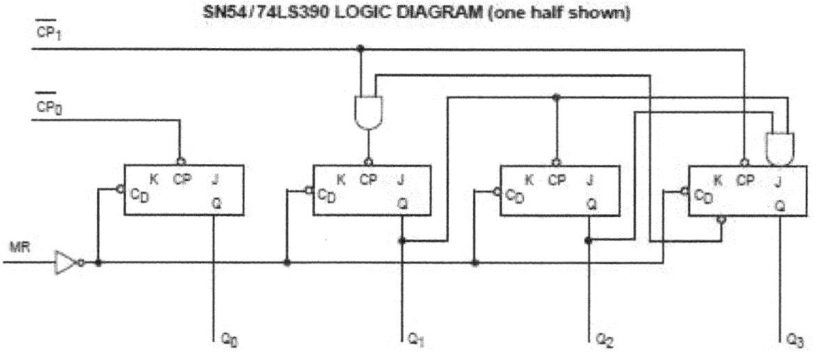

SN54/74LS393 LOGIC DIAGRAM (one half shown)

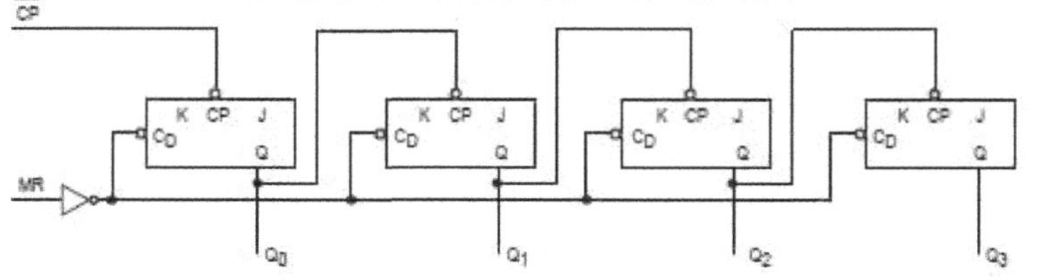

SN54/74LS390 • SN54/74LS393

SN54/74LS390 BCD TRUTH TABLE (Input on CP_0; Q_0 CP_1)

COUNT	OUTPUTS Q_3	Q_2	Q_1	Q_0
0	L	L	L	L
1	L	L	L	H
2	L	L	H	L
3	L	L	H	H
4	L	H	L	L
5	L	H	L	H
6	L	H	H	L
7	L	H	H	H
8	H	L	L	L
9	H	L	L	H

SN54/74LS390 ÷ 5 TRUTH TABLE (Input on CP_1)

COUNT	OUTPUTS Q_3	Q_2	Q_1
0	L	L	L
1	L	L	H
2	L	H	L
3	L	H	H
4	H	L	L

SN54/74LS390 ÷ 10 (50% @ Q_0) TRUTH TABLE (Input on CP_1, Q_3 to CP_0)

COUNT	OUTPUTS Q_3	Q_2	Q_1	Q_0
0	L	L	L	L
1	L	L	H	L
2	L	H	L	L
3	L	H	H	L
4	H	L	L	L
5	L	L	L	H
6	L	L	H	H
7	L	H	L	H
8	L	H	H	H
9	H	L	L	H

SN54/74LS393 TRUTH TABLE

COUNT	OUTPUTS Q_3	Q_2	Q_1	Q_0
0	L	L	L	L
1	L	L	L	H
2	L	L	H	L
3	L	L	H	H
4	L	H	L	L
5	L	H	L	H
6	L	H	H	L
7	L	H	H	H
8	H	L	L	L
9	H	L	L	H
10	H	L	H	L
11	H	L	H	H
12	H	H	L	L
13	H	H	L	H
14	H	H	H	L
15	H	H	H	H

H = HIGH Voltage Level
L = LOW Voltage Level

GUARANTEED OPERATING RANGES

Symbol	Parameter		Min	Typ	Max	Unit
V_{CC}	Supply Voltage	54 74	4.5 4.75	5.0 5.0	5.5 5.25	V
T_A	Operating Ambient Temperature Range	54 74	−55 0	25 25	125 70	°C
I_{OH}	Output Current — High	54, 74			−0.4	mA
I_{OL}	Output Current — Low	54 74			4.0 8.0	mA

SN54/74LS390 • SN54/74LS393

DC CHARACTERISTICS OVER OPERATING TEMPERATURE RANGE (unless otherwise specified)

Symbol	Parameter		Limits Min	Typ	Max	Unit	Test Conditions	
V_{IH}	Input HIGH Voltage		2.0			V	Guaranteed Input HIGH Voltage for All Inputs	
V_{IL}	Input LOW Voltage	54			0.7	V	Guaranteed Input LOW Voltage for All Inputs	
		74			0.8			
V_{IK}	Input Clamp Diode Voltage			−0.65	−1.5	V	V_{CC} = MIN, I_{IN} = −18 mA	
V_{OH}	Output HIGH Voltage	54	2.5	3.5		V	V_{CC} = MIN, I_{OH} = MAX, V_{IN} = V_{IH} or V_{IL} per Truth Table	
		74	2.7	3.5		V		
V_{OL}	Output LOW Voltage	54, 74		0.25	0.4	V	I_{OL} = 4.0 mA	V_{CC} = V_{CC} MIN, V_{IN} = V_{IL} or V_{IH} per Truth Table
		74		0.35	0.5	V	I_{OL} = 8.0 mA	
I_{IH}	Input HIGH Current				20	µA	V_{CC} = MAX, V_{IN} = 2.7 V	
					0.1	mA	V_{CC} = MAX, V_{IN} = 7.0 V	
I_{IL}	Input LOW Current	MR			−0.4	mA	V_{CC} = MAX, V_{IN} = 0.4 V	
		$\overline{CP}$, $\overline{CP}_0$			−1.6	mA		
		$\overline{CP}_1$			−2.4	mA		
I_{OS}	Short Circuit Current (Note 1)		−20		−100	mA	V_{CC} = MAX	
I_{CC}	Power Supply Current				26	mA	V_{CC} = MAX	

Note 1: Not more than one output should be shorted at a time, nor for more than 1 second.

AC CHARACTERISTICS (T_A = 25°C, V_{CC} = 5.0 V)

Symbol	Parameter		Limits Min	Typ	Max	Unit	Test Conditions
f_{MAX}	Maximum Clock Frequency $\overline{CP}_0$ to Q_0		25	35		MHz	C_L = 15 pF
f_{MAX}	Maximum Clock Frequency $\overline{CP}_1$ to Q_1		20			MHz	
t_{PLH} t_{PHL}	Propagation Delay, $\overline{CP}$ to Q_0	LS393		12 13	20 20	ns	
t_{PLH} t_{PHL}	$\overline{CP}_0$ to Q_0	LS390		12 13	20 20	ns	
t_{PLH} t_{PHL}	$\overline{CP}$ to Q_3	LS393		40 40	60 60	ns	
t_{PLH} t_{PHL}	$\overline{CP}_0$ to Q_2	LS390		37 39	60 60	ns	
t_{PLH} t_{PHL}	$\overline{CP}_1$ to Q_1	LS390		13 14	21 21	ns	
t_{PLH} t_{PHL}	$\overline{CP}_1$ to Q_2	LS390		24 26	39 39	ns	
t_{PLH} t_{PHL}	$\overline{CP}_1$ to Q_3	LS390		13 14	21 21	ns	
t_{PHL}	MR to Any Output	LS390/393		24	39	ns	

SN54/74LS390 • SN54/74LS393

AC SETUP REQUIREMENTS (T_A = 25°C, V_{CC} = 5.0 V)

Symbol	Parameter		Limits Min	Typ	Max	Unit	Test Conditions
t_W	Clock Pulse Width	LS393	20			ns	V_{CC} = 5.0 V
t_W	$\overline{CP}_0$ Pulse Width	LS390	20			ns	
t_W	$\overline{CP}_1$ Pulse Width	LS390	40			ns	
t_W	MR Pulse Width	LS390/393	20			ns	
t_{rec}	Recovery Time	LS390/393	25			ns	

AC WAVEFORMS

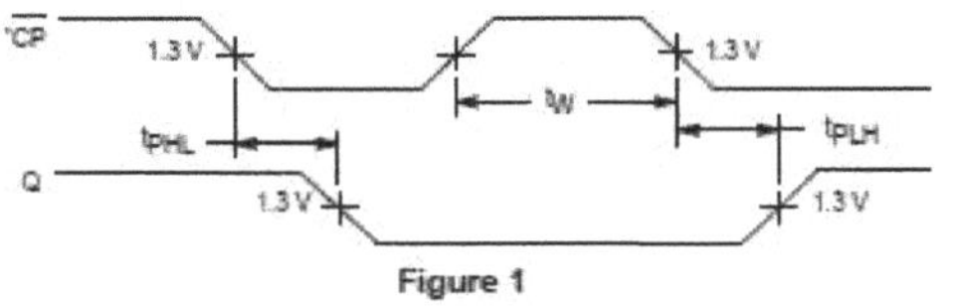

Figure 1

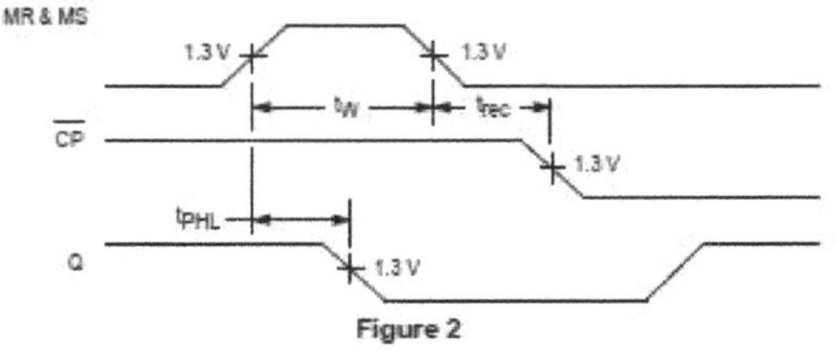

Figure 2

*The number of Clock Pulses required between t_{PHL} and t_{PLH} measurements can be determined from the appropriate Truth Table.

74HC4060

MOTOROLA

14-Stage Binary Ripple Counter with Oscillator

High–Performance Silicon–Gate CMOS

The MC54/74HC4060 is identical in pinout to the standard CMOS MC14060B. The device inputs are compatible with standard CMOS outputs; with pullup resistors, they are compatible with LSTTL outputs.

This device consists of 14 master–slave flip–flops and an oscillator with a frequency that is controlled either by a crystal or by an RC circuit connected externally. The output of each flip–flop feeds the next, and the frequency at each output is half that of the preceding one. The state of the counter advances on the negative–going edge of Osc In. The active–high Reset is asynchronous and disables the oscillator to allow very low power consumption during standby operation.

State changes of the Q outputs do not occur simultaneously because of internal ripple delays. Therefore, decoded output signals are subject to decoding spikes and may need to be gated with Osc Out 2 of the HC4060.

- Output Drive Capability: 10 LSTTL Loads
- Outputs Directly Interface to CMOS, NMOS, and TTL
- Operating Voltage Range: 2 to 6 V
- Low Input Current: 1 μA
- High Noise Immunity Characteristic of CMOS Devices
- In Compliance with the Requirements Defined by JEDEC Standard No. 7A
- Chip Complexity: 390 FETs or 97.5 Equivalent Gates

LOGIC DIAGRAM

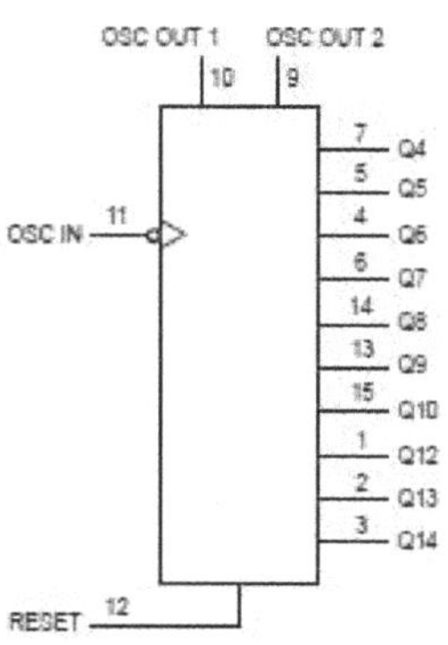

PIN 16 = V_{CC}
PIN 8 = GND

MC54/74HC4060

J SUFFIX
CERAMIC PACKAGE
CASE 620–10

N SUFFIX
PLASTIC PACKAGE
CASE 648–08

DT SUFFIX
TSSOP PACKAGE
CASE 948F–01

ORDERING INFORMATION

MC54HCXXXXJ	Ceramic
MC74HCXXXXN	Plastic
MC74HCXXXXDT	TSSOP

PIN ASSIGNMENT

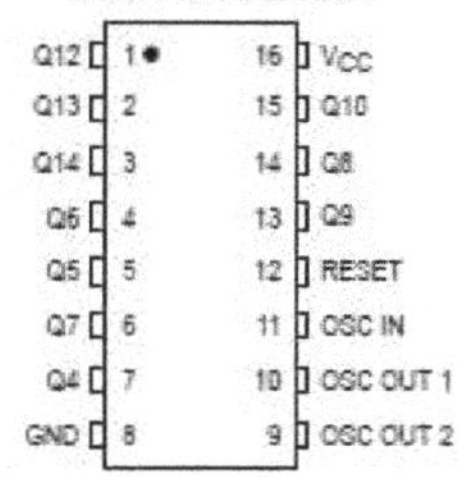

FUNCTION TABLE

Clock	Reset	Output State
↗	L	No Change
↘	L	Advance to Next State
X	H	All Outputs are Low

MAXIMUM RATINGS*

Symbol	Parameter	Value	Unit
V_{CC}	DC Supply Voltage (Referenced to GND)	− 0.5 to + 7.0	V
V_{in}	DC Input Voltage (Referenced to GND)	− 1.5 to V_{CC} + 1.5	V
V_{out}	DC Output Voltage (Referenced to GND)	− 0.5 to V_{CC} + 0.5	V
I_{in}	DC Input Current, per Pin	± 20	mA
I_{out}	DC Output Current, per Pin	± 25	mA
I_{CC}	DC Supply Current, V_{CC} and GND Pins	± 50	mA
P_D	Power Dissipation in Still Air, Plastic or Ceramic DIP† TSSOP Package†	750 450	mW
T_{stg}	Storage Temperature	− 65 to + 150	°C
T_L	Lead Temperature, 1 mm from Case for 10 Seconds (Plastic DIP or TSSOP Package) (Ceramic DIP)	 260 300	°C

* Maximum Ratings are those values beyond which damage to the device may occur.
Functional operation should be restricted to the Recommended Operating Conditions.
†Derating — Plastic DIP: − 10 mW/°C from 65° to 125°C
Ceramic DIP: − 10 mW/°C from 100° to 125°C
TSSOP Package: − 6.1 mW/°C from 65° to 125°C
For high frequency or heavy load considerations, see Chapter 2 of the Motorola High–Speed CMOS Data Book (DL129/D).

This device contains protection circuitry to guard against damage due to high static voltages or electric fields. However, precautions must be taken to avoid applications of any voltage higher than maximum rated voltages to this high–impedance circuit. For proper operation, V_{in} and V_{out} should be constrained to the range GND ≤ (V_{in} or V_{out}) ≤ V_{CC}.
Unused inputs must always be tied to an appropriate logic voltage level (e.g., either GND or V_{CC}). Unused outputs must be left open.

RECOMMENDED OPERATING CONDITIONS

Symbol	Parameter		Min	Max	Unit
V_{CC}	DC Supply Voltage (Referenced to GND)		2.5**	6.0	V
V_{in}, V_{out}	DC Input Voltage, Output Voltage (Referenced to GND)		0	V_{CC}	V
T_A	Operating Temperature, All Package Types		− 55	+ 125	°C
t_r, t_f	Input Rise and Fall Time (Figure 1)	V_{CC} = 2.0 V V_{CC} = 4.5 V V_{CC} = 6.0 V	0 0 0	1000 500 400	ns

** The oscillator is guaranteed to function at 2.5 V minimum. However, parametrics are tested at 2.0 V by driving Pin 11 with an external clock source.

DC ELECTRICAL CHARACTERISTICS (Voltages Referenced to GND)

Symbol	Parameter	Test Conditions	V_{CC} V	Guaranteed Limit − 55 to 25°C	≤ 85°C	≤ 125°C	Unit
V_{IH}	Minimum High–Level Input Voltage	V_{out} = 0.1 V or V_{CC} − 0.1 V $\lvert I_{out}\rvert$ ≤ 20 µA	2.0 4.5 6.0	1.5 3.15 4.2	1.5 3.15 4.2	1.5 3.15 4.2	V
V_{IL}	Maximum Low–Level Input Voltage	V_{out} = 0.1 V or V_{CC} − 0.1 V $\lvert I_{out}\rvert$ ≤ 20 µA	2.0 4.5 6.0	0.3 0.9 1.2	0.3 0.9 1.2	0.3 0.9 1.2	V
V_{OH}	Minimum High–Level Output Voltage (Q4–Q10, Q12–Q14)	V_{in} = V_{IH} or V_{IL} $\lvert I_{out}\rvert$ ≤ 20 µA	2.0 4.5 6.0	1.9 4.4 5.9	1.9 4.4 5.9	1.9 4.4 5.9	V
		V_{in} = V_{IH} or V_{IL} $\lvert I_{out}\rvert$ ≤ 4.0 mA $\lvert I_{out}\rvert$ ≤ 5.2 mA	4.5 6.0	3.98 5.48	3.84 5.34	3.70 5.20	
V_{OL}	Maximum Low–Level Output Voltage (Q4–Q10, Q12–Q14)	V_{in} = V_{IH} or V_{IL} $\lvert I_{out}\rvert$ ≤ 20 µA	2.0 4.5 6.0	0.1 0.1 0.1	0.1 0.1 0.1	0.1 0.1 0.1	V
		V_{in} = V_{IH} or V_{IL} $\lvert I_{out}\rvert$ ≤ 4.0 mA $\lvert I_{out}\rvert$ ≤ 5.2 mA	4.5 6.0	0.26 0.26	0.33 0.33	0.40 0.40	

NOTE: Information on typical parametric values can be found in Chapter 2 of the Motorola High–Speed CMOS Data Book (DL129/D).

DC ELECTRICAL CHARACTERISTICS (Voltages Referenced to GND) (Continued)

Symbol	Parameter	Test Conditions	V_{CC} V	Guaranteed Limit – 55 to 25°C	≤ 85°C	≤ 125°C	Unit
V_{OH}	Minimum High–Level Output Voltage (Osc Out 1, Osc Out 2)	$V_{in} = V_{CC}$ or GND $\|I_{out}\| \le 20\ \mu A$	2.0 4.5 6.0	1.9 4.4 5.9	1.9 4.4 5.9	1.9 4.4 5.9	V
		$V_{in} = V_{CC}$ or GND $\|I_{out}\| \le 1.0$ mA $\|I_{out}\| \le 1.3$ mA	4.5 6.0	3.98 5.48	3.84 5.34	3.70 5.20	
V_{OL}	Maximum Low–Level Output Voltage (Osc Out 1, Osc Out 2)	$V_{in} = V_{CC}$ or GND $\|I_{out}\| \le 20\ \mu A$	2.0 4.5 6.0	0.1 0.1 0.1	0.1 0.1 0.1	0.1 0.1 0.1	V
		$V_{in} = V_{CC}$ or GND $\|I_{out}\| \le 1.0$ mA $\|I_{out}\| \le 1.3$ mA	4.5 6.0	0.26 0.26	0.33 0.33	0.40 0.40	
I_{in}	Maximum Input Leakage Current	$V_{in} = V_{CC}$ or GND	6.0	± 0.1	± 1.0	± 1.0	μA
I_{CC}	Maximum Quiescent Supply Current (per Package)	$V_{in} = V_{CC}$ or GND $I_{out} = 0\ \mu A$	6.0	8	80	160	μA

NOTE: Information on typical parametric values can be found in Chapter 4.

AC ELECTRICAL CHARACTERISTICS (C_L = 50 pF, Input $t_r = t_f$ = 6 ns)

Symbol	Parameter	V_{CC} V	Guaranteed Limit – 55 to 25°C	≤ 85°C	≤ 125°C	Unit
f_{max}	Maximum Clock Frequency (50% Duty Cycle) (Figures 1 and 4)	2.0 4.5 6.0	5.0 25 29	4.0 20 24	3.4 17 20	MHz
t_{PLH}, t_{PHL}	Maximum Propagation Delay, Osc In to Q4* (Figures 1 and 4)	2.0 4.5 6.0	530 106 91	665 133 114	795 159 135	ns
t_{PLH}, t_{PHL}	Maximum Propagation Delay, Osc In to Q14* (Figures 1 and 4)	2.0 4.5 6.0	1600 320 272	2000 400 344	2400 480 408	ns
t_{PHL}	Maximum Propagation Delay, Reset to Any Q (Figures 2 and 4)	2.0 4.5 6.0	240 48 41	300 60 51	360 72 61	ns
t_{PLH}, t_{PHL}	Maximum Propagation Delay, QN to QN + 1 (Figures 3 and 4)	2.0 4.5 6.0	125 25 21	155 31 26	190 38 32	ns
t_{TLH}, t_{THL}	Maximum Output Transition Time, Any Output (Figures 1 and 4)	2.0 4.5 6.0	75 15 13	95 19 16	110 22 19	ns
C_{in}	Maximum Input Capacitance	—	10	10	10	pF

NOTES:
1. For propagation delays with loads other than 50 pF, see Chapter 2 of the Motorola High–Speed CMOS Data Book (DL129/D).
2. Information on typical parametric values can be found in Chapter 2 of the Motorola High–Speed CMOS Data Book (DL129/D).

* For T_A = 25°C and C_L = 50 pF, typical propagation delay from Osc In to other Q outputs may be calculated with the following equations:
V_{CC} = 2.0 V: t_P = [205 + 107.5(N – 1)] ns
V_{CC} = 4.5 V: t_P = [41 + 21.5(N – 1)] ns
V_{CC} = 6.0 V: t_P = [35 + 18.3(N – 1)] ns

		Typical @ 25°C, V_{CC} = 5.0 V	
C_{PD}	Power Dissipation Capacitance (Per Package)*	35	pF

* Used to determine the no–load dynamic power consumption: $P_D = C_{PD} V_{CC}^2 f + I_{CC} V_{CC}$. For load considerations, see Chapter 2 of the Motorola High–Speed CMOS Data Book (DL129/D).

TIMING REQUIREMENTS (Input $t_r = t_f = 6$ ns)

Symbol	Parameter	V_{CC} V	Guaranteed Limit – 55 to 25°C	≤ 85°C	≤ 125°C	Unit
t_{rec}	Minimum Recovery Time, Reset Inactive to Osc In* (Figure 2)	2.0 4.5 6.0	100 20 17	125 25 21	150 30 26	ns
t_w	Minimum Pulse Width, Osc In (Figure 1)	2.0 4.5 6.0	80 16 14	100 20 17	120 24 20	ns
t_w	Minimum Pulse Width, Reset (Figure 2)	2.0 4.5 6.0	80 16 14	100 20 17	120 24 20	ns
t_r, t_f	Maximum Input Rise and Fall Times (Figure 1)	2.0 4.5 6.0	1000 500 400	1000 500 400	1000 500 400	ns

NOTE: Information on typical parametric values can be found in Chapter 2 of the Motorola High–Speed CMOS Data Book (DL129/D).
* Osc In driven with external clock.

PIN DESCRIPTIONS

INPUTS

Osc In (Pin 11)

Negative–edge triggering clock input. A high–to–low transition on this input advances the state of the counter. Osc In may be driven by an external clock source.

Reset (Pin 12)

Active–high reset. A high level applied to this input asynchronously resets the counter to its zero state (forcing all Q outputs low) and disables the oscillator.

OUTPUTS

Q4–Q10, Q12–Q14 (Pins 7, 5, 4, 6, 14, 13, 15, 1, 2, 3)

Active–high outputs. Each QN output divides the oscillator frequency by 2^N. The user should note that Q1, Q2, Q3, and Q11 are not available as outputs.

Osc Out 1, Osc Out 2 (Pins 10, 9)

Oscillator outputs. These pins are used in conjunction with Osc In and the external components to form an oscillator. (See Figures 4 and 5). When Osc In is being driven with an external clock source, Osc Out 1 and Osc Out 2 must be left open circuited. With the crystal oscillator configuration in Figure 6, Osc Out 2 must be left open circuited.

SWITCHING WAVEFORMS

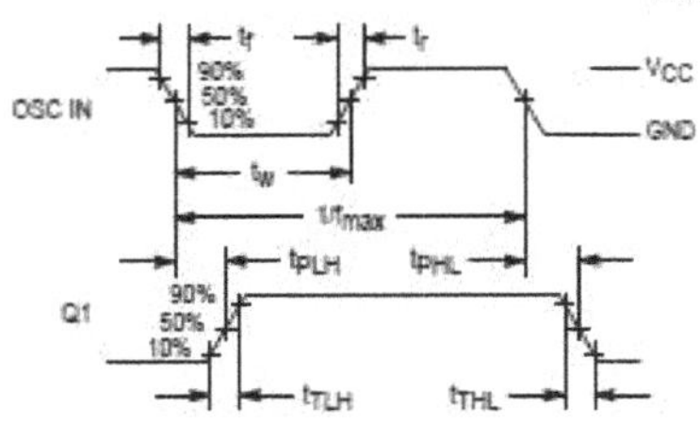

Figure 1.

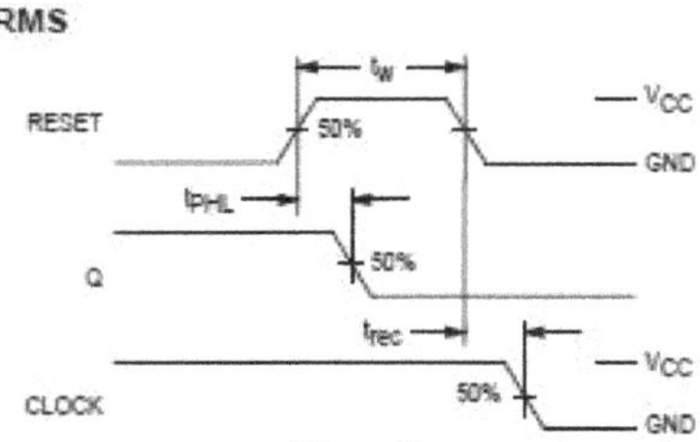

Figure 2.

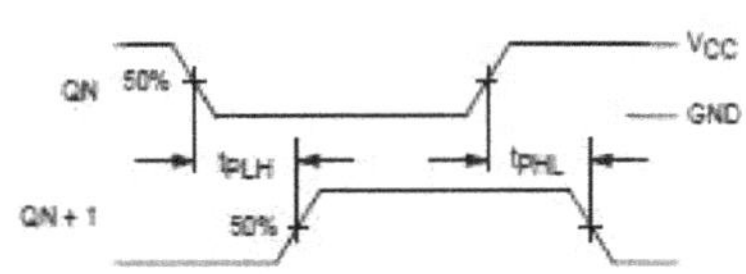

Figure 3.

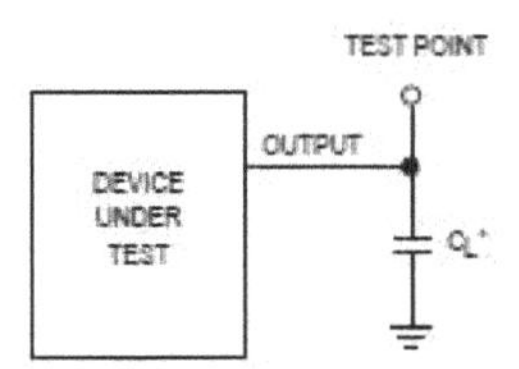

* Includes all probe and jig capacitance

Figure 4. Test Circuit

EXPANDED LOGIC DIAGRAM

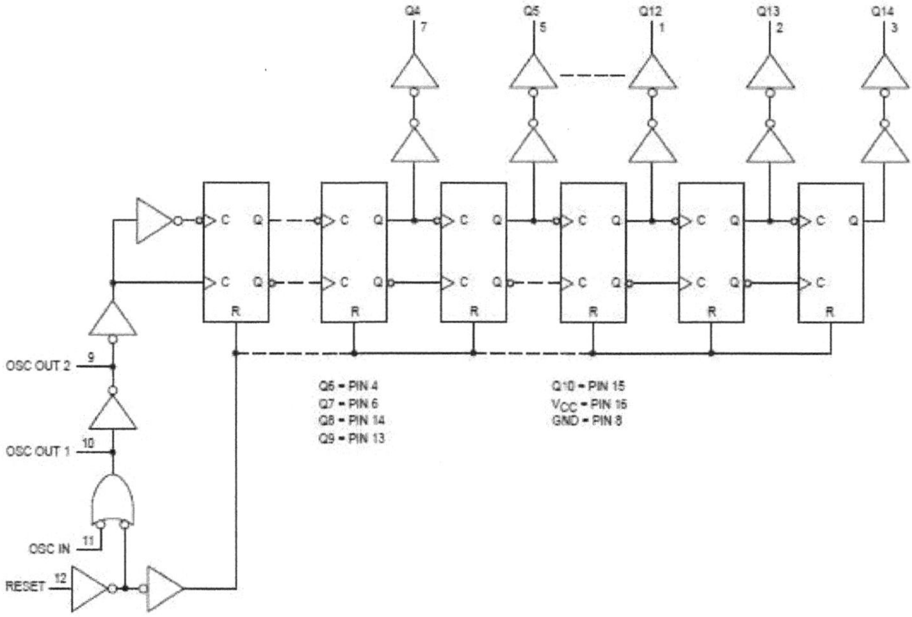

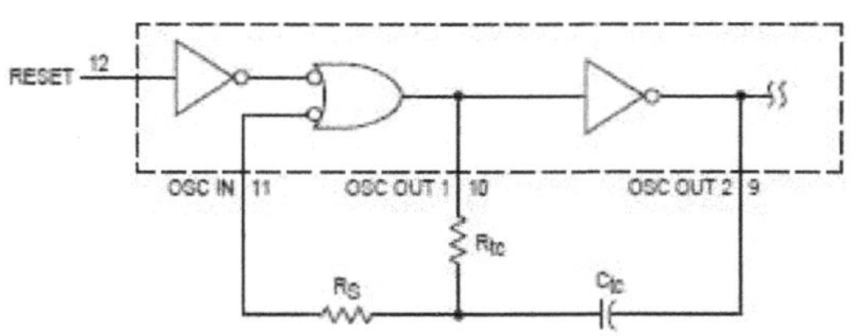

For $2.0\ V \le V_{CC} \le 6.0\ V$

$10\ R_{tc} > R_S > 2\ R_{tc}$

$400\ Hz \le f \le 400\ kHz$

$f \approx \frac{1}{3 R_{tc} C_{tc}}$ (f in Hz, R_{tc} in ohms, C_{tc} in farads)

The formula may vary for other frequencies.

Figure 5. Oscillator Circuit Using RC Configuration

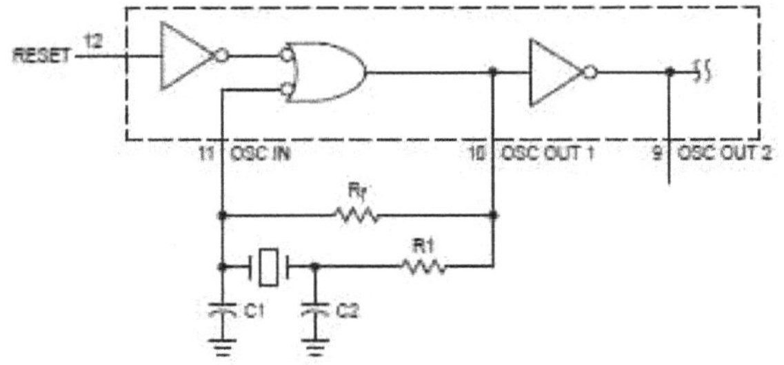

Figure 6. Pierce Crystal Oscillator Circuit

Table 1. Crystal Oscillator Amplifier Specifications
T_A = 25°C (Input = Pin 11, Output = Pin 10)

Type		Positive Reactance (Pierce)
Input Resistance, R_{in}		60 MΩ minimum
Output Impedance, Z_{out} (4.5 V supply)		200 Ω (see text)
Input Capacitance, C_{in}		5 pF typical
Output Capacitance, C_{out}		7 pF typical
Series Capacitance, C_a		5 pF typical
Open loop voltage gain with output at full swing, α	3 Vdc supply	5.0 expected minimum
	4 Vdc supply	4.0 expected minimum
	5 Vdc supply	3.3 expected minimum
	6 Vdc supply	3.1 expected minimum

PIERCE CRYSTAL OSCILLATOR DESIGN

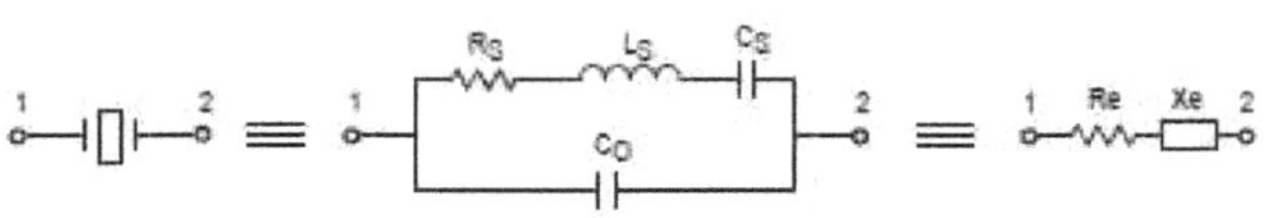

Values are supplied by crystal manufacturer (parallel resonant crystal)

Figure 7. Equivalent Crystal Networks

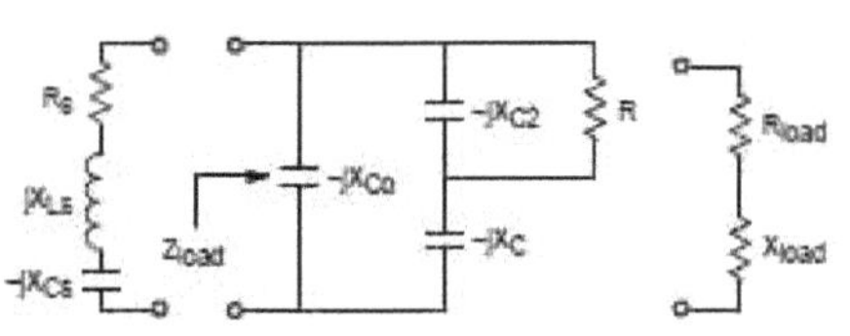

NOTE: $C = C1 + C_{in}$ and $R = R1 + R_{out}$. C_o is considered as part of the load. C_a and R_f typically have minimal effect below 2 MHz.

Figure 8. Series Equivalent Crystal Load

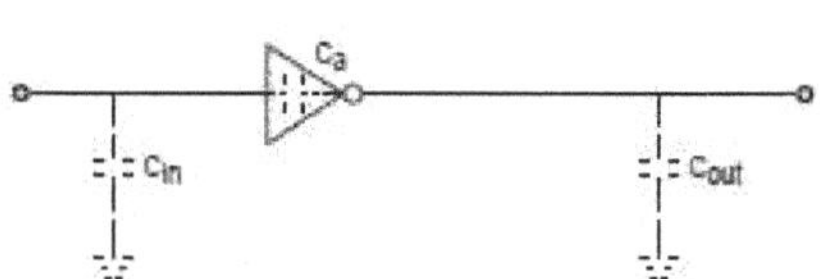

Values are listed in Table 1.

Figure 9. Parasitic Capacitances of the Amplifier

TIMING DIAGRAM

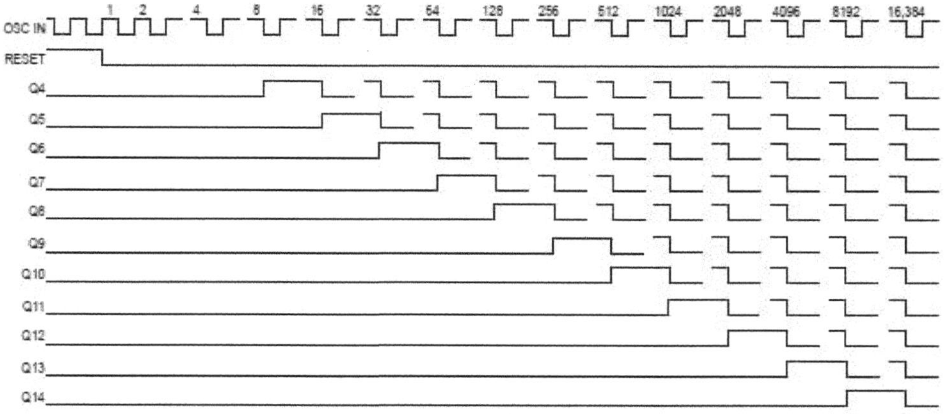

저자약력

이종극 동의대학교 컴퓨터공학과 교수

김화선 동의대학교 컴퓨터공학과 박사

기초부터 단계별로 따라하는

디지털 논리회로 설계실습

인　　쇄 : 2019년 3월 5일
발　　행 : 2019년 3월 10일
저　　자 : 이종극, 김화선
발 행 처 : 도서출판 한산
서울시 서대문구 수색로6길 43번지 105-602호
TEL : (02)304-3504 FAX : (02)304-3505
발 행 인 : 김 기 영
등록번호 : 제 10-1745 호
I S B N : 979-11-87555-19-3 93560

정가. 20,000원